绿色矿山评价指标条文释义

彭苏萍　邓久帅　王　亮
毕银丽　姚　俊　王琼杰　编著

科学出版社
北　京

内 容 简 介

本书内容包括绪论、绿色矿山遴选先决条件、绿色矿山建设评分表、相关知识，以及矿区环境、资源开发方式、资源综合利用、节能减排、科技创新与智能矿山、企业管理与企业形象等具体绿色矿山评价分项的介绍。

本书可作为矿山企业、政府部门、咨询服务和评估机构、高等学校及中等专业学校的管理人员、工程技术人员及相关专业师生的参考用书。

图书在版编目（CIP）数据

绿色矿山评价指标条文释义 / 彭苏萍等编著. —北京：科学出版社，2020.9

ISBN 978-7-03-065889-0

Ⅰ. ①绿…　Ⅱ. ①彭…　Ⅲ. ①矿山建设-无污染技术-评价指标-解释-中国　Ⅳ. ①TD2

中国版本图书馆 CIP 数据核字（2020）第 156154 号

责任编辑：李　雪　郑欣虹 / 责任校对：王萌萌

责任印制：吴兆东 / 封面设计：无极书装

科学出版社 出版

北京东黄城根北街 16 号

邮政编码：100717

http://www.sciencep.com

北京凌奇印刷有限责任公司 印刷

科学出版社发行　各地新华书店经销

*

2020 年 9 月第　一　版　开本：720 × 1000　B5

2021 年 4 月第二次印刷　印张：15 3/4

字数：317 000

定价：198.00 元

（如有印装质量问题，我社负责调换）

编写委员会

主　任： 汪　民

副主任： 于润沧　苏义脑　彭苏萍　毛景文　康红普　伍绍辉
关凤峻　刘随臣　白星碧　冯安生　陈仁义　胡泽松
赵腊平　胡幼奕

委　员：（按姓氏笔画排序）
兀帅东　王　岚　王　亮　王世科　王琼杰　文　静
文书明　邓久帅　包方寿　申　升　史雨平　代淑娟
冯　亮　吕世文　朱瑞军　乔文光　刘　莉　刘文郁
刘礼龙　刘克斌　刘景勇　关　鹏　汤家轩　孙永超
杜根杰　杨晓东　李　刚　李　璞　李见成　李艳琴
李德先　时金玲　吴尚昆　汪云川　张德平　张云海
张长青　张世新　张军营　陈光富　范立民　郅　晓
周　鑫　周自强　侯华丽　侯军亮　姚　俊　袁俊宏
夏明强　倪善芹　高忠民　黄国军　黄佳岗　储洪涛
温挨树　靳　军　裴　捷　谭金华　潘国泰　魏增军

执笔人： 彭苏萍　邓久帅　王　亮　毕银丽　姚　俊　王琼杰

参与人： 李　璞　吴海军　刘善勇　赵　伟

前　言

2020 年 5 月自然资源部办公厅印发的《自然资源部办公厅关于做好 2020 年度绿色矿山遴选工作的通知》（自然资办函〔2020〕839 号），对 2020 年绿色矿山遴选工作进行详细布署和规范，确定了评估绿色矿山建设水平的基调。随着《绿色矿山评价指标》和《绿色矿山遴选第三方评估工作要求》的印发，全国统一的遴选绿色矿山的评价标准和相关规定正式出台，各省的绿色矿山遴选工作正式开始。《绿色矿山评价指标》是依据九个行业《绿色矿山建设规范》的具体要求，结合矿山实际情况，广泛征求社会各界的意见形成的，有如下几个方面的特点。

第一，评价指标体现绿色矿山建设的内涵。评价指标围绕资源开发与生态保护相协调这个核心理念，助力矿山的绿色发展和产业转型升级，推进矿山企业向“持续、和谐、高效”的高质量目标发展。

第二，评价指标力求描述简洁、含义准确。考虑到评价指标使用人员范围广、专业知识差别大，在开采技术要求、开采工作面质量要求、选矿及矿物加工工艺等很多方面的评价指标要尽可能做到描述简洁、含义准确，避免歧义的产生，砂石、水泥等矿山与其他矿山由于资源赋存条件不同，在资源综合利用方面差别很大，也明确地进行了区分。

第三，评价指标体现绿色矿山建设导向。评价指标增加了绿色矿山技术装备的管理要求，完善了绿色矿山管理体系的建设内容，强化了科技创新的具体内涵，这些方面的改变都体现了绿色矿山建设的重点和导向，为下一步推进绿色矿山建设明确了方向。

第四，评价指标指明绿色矿山建设路径。很多人认为绿色矿山建设是一种理念，重点体现在环境治理和矿区绿化，对于如何建设绿色矿山则是一头雾水，评价指标中明确地告诉矿山企业要梳理采选装备、产尘点、产噪声点等具体而实际的工作，使矿山企业能够清晰掌握建设绿色矿山的路径和实操方法。

为使广大绿色矿山工作者能够充分理解评价标准并能准确地应用到绿色矿山建设、自评估、第三方评估、现场核查等工作中，中关村绿色矿山产业联盟联合有关单位编写了《绿色矿山评价指标条文释义》，立足于矿山企业绿色矿山建设的实际情况，结合具体案例深入浅出、形象生动地阐述绿色矿山评价标准中的相关概念、相关法律政策、实施措施、检查要点、企业应提供的材料等内容，是一本可用作矿山企业、绿色矿山咨询服务机构、第三方评估机构、矿政管理人员绿色矿山建设和评估的通用工具书。

感谢中关村绿色矿山产业联盟、中国矿业大学（北京）、中国矿业报社、中国地质大学（北京）、潍坊天洁环保科技有限公司、北京高卓东升科技有限公司、北京绿海盛源认证服务有限公司、成都理工大学四川矿产资源研究中心等单位的指导。本书参考的国内外文献资料多，标注如有疏漏，作者特表歉意，在此向提到和未提到的作者与出版单位表示衷心感谢！

由于水平有限，尽管作者做了最大努力，但难免有不尽如人意之处，恳请读者加以批评指正。让我们共同努力，推进矿山企业的绿色发展和产业转型升级。

作　者

2020 年 8 月

目　录

第一章 绪 论

2018 年，自然资源部发布《非金属矿行业绿色矿山建设规范》等 9 项行业标准。这些标准从创新、协调、绿色、开放、共享的发展理念出发，明确了绿色矿山的基本内涵。绿色矿山是指在矿产资源开发全过程中，实施科学有序的开采，将矿区及周边生态环境扰动控制在可控范围内，实现矿区环境生态化、开采方式科学化、资源利用高效化、企业管理规范化和矿区社区和谐化。因此，绿色矿山是在资源开发的过程中最大限度地对生态环境进行保护，矿区的配套设施、技术装备和管理水平等方面能够保障矿山持续、和谐和高效运营的矿山，是山水林田湖草矿气生命共同体，是生态与产业的结合体，是系统性全过程的思维，是一个体系建设，是生态文明建设的重要组成部分，是生态文明建设在矿业领域的实践，是一种路径的选择。

结合当前新形势和新发展的要求，绿色矿山应是以生态文明战略为统领，以发展绿色经济及实现资源效益、生态效益、经济效益和社会效益的协调统一为目标，以依法办矿、规范管理、安全生产为前提，以资源高效利用、环境保护、节能减排和社区和谐为核心，以科技创新为保障的一种全新的矿山建设和经营模式。

绿色矿山建设从倡导绿色发展理念，凝聚行业发展共识，到各地积极探索实践，上升为国家战略和行动，在转变资源利用方式、提高资源利用效率、协调资源开发与生态保护的关系、推进企业履行社会责任等方面都发挥了重要作用。

2003 年，中国共产党第十六届中央委员会第三次全体会议第一次提出“树立全面、协调、可持续的发展观，促进经济社会和人的全面发展”，绿色矿山理念应运而生。

2005 年，绿色矿山概念在《浙江省国土资源厅关于开展创建省级绿色矿山试点工作的通知》中被第一次提出。

2008 年 12 月，国务院正式颁布《全国矿产资源规划（2008—2015 年）》，明确提出发展“绿色矿业”的要求，并确定了“2020 年绿色矿山格局基本建立”的总体目标。

2010 年 8 月，国土资源部发布了《国土资源部关于贯彻落实全国矿产资源规划发展绿色矿业建设绿色矿山工作的指导意见》，提出了建设绿色矿山的明确要求。

2011 年 3 月，国土资源部公布了第一批国家级绿色矿山试点名单，标志着我国绿色矿山建设进入试点示范阶段。2012～2014 年，国土资源部陆续公布了第二、第三、第四批试点单位，共计 661 家。

2015 年 10 月，“坚持绿色发展，必须坚持节约资源和保护环境的基本国策，坚持可持续发展，加快建设资源节约型、环境友好型社会，形成人与自然和谐发展现代化建设新格局”思想在中国共产党第十八届中央委员会第五次全体会议公报中被提出。

2017 年，国土资源部等六部门联合印发的《关于加快建设绿色矿山的实施意见》（国土资规〔2017〕4 号）在绿色矿山总体目标里提出“树立千家科技引领、创新驱动型绿色矿山典范，实施百个绿色勘查项目示范，建设 50 个以上绿色矿业发展示范区，形成一批可复制、能推广的新模式、新机制、新制度”，明确提出了绿色矿山特点在于“科技引领、创新驱动”，突出了科技创新的在建设绿色矿山中的重要作用。

同时，《关于加快建设绿色矿山的实施意见》提出明确矿山环境面貌、开发利用方式、资源节约集约利用、现代化矿山建设、矿地和谐和企业文化形象等绿色矿山建设考核指标要求，也对绿色矿山的工作重点进行了明确要求。

2018 年，自然资源部出台了化工、非金属矿、黄金等 9 个行业《绿色矿山建设规范》。内蒙古、河南、陕西、广西、江西等陆续出台了省级绿色矿山建设规范、建设方案。此外，部分省份的方案正在公开征求意见中。

2020 年 5 月，自然资源部办公厅印发《自然资源部办公厅关于做好 2020 年度绿色矿山遴选工作的通知》（自然资办函〔2020〕839 号）。2020 年 6 月，自然资源部印发《绿色矿山评价指标》和《绿色矿山遴选第三方评估工作要求》，对评价指标标准进行了统一，并对第三方评估工作进行了规范，明确了“评价指标评分表共 100 项，总分 1000 分，分别从矿区环境、资源开发方式、资源综合利用、节能减排、科技创新与智能矿山、企业管理与企业形象六个大类对绿色矿山建设水平进行评分”。这是国家首次出台与绿色矿山相关的评价指标，弥补了绿色矿山界定评估方面缺乏有效评价指标的空缺。随着绿色矿山相关政策的不断出台，越来越多的企业积极响应，争建绿色矿山。此次绿色矿山评价指标的发布，不仅可以为绿色矿山的判断和界定提供依据，更可以用于衡量和指导绿色矿山建设和矿山企业发展的规范与管理，同时，也将促进矿山开发新技术、新模式和新业态的发展。

但是，如何理解并执行这些政策、标准和要求，需对绿色矿山评价指标进行深入的研究和分析。

从绿色矿山评价指标的难度、深度和内容几个方面，可对绿色矿山评价指标进行以下解读。

第一，从指标难度上看，对于创建绿色矿山的企业而言，完成指标的难度包含难、一般、容易三类。

“难”是指矿山企业需要投入较大人力、物力、财力去提升或改进工作，如“77 智能工作面或无人驾驶矿车系统”（数字表示评价指标中三级指标的序号，下同）、“26 环境管理体系认证”、“67 科技获奖情况”等。对于这一类指标，如果原始设计方案符合指标要求就不属于“难”的类型，而原始设计方案不符合指标要求则需要借助矿山技术改造去完成。

“一般”是指矿山企业稍加努力都可以达到的指标要求，如“56 生活污水排放”“75 远程视频监控系统”等。

“容易”是指正常生产的矿山都会开展的常规工作，如“1 功能分区”“95 员工体检”“100 信息公示”等。“容易”包含一部分“送分”指标，例如，有关共伴生资源综合利用的相关要求，开展了共伴生资源综合利用工程的能得分，暂不能开采利用共伴生矿产的按不涉及项考虑，如果对这些共伴生资源采取有效保护措施也可以得分，这里体现出了共伴生资源开发的重要性，是一种导向。

在绿色矿山评价指标 100 项中，绝大多数属于“一般”的类型，矿山企业只要努力去改进就可以很容易地达到指标要求。

第二，从指标深度上看，指标要求可分为“有没有”“对不对”“做没做”“作用有没有”四个层面。

“有没有”是指是否有指标要求的某一项内容，如“72 智能矿山建设计划”“51 主要产尘点清单”“64 技术研发队伍”等。

“对不对”不但要考查“有没有”的相关要求，同时还要考查具体的相关内容对不对，与“有没有”相比，评价深度更进一步，如“89 功能区管理制度”“4 生产区标牌”等对相关具体内容作出了要求。

“做没做”重点要考虑的是矿山企业是不是已经执行了相关要求，如“9 主干道路面情况”“10 道路清洁情况”“11 矿区清洁情况”等，这些都是要求矿山企业必须做到的。

“作用有没有”重点考虑是否起到指标指定的功能作用，如“22 治理要求”“23 土地利用功能要求”“24 生态功能要求”等，都明确提出了“应满足”“应符合”等效果性规定。

“有没有”“对不对”对应基本面，“做没做”“作用有没有”则要求必须做。如果想真正识别出和评价出优质绿色矿山，指标需体现在“作用有没有”层面。现在很多评价指标停留在“有没有”“对不对”层面，说明指标要求是循序渐进的。

第三，从指标内容上看，指标要求包含“机制”“方案”“规定”“过程”几类，也就是说指标试图从有关机制的建立和运行、方案制定或实施、规定的执行或过程管理等方面来评估绿色矿山建设水平。

“机制”是指各要素之间的结构关系和运行方式，这里也是指体系的建设。绿化机制、应急保障机制、科技创新机制、绿色矿山管理体系等内容都属于机制。机制类指标涉及法律法规、制度制定、考核标准、计划、组织与人员、培训与宣传、运行情况和运行结果等方面的内容。

"方案"主要是指《初步设计方案》《矿山地质环境保护与土地复垦方案》《智能矿山建设方案》等有关方案的落实情况。这类指标主要从方案或设计的内容、方案落实情况、效果情况等方面来要求。

"规定"主要是指有关标准的规定，如《厂矿道路设计规范》（GBJ 22—1987）、《一般工业固体废物贮存、处置场污染控制标准》（GB 18599—2001）等规定和要求。这类指标主要从规定内容要求、评判标准、方案落实、效果等几个方面来评估。

"过程"主要是矿山生产运营过程中的一些要求，如定置化管理、目视化管理等内容。过程类指标主要包含具体要求、内容、地点及其他因地制宜的要求。

绿色矿山建设涉及的政策、标准很多，范围很广，并且每一方面的要求都有相关行业部门的监管。如何建设绿色矿山，可以考虑以下五个方面的具体内容。

第一，把无组织变有组织。

主要考虑如何把粉尘、废气的无组织排放变为有组织排放，达到环保要求。制定合理的改进措施是把无组织变有组织的关键。

第二，把不可控变可控。

主要包含采用绿色开采技术使地质环境处于可控状态，充填开采减少地表沉降、岩层位移，光面爆破、微差爆破、预裂爆破实现对露天矿的地质环境的保护；通过对废弃物的堆放、分类、环境保护、运行管理、关闭、监测等实现对废弃物的可控；通过吸声、隔声、减振、隔振等方面实现噪声排放的可控。

第三，把不规范变规范。

这里包含三种情况，从梳理遵守的法律法规、制度、考核标准、工作计划、组织与人员、培训与宣传、运行过程和运行效果八个方面形成闭环的废弃物管理机制、绿化机制、科技创新机制及环境监测机制等相关机制或体系；从梳理方案到方案落实及方案达到的效果等几个方面来保证采矿设计方案、选矿设计方案、智能矿山建设方案、污水处理方案等形成闭环的、达到效果的、规范的生产工艺过程；从相关标准的规定、落实情况及达到的效果来考察矿区布局、生产活垃圾收集分类和处理、信息公示等执行规定的执行效果。

第四，把不标准变标准。

通过目视化管理、定置化管理等管理手段实现生产过程的标准化，从而达到高效、环保、安全、高质量的效果。

第五，把不完善变完善。

包含系统的完善、设施的完善及管理的完善三方面的内容，如道路硬化后还需修排水边沟和对路边进行绿化。

绿色矿山已经成为转变矿业发展方式、提升矿业整体形象、促进矿业健康持续发展的重要平台和抓手。绿色矿山评价指标是绿色矿山名录管理和监督管理的重要依据，是构建科学规范的评价指标体系的重要一步，有利于更多矿山企业进入全国绿色矿山名录，具有重要意义。

绿色矿山建设过程是一个按照有关标准和评价指标查漏补缺的过程，需要矿山企业把绿色矿山建设作为日常性工作，与矿山管理有机融合不断发现问题并制定计划以持续改进。矿山企业对设施、工艺、装备的改进应结合持续的技术改造和创新，以逐步提升绿色矿山建设水平，实现矿业绿色发展。

第二章　绿色矿山遴选先决条件

绿色矿山建设先决条件有五项，重点体现了矿山企业应遵守国家法律法规和相关产业政策，依法办矿，如表 2.1 所示。

表 2.1　绿色矿山遴选先决条件

先决条件	具体情形
证照合法有效	《营业执照》《采矿许可证》《安全许可证》证照合法有效。
三年内未受行政处罚	近三年内（自本次遴选通知下发之日起前三年），未受到自然资源和生态环境等部门行政处罚，或处罚已整改到位（相关管理部门出具证明），且未发生过重大安全、环保事故。
矿业权人异常名录	矿山参加遴选期间，矿业权人应进行矿业权人勘查开采信息公示，且未被列入矿业权人勘查开采信息公示系统异常名录。
矿山要求	矿山正常运营，且剩余储量可采年限（按储量年度报告）不少于三年。
矿区范围	矿区范围未涉及各类自然保护地。

资料来源：《关于印发〈绿色矿山评价指标〉和〈绿色矿山遴选第三方评估工作要求〉的函》（自然资矿保函〔2020〕28 号）附件 1——绿色矿山建设评价指标。

绿色矿山遴选时除了上述五项否决条件，还有以下相关要求。

1. 有关的法律法规

根据《国务院关于印发矿产资源权益金制度改革方案的通知》（国发〔2017〕29 号）要求，矿山企业应按规定缴纳矿产资源权益金。

2. 自然资源部相关政策

矿山开采是否按《矿产资源开发利用方案》实施。

《矿山地质环境保护与土地复垦方案》的有效性和执行情况。

矿山地质环境治理恢复基金（含土地复垦基金）是否按时存入相关账户。

3. 其他的产业政策

（1）相关部委的产业政策要求。如国家发展和改革委员会、财政部、自然资源部、生态环境部、国家能源局、国家煤矿安监局联合印发的《30 万吨/年以下煤矿分类处置工作方案》提出的工作目标是通过三年时间，力争到2021年底全国30万吨/年以下煤矿数量减少至800处以内，华北、西北地区（不含南疆）30万吨/年以下煤矿基本退出，其他地区30万吨/年以下煤矿数量原则上比2018年底减少50%以上。这样，华北、西北地区（不含南疆）30万吨/年以下煤矿不宜参与遴选。

（2）省市县的相关要求。《山西省安全生产专项整治三年行动计划》提出2020年底前，60万吨/年以下的煤矿全部退出，这样，在山西60万吨/年以下的煤矿就不宜参与遴选。

下面逐条解析绿色矿山遴选的先决条件。

一、证照合法有效

要求：《营业执照》《采矿许可证》《安全许可证》证照合法有效。

【解读】本条规定了最基础的生产经营证件必须合法有效。

本条要求是根据“绿色矿山建设规范”（如无其他说明，“绿色矿山建设规范”是指九个行业的相关规范，这种情况下九个行业的要求是相同的，以下不再单独说明）中“4.1 矿山企业应遵守国家法律法规和相关产业政策，依法办矿”要求而确定的评价指标否决项要求。

《营业执照》是工商行政管理机关发给工商企业、个体经营者的准许从事某项生产经营活动的凭证。其格式由国家工商行政管理局统一规定。没有营业执照的工商企业或个体经营者一律不许开业，不得刻制公章、签订合同、注册商标、刊登广告，银行不予开立账户。

《采矿证》是采矿权人行使开采矿产资源权利的法律凭证。由采矿登记管理机关颁发的，授予采矿权申请人开采矿产资源的许可证明。采矿权许可证由国务院自然资源主管部门统一印制，由各级自然资源主管部门按照法定的权限颁发。采矿许可证的主要内容包括：矿山企业名称、经济性质、开采主矿种及共、伴生矿产、矿区立体范围、有效期限等。采矿许可证不得买卖、涂改、转借他人。采矿许可证可以依法延续、变更和注销。

《安全许可证》是矿山企业、建筑施工企业和危险化学品、烟花爆竹、民用爆炸物品生产企业必备的一个证件。

1. 矿山的基本证照有《营业执照》《采矿许可证》《安全许可证》

（1）《营业执照》合法有效，单位名称、法定代表人与实际相符。

（2）《采矿许可证》合法有效，未存在超层越界，超规模越界现象。需查看开采矿种、开采方式、生产规模、有效期等。

是否超范围开采：《矿山储量动检报告》评审意见结论有“经实地核查，该矿无超层越界违法开采行为”。也可以采信矿山企业提供所属县（市、区）自然资源局的“是否超范围开采”专项证明及专项证明原件（复印件加盖公章）。

开采方式：查看《开发利用方案》和评审意见书。

开采主矿种：查看《资源储量报告》、《开发利用方案》及《评审意见书》，并查看现场复核，应严格一致。

生产矿山资源开发利用方案和初步设计方案或项目建设方面一致。例如“该矿山采用露天开采方式；规模60万t/a；自上而下台阶式开采，台阶高度15m及以下，安全平台宽度4m，清扫平台宽度8m（或6m），隔一设一（或隔二设一）；公路开拓汽车运输”等内容在资源开发利用方案和初步设计方案或项目建设方面要一致。

（3）《安全许可证》在有效期内，单位名称、法定代表人等与采矿证一致。《安全许可证》一般按生产系统发证，有多个采区开采时，有些有安全生产许可证，有些有基建期证明也可。《安全许可证》要求系统规模相符。

对于地下取水等安全生产监督管理部门不颁发《安全许可证》的矿山可不核验《安全许可证》。

2. 除了上述的证照之外，矿山企业还应办理《排污许可证》《取水许可证》《民用爆破许可证》等

《排污许可证》在有效期内，企业所排污染物与《排污许可证》要求一致。

《取水许可证》在有效期内，取水源、取水量与《取水许可证》相求相符。

《民用爆破许可证》《矿长资格证》《林木采伐许可证》等证照均在有效期内。

环境保护设施经行政审批，并经合规验收，涉及变更的已完善相应手续。

现场评价或支撑材料：

矿山企业的营业执照、采矿许可证、安全生产许可证原件，企业须提供加盖公章的复印件作为证明材料。

二、三年内未受行政处罚

要求：近三年内（自本次遴选通知下发之日起前三年），未受到自然资源和生态环境等部门行政处罚，或处罚已整改到位（相关管理部门出具证明），且未发生过重大安全、环保事故。

【解读】本条规定矿山企业必须依法经营。

本条要求是根据“绿色矿山建设规范”中“4.1 矿山企业应遵守国家法律法规和相关产业政策，依法办矿”要求而确定的评价指标否决项要求。

1. 行政处罚的相关规定

没收违法所得、没收非法财物、责令停产停业、暂扣或者吊销许可证、暂扣或者吊销执照、行政拘留等重大行政处罚属于比较严重的行政处罚，相关规定见《中华人民共和国行政处罚法》和《国土资源行政处罚办法》。

（1）2017年9月1日，第十二届全国人民代表大会常务委员会第二十九次会议《全国人民代表大会常务委员会关于修改〈中华人民共和国法官法〉等八部法律的决定》由中华人民共和国主席令第七十六号公布，自2018年1月1日起施行。其中第二次修正了《中华人民共和国行政处罚法》，与本要求相关的修改如下。

第二章 行政处罚的种类和设定

第八条 行政处罚的种类：

（一）警告；

（二）罚款；

（三）没收违法所得、没收非法财物；

（四）责令停产停业；

（五）暂扣或者吊销许可证、暂扣或者吊销执照；

（六）行政拘留；

（七）法律、行政法规规定的其他行政处罚。

（2）《国土资源行政处罚办法》于2014年7月1日起施行。

第四条 国土资源行政处罚包括：

（一）警告；

（二）罚款；

（三）没收违法所得、没收非法财物；

（四）限期拆除；

（五）吊销勘查许可证和采矿许可证；

（六）法律法规规定的其他行政处罚。

2. “近三年内”是指自本次遴选通知下发之日起前三年，也就是本次遴选通知下发之日起前三十六个月

3. 与处罚有关的要求

（1）近三年内未受到自然资源和生态环境等部门行政处罚。

（2）近三年内受到自然资源和生态环境等部门处罚但已整改到位。

有关部门出具无处罚证明或由处罚单位出具已整改到位证明。特别注意，某些单位受到多次处罚，要有多次整改到位的证明。中关村绿色矿山产业联盟的全国绿色矿山热线服务平台可免费为各级自然资源部门提供矿山企业所有受到生态环保部门的处罚数据。对于三年内多次受到处罚的被评估企业要落实清楚处罚原因，并且在评估文件中做出详细说明，供相关部门参考和决策。

（3）遴选期间受到自然资源和生态环境等部门处罚也需提供已整改到位证明。

4. 重大事故

（1）重大安全事故

根据《生产安全事故报告和调查处理条例》第三条，重大事故是指造成 10

人以上30人以下死亡，或者50人以上100人以下重伤，或者5000万元以上1亿元以下直接经济损失的事故。

（2）重大环境污染事故

重大环境污染事故是指造成10人以上30人以下死亡，或者50人以上100人以下中毒（重伤）；区域生态功能部分丧失或濒危物种生存环境受到污染；因环境污染使当地经济、社会活动受到较大影响，疏散转移群众1万人以上5万人以下的；1、2类放射源丢失、被盗或失控；因环境污染造成重要河流、湖泊、水库大面积污染，或县级以上城镇水源地取水中断的污染事故。

5. 其他相关要求

（1）一个企业下有两个矿权，如果有一矿权因某种原因受过行政处罚，另一个矿权申报绿色矿山不受此影响。

（2）一个企业关联单位受过行政处罚，本企业申报绿色矿山不受影响。

（3）一个企业法人或股东受过行政处罚，本企业申报绿色矿山不受影响。

现场评价或支撑材料：

（1）矿山企业提供县级自然资源部门和生态环境等部门出具的无处罚证明或处罚单位出具已整改完成证明。

（2）查看专项证明原件，以加盖公章的复印件作为证明材料。

（3）网络查询相关信息。

三、矿业权人异常名录

要求：矿山参加遴选期间，矿业权人应进行矿业权人勘查开采信息公示，且未被列入矿业权人勘查开采信息公示系统异常名录。

【解读】本条规定在绿色矿山申报或遴选期间未被列入矿业权人异常名录。

本条要求是根据“绿色矿山建设规范”中“4.1 矿山企业应遵守国家法律法规和相关产业政策，依法办矿”要求而确定的评价指标否决项要求。

矿山参加绿色矿山申报或遴选期间，矿业权人未被列入矿业权人异常名录。

1. 异常名录

进入全国矿业权人勘查开采信息公示系统（http://kyqgs.mnr.gov.cn/）输入矿业权人名称或统一信用代码即可查看矿业权人异常情况。

2. 列入异常名录和移出异常名录的条件

《矿业权人勘查开采信息公示办法（试行）》第二十三条规定：矿业权人有下列情形之一的，国土资源主管部门应当在20个工作日内作出将其列入异常名录的决定，通过信息公示系统公示，提醒其履行相关义务。

（一）截至年度信息填报结束之日，矿业权人未依照本办法规定公示年度信息的。

（二）国土资源主管部门发现并查实矿业权人年度信息隐瞒真实情况、弄虚作假的。

（三）国土资源主管部门发现并查实矿业权人未履行法定义务或履行法定义务不到位的。

第二十四条规定：矿业权人被列入异常名录之日起3年内，符合下列情形的，由作出列入决定的国土资源主管部门将其移出异常名录。

（一）因“矿业权人未依照本办法规定公示年度信息”被列入异常名录，已补报未报年份的年度信息并公示。

（二）因“矿业权人年度信息隐瞒真实情况、弄虚作假”被列入异常名录，已更正并公示。

（三）因“矿业权人未履行法定义务或履行法定义务不到位”被列入异常名录，已按规定履行义务并公示。

3.《矿山地环境保护规定》（根据《自然资源部关于第一批废止和修改的部门规章的决定》第三次修正）的有关规定

第二十六条　违反本规定，应当编制矿山地质环境保护与土地复垦方案而未编制的，或者扩大开采规模、变更矿区范围或者开采方式，未重新编制矿山地质环境保护与土地复垦方案并经原审批机关批准的，责令限期改正，并列入矿业权人异常名录或严重违法名单；逾期不改正的，处3万元以下的罚款，不受理其申请新的采矿许可证或者申请采矿许可证延续、变更、注销。

第二十七条　违反本规定，未按照批准的矿山地质环境保护与土地复垦方案治理的，或者在矿山被批准关闭、闭坑前未完成治理恢复的，责令限期改正，并列入矿业权人异常名录或严重违法名单；逾期拒不改正的或整改不到位的，处3万元以下的罚款，不受理其申请新的采矿权许可证或者申请采矿权许可证延续、变更、注销。

现场评价或支撑材料：

（1）矿山企业提供上网查询矿业权人异常情况的截屏材料。

（2）现场网络查询截屏材料（注明日期）。

四、矿山要求

要求：矿山正常运营，且剩余储量可采年限（按储量年度报告）不少于三年。

【解读】本条是对申报绿色矿山的企业正常运营时间和资源储量的要求。

本条要求包含两个方面的内容，即：

“矿山正常运营”是指矿山建设工程项目竣工验收并且证照齐全、正常生产。首先要求项目竣工验收并且证照齐全，其次没有长期停产或处于正在恢复生产过程。

“剩余储量开采年限”原则上是指按储量报告和生产规模核定的剩余可采年限。

现场评价及支撑材料：

储量年报报告、自然资源部门出具的对其后备资源的证明。

五、矿区范围

要求：矿区范围及位置未涉及各类自然保护地。

【解读】本条是对矿区范围和位置的要求。

由中共中央办公厅、国务院办公厅于2019年6月印发实施的《关于建立以国家公园为主体的自然保护地体系的指导意见》是为加快建立以国家公园为主体的自然保护地体系，提供高质量生态产品，推进美丽中国建设提出的指导性意见，《关于建立以国家公园为主体的自然保护地体系的指导意见》明确提出提出国家公园、自然保护区、自然公园范围规定的意义。

国家公园：是指以保护具有国家代表性的自然生态系统为主要目的，实现自然资源科学保护和合理利用的特定陆域或海域，是我国自然生态系统中最重要、自然景观最独特、自然遗产最精华、生物多样性最富集的部分，保护范围大，生态过程完整，具有全球价值、国家象征，国民认同度高。

自然保护区：是指保护典型的自然生态系统、珍稀濒危野生动植物种的天然集中分布区、有特殊意义的自然遗迹的区域。具有较大面积，确保主要保护对象安全，维持和恢复珍稀濒危野生动植物种群数量及赖以生存的栖息环境。

自然公园：是指保护重要的自然生态系统、自然遗迹和自然景观，具有生态、观赏、文化和科学价值，可持续利用的区域。确保森林、海洋、湿地、水域、冰川、草原、生物等珍贵自然资源，以及所承载的景观、地质地貌和文化多样性得到有效保护。包括森林公园、地质公园、海洋公园、湿地公园等各类自然公园。

应提供的证明材料：

矿山企业提供所属主管部门，如县（市、区）自然资源局的专项证明，以加盖公章的复印件作为证明材料。

第三章　绿色矿山建设评分表

一级	二级	三级指标	标准分	评分说明	考核方法	依据或标准	检查记录	得分
一、矿区环境	矿容矿貌	1 功能分区	10	①现场按生产区、管理区、生活区进行功能分区，符合分区要求得5分； ②排矸场、排土场、垃圾场、废渣堆置场、选矿场等与生活区应保持一定安全距离，得5分。	查资料、查现场	矿区总平面布置图或示意图		
		2 生产配套设施	15	矿区地面运输、供水、供电等配套设施应齐全并正常运行，一处设备不完善或功能不健全扣5分。	查资料、查现场	矿区总平面布置图		
		3 生活配套设施	15	员工宿舍、食堂、澡堂、厕所等设施配备齐全，干净整洁、管理规范，每发现一处不达标扣5分。	查现场			
		4 生产区标牌	15	①生产区按要求设置操作提示牌、说明牌、线路示意图牌等各类标牌，应标未标每发现一处扣3分； ②标牌的尺寸、形状、颜色设置应符合规定，每发现一处不合格扣3分。	查现场	《标牌》（GB 13306）、《矿山安全标志》（GB 14161）		
		5 定置化管理	15	设备、物资材料规范管理，做到分类分区、摆放有序、堆码整齐，发现一处设备、物资材料乱扔乱放、管理混乱扣5分。	查现场			
		6 固体废物堆放	7	①固体废物有固定堆放场所得3分； ②固体废物堆放场所规范得4分。	查现场	《一般工业固体废物贮存、处置场污染控制标准》（GB 18599）、《危险废物贮存污染控制标准》（GB 18597）		
		7 固体废物管理	8	固体废物堆放场所运行管理规范、污染控制到位，无渗流冒出、无生活垃圾混入得8分。	查现场			

续表

一级	二级	三级指标	标准分	评分说明	考核方法	依据或标准	检查记录	得分
一、矿区环境	矿容矿貌	8 生活垃圾处置与利用	20	①矿区（包含矿井）生活垃圾在固定地点收集得5分； ②对生活垃圾进行分类，合理确定垃圾分类范围、品种、要求、收运方式等，得5分； ③生活垃圾自行无害化处理或委托第三方处理，并提供证明材料得10分。	查现场			
		9 主干道路面情况	15	矿区主干道路面符合规范，表面平整、密实和粗糙度适当。符合规范得8分，养护良好得7分。	查现场	《厂矿道路设计规范》（GBJ22）		
		10 道路清洁情况	10	矿区内部道路或专用道路无洒落物，或采取有效措施及时清理洒落物，每发现一处不合格扣5分。	查现场			
		11 矿区清洁情况	20	矿区保持清洁卫生，生产区及管理区无垃圾、无废石乱扔乱放，生产现场管线无跑、冒、滴、漏现象，每发现一处不合格扣5分。	查现场			
		12 矿区建筑、构筑物建设和维护	20	①生产区、管理区、生活区的所有场所不存在私搭乱建等临时建筑、废弃建构筑物，得12分；每发现一处不合格扣4分； ②对矿区建筑、构筑物及时维护、维修或粉刷，得8分。每发现一处较明显的损坏、老化等情况，且未采取维修、维护措施的扣2分。	查现场			
	矿区绿化	13 矿区绿化覆盖	20	矿区可绿化区域应实现绿化全覆盖，且无较大面积表土裸露，每发现一处不符合要求扣5分。	查现场			
		14 专用主干道绿化美化要求	10	矿区进场道路、办公区内部道路、办公区到生产区道路等两侧按如下绿化美化设置，得10分。 ①具备条件的应设置隔离绿化带，因地制宜进行绿化；②客观上不具备绿化条件的，可美化、制作宣传牌或宣传标语。	查现场			
		15 绿化保障机制	4	矿区绿化应有长效保障机制，有绿化养护计划及责任人，符合要求得4分。	查现场、查资料			

续表

一级	二级	三级指标	标准分	评分说明	考核方法	依据或标准	检查记录	得分
一、矿区环境	矿区绿化	16 绿化保障效果	6	绿化植物搭配合理，无严重枯枝黄叶、无缺苗死苗得 6 分，每发现一处不符合要求扣 2 分。	查现场			
		17 矿区美化	10	因地制宜地充分利用矿区自然条件、地形地貌，建设公园、花园、绿地等景观设施的，得 10 分。	查现场			
二、资源开发方式	资源开采	18 开采技术	50	★适用于露天开采： ①钻孔：采用湿式、干式（带收尘）等凿岩作业进行钻孔； ②爆破：采用微差爆破、预裂爆破、光面爆破等方式； ③铲装：采用大型化自动化液压铲装设备、液压挖掘机或装载机、自卸式矿车、大型自移式破碎机等先进设备进行铲装作业； ④排土：生产期采用分期内排技术，最大化利用内排土场排土，减少外部土地占用； 全部符合要求得 50 分，不涉及的视为满足要求，一项不符合要求扣 20 分，扣完 50 分为止。 （兼备地下和露天开采的，以现阶段主要开采方式选择其一进行评分，不可分数累加）	查资料、查现场			
				★适用于地下开采： ①采用充填法、保水开采等技术进行地下开采； ②能有效减少开采引起的大面积地面沉降； ③利用采空区规模化处置尾矿、废石、煤矸石等； 全部符合要求得 50 分，不涉及的视为满足要求，一项不符合要求扣 20 分，扣完 50 分为止。 （兼备地下和露天开采的，以现阶段主要开采方式选择其一进行评分，不可分数累加）	查资料、查现场			

续表

一级	二级	三级指标	标准分	评分说明	考核方法	依据或标准	检查记录	得分
二、资源开发方式	资源开采	18 开采技术	50	★适用于石油天然气、地热矿泉水等矿种： ①采用电动钻机及顶驱装置； ②采用优快、控压等钻井技术； ③采用环保型钻井液及循环利用技术； ④及时无害化处置钻井泥浆等钻井废弃物。 一项不符合要求扣 15 分，扣完 50 分为止。	查资料、查现场			
		19 开采工作面质量要求	30	★适用于露天开采： ①作业平台干净，保持平整、通畅，无杂物、无积水，工作台阶与非工作台阶坡面无危石，满足要求得 15 分； ②非工作台阶滚落物及时清理，并在安全隐患位置设置警戒线或安全牌，满足要求得 15 分。	查现场			
				★适用于地下开采： ①地下矿山工作面安全出口畅通，满足通风、运输、行人、设备安装、检修的需要，支护完好，满足要求得 15 分； ②工作面无较大面积积水、无浮碴、无杂物，材料堆放整齐，满足要求得 15 分。	查现场			
				★适用于石油天然气、矿泉水等： ①危险化学物品无泄漏、抛洒，防止“跑冒滴漏”及对井场表层土壤造成污染； ②钻井废弃物不落地，进行集中无害化处理； ③定期对井场裸露地面喷洒水进行降尘处理； 每项符合要求得 10 分。	查现场			
	选矿加工	20 选矿及加工工艺	60	★适用于有色、冶金、黄金、非金属、化工、煤炭等行业： ①采用自动化程度高、能耗低、污染物产生量少的生产设备和工艺；				

续表

一级	二级	三级指标	标准分	评分说明	考核方法	依据或标准	检查记录	得分
二、资源开发方式	选矿加工	20 选矿及加工工艺	60	②选矿回收率、精矿品位和品级等选矿指标达到或高于设计要求，主金属及伴生元素得到充分利用； ③选用高效、低毒对环境影响小的药剂（如黄金行业氰化药剂室应单独隔离且完全封闭）； ④尾矿和废石中有价组分的含量不高于现有技术水平能够处理的品位。 有一处不符合要求扣 15 分，扣完 60 分为止。	查资料、查现场			
				★适用于水泥灰岩行业： ①生产流程体现短流程、低能耗、高效率； ②破碎系统根据岩石的可破性选择合适的高效破碎机； ③破碎车间、输送廊道等主要生产区域进行全封闭，并配备收尘、降尘设备； 发现一处不符合要求扣 20 分。	查资料、查现场			
				★适用于砂石、建筑石材行业： ①根据母岩材质性能、产品结构、产能要求等因素选择短流程、低能耗的工艺和设备，配置与生产规模和工艺相符的辅助设施； ②干法生产配备除尘设备，并保持与生产设备同步运行，湿法生产配置泥粉和水分离、废水处理和循环使用系统； ③生产区域产尘点封闭； ④砂石骨料成品堆场（库）地面硬化，分类或分仓储存。 发现一处不符合要求扣 15 分。	查资料、查现场	《机制砂石骨料工厂设计规范》（GB 51186）		
				★适用于石油天然气、地热、矿泉水等行业： ①选用合理的原油脱水技术装备进行脱水，选用合理油气分离装备和原油稳定技术，得 30 分； ②对伴生有二氧化碳气体、硫化氢气体的油气藏，且伴生气体含量未达到工业综合利用要求的，采取有效处置措施得 30 分。	查资料、查现场			

续表

一级	二级	三级指标	标准分	评分说明	考核方法	依据或标准	检查记录	得分
二、资源开发方式	矿山环境恢复治理与土地复垦	21 范围要求	30	按照矿山地质环境恢复治理与土地复垦方案，对规定区域进行治理、复垦，如排土场、露天采场、矿区专用道路、矿山工业场地、沉陷区、矸石场、矿山污染场地等，应当治理、复垦而未按照方案及时治理、复垦的，每处区域扣5分。	查资料、查现场	《矿山地质环境保护与土地复垦方案》		
		22 治理要求	10	①恢复治理后的各类场地，与周边自然环境相协调，有景观效果； ②若露天开采造成的裸露区域对周边景观影响较大，则应采取减轻不利影响的措施； ③露天开采矿山还应符合露采终了平台留设与复垦绿化的要求。 以上三项发现一处不符合要求扣4[分]，扣完10分为止。	查资料、查现场	《矿山地质环境保护与土地复垦方案》、《土地复垦质量控制标准》（TDT1036）、其他文件证明材料		
		23 土地利用功能要求	10	治理后的各类场地，应恢复土地基本功能，因地制宜实现土地可持续利用，满足要求得10分。	查资料、查现场	《矿山地质环境保护与土地复垦方案》、《土地复垦质量控制标准》（TDT1036）、其他文件证明材料		
		24 生态功能要求	10	治理后的各类场地，应满足： ①区域整体生态功能得到保护和恢复； ②对动植物不造成威胁。 有一处不符合要求扣5分。	查资料、查现场	《矿山地质环境保护与土地复垦方案》、《土地复垦质量控制标准》（TDT1036）、其他文件证明材料		
	环境管理与监测	25 环境保护设施	6	①环境保护设施齐全，且相关设施有效运转得4分； ②得到有效维护得2分。	查资料、查现场	环境保护设施验收资料		
		26 环境管理体系认证	4	获得环境管理体系认证得4分。	看证书	ISO环境管理体系认证		
		27 环境监测制度	5	建立环境监测的长效机制，有环境监测制度得5分。	查资料	环境监测制度		

续表

一级	二级	三级指标	标准分	评分说明	考核方法	依据或标准	检查记录	得分
二、资源开发方式	环境管理与监测	28 环境监测设备	5	矿区内设置对噪声、大气污染物的自动监测及电子显示设备，得5分。	查现场			
		29 应急响应机制	5	构建应急响应机制，有应对突发环境事件的应急响应措施得5分。	查资料	应急响应制度		
		30 矿山地质环境动态监测情况	5	对地面变形等矿山地质环境进行动态监测得5分。	查现场、查资料	动态监测记录		
		31 废水、尾矿等动态监测	5	对选矿废水、矿井水、尾矿（矸石山）、排土场、废石堆场、粉尘、噪音[声]等进行动态监测得5分。	查现场、查资料	动态监测记录		
		32 复垦区动态监测	5	对复垦区土地损毁情况、稳定状态、土壤质量、复垦质量等进行动态监测得5分。	查现场、查资料	动态监测记录		
三、资源综合利用	（1）非金属、化工、黄金、冶金、有色、石油、煤炭等行业按照33-42共10项三级指标进行评分，总分120分。							
	共伴生资源综合利用	33 资源勘查、评价与开发	10	按矿产资源开发利用方案进行共伴生资源的综合勘查、综合评价、综合开发得10分。	查资料	《矿产资源开发利用方案》、有关产品资料		
		34 共伴生资源的综合利用	20	选用先进适用、经济合理的工艺技术对共伴生资源进行加工处理和综合利用，符合要求得20分。	查资料、查现场	生产报表或财务报表等		
		35 对复杂难处理或低品位矿石的综合利用	5	对复杂难处理或低品位矿石，采用新工艺降低能耗，或者采用选冶联合工艺提高技术经济指标，取得效果并提供证明材料得5分。	查资料、查现场			
		36 对暂不能开采利用的共伴生矿产的要求	5	对暂不能开采利用的共伴生矿产采取有效保护措施得5分。	查资料	《矿产资源开发利用方案》		
	固废处置与综合利用	37 工业固废处置与利用	25	建立废石（渣）、煤矸石、尾矿、钻井废弃泥浆、岩屑、浮渣、油泥等固体废弃物的综合利用，通过回填、铺路、生产建材等方式充分利用固体废弃物，得25分。	查资料、查现场	《矿产资源开发利用方案》及其他证明材料		
		38 表土处置与利用	10	剥离表土以及煤层上覆岩石，用于土地复垦、生态修复得10分（无表土及上覆岩石的此项不评分，同时“37 工业固废处置与利用”赋值35分）。	查资料、查现场	《矿产资源开发利用方案》及其他证明材料		

续表

一级	二级	三级指标	标准分	评分说明	考核方法	依据或标准	检查记录	得分
三、资源综合利用	固废处置与综合利用	39 回收提取有价元素/有用矿物	5	实现从尾矿、煤矸石、废石等固体废弃物中提取有价元素或有用矿物的得5分。	查资料、查现场	生产报表、销售报表、财务报表等		
	废水处置与综合利用	40开采废水的处置与综合利用	15	①配备矿井水、疏干水、钻井废水、洗井废水等开采废水处理设施得7分； ②采用洁净化、资源化技术，实现废水的有效处置得8分。	查资料、查现场	生产报表（调度报表）或其他证明材料		
		41生产废水的处置与综合利用	15	①建立选矿废水等生产废水的循环处理系统得7分； ②生产废水实现循环利用8分。	查资料、查现场	生产报表（调度报表）或其他证明材料		
		42 生活污水处置	10	①配备生活污水处理系统得4分； ②生活污水得到有效处置得6分。	查资料、查现场	生产报表（调度报表）或其他证明材料		
	（2）砂石、水泥灰岩、建筑石材行业按照43-46项共4项三级指标进行评分，总分120分。							
	综合利用	43 开采加工等相关产物综合利用	40	★适用于砂石、建筑石材行业： 充分利用石粉、泥粉等矿山开采或加工产物，提高资源化利用水平，如新型建筑材料、工程用料、环境治理、土地复垦和土壤改良等，得40分。	查资料、查现场	生产报表（调度报表）或其他证明材料		
				★适用于水泥灰岩行业： 结合水泥生产线多种原料配料的特点，实现开采或加工[生]产各类产物资源化利用，实现资源分级利用、优质优用，实现高品位矿石与低品位矿石、夹层、顶底板围岩等综合利用得40分。	查资料、查现场	生产报表（调度报表）或其他证明材料		
	固废处置与综合利用	44 土质剥离物的综合利用	40	★适用于砂石、建筑石材行业： 排土场堆放的剥离表上或筛分后的碴土、废石等，用于生产新型建筑材料、环境治理、土地复垦、生态修复等资源化利用方式得40分。	查资料、查现场	生产报表（调度报表）或其他证明材料		
				★适用于水泥灰岩行业： 将符合要求的土质剥离物用作硅铝质原料或用于复垦得20分，其他剥离物用作水泥配料、砂石骨料或其他工程用料得20分。	查资料、查现场	生产报表（调度报表）或其他证明材料		

续表

一级	二级	三级指标	标准分	评分说明	考核方法	依据或标准	检查记录	得分
三、资源综合利用	废水处置与综合利用	45 生产废水处置与利用	30	①配备完善的生产废水处理系统得10分； ②废水经固液分离处理，清水得到有效循环利用得20分。	查资料、查现场	生产报表（调度报表）或其他证明材料		
		46 生活污水处置	10	①配备生活污水处理系统得4分； ②生活污水得到有效处置得6分。	查资料、查现场	生产报表（调度报表）或其他证明材料		
四、节能减排	节能降耗	47 全过程能耗核算体系	5	建立全过程能耗管理体系得5分。	查资料	全过程能耗核算体系文件或台账		
		48 能源管理计划	10	①有年度能源管理计划得5分； ②节能指标分解到下属单位、部门或车间得5分。	查资料	能源分析报表		
		49 矿山单位产品能耗	15	单位产品能耗、物耗、水耗指标未达到规定要求的，每项扣5分。 煤矿、铁矿、金矿、有色金属矿有国家标准的，执行国家标准。其他矿种暂无国家标准、行业标准的，以企业近3年能耗等指标均值为依据进行考核，要体现节能降耗进步要求。	查资料	能耗台账、各行业单位产品能源消耗限额		
		50 能源管理体系认证	5	企业取得能源管理体系认证得5分。	看证书	能源管理体系证书		
	废气排放	51 主要产尘点清单	5	矿山有明确开采、运输、选矿（加工）等主要产生粉尘的作业场所及其岗位粉尘浓度清单。	查现场	企业防尘相关措施		
		52 生产过程的粉尘排放	15	①凿岩作业中通过采用凿岩收尘一体钻机收尘或湿式凿岩工艺等措施降尘； ②爆破作业中通过喷雾洒水降尘； ③固定产尘点加设除尘捕尘装备并保持足够的负压与生产设备同步运行等措施，实现抑制和处理采选加工过程中产生的粉尘。 在凿岩、爆破、岩（矿）石破（粉）碎、筛分、输送、配料等关键环节或位置，发现一处不合格扣3分。	查现场、抽查员工了解	涉及爆破的要有专项降尘方案，其它爆破的松散岩层露天煤矿应不涉及此项		

续表

一级	二级	三级指标	标准分	评分说明	考核方法	依据或标准	检查记录	得分
四、节能减排	废气排放	53 地面运输过程的粉尘排放	15	运输道路沿途设置喷水或感应式喷雾设施或配置洒水车定时洒水降尘、地面运输车辆及运输设备采取喷雾降尘或洒水降尘、外运产品采用密封车辆，实现避免沿路粉尘飞扬。发现一处不合格扣3分。	查现场			
		54 贮存场所粉尘排放	10	①废石或矿石周转场地、贮存场所具有配套的防扬尘设施得5分； ②达到防扬尘效果得5分。	查资料、查现场	企业防尘相关措施		
		55 其他废气排放	10	针对采、选过程中产生的，含有除粉尘外其他有毒有害物质（如SO_2、NO_x等）的工业废气，有废气净化系统且达标排放得10分。	查资料	监测报告或检测数据		
	废水排放	56 生活污水排放	10	生活污水经处理后水质达标排放，或污水直接排入市政污水管网的得10分。	查资料、查现场	污水站等环保设施验收资料		
		57 工业废水排放	15	工业废水鼓励零排放。有排放的，经处理后水质达标排放得15分。	查资料、查现场	环保部门的检验资料		
		58 排水管道设置	10	清污管路分别铺设、雨水与污水管群分开设置得10分。	查现场			
		59 地表径流水、淋溶水排放要求	15	①矿区建有雨水截（排）水沟，并建设沉淀池及取水设备，将汇集的地表径流水、淋溶水等经沉淀后达标排放或处理回用，符合要求得10分； ②排土场和矸石山设置截（排）水沟，符合要求得5分。	查现场	矿区总体设计		
	固废排放	60 固废排放要求	30	对无法实现综合利用的固体废弃物： ①划分危险废物、一般废物和生活垃圾不同类别，实现分级分类得10分； ②按照国家法律和标准，自行对固体废弃物进行处置，或委托第三方有资质的单位进行处置得20分。	查资料、查现场	《中华人民共和国固体废物污染环境防治法》一般工业固体废物贮存、处置场污染控制标准（GB 18599）、危险废物焚烧、贮存、填埋污染控制标准（GB 18484、18597、18598）		

续表

一级	二级	三级指标	标准分	评分说明	考核方法	依据或标准	检查记录	得分
四、节能减排	噪声排放	61 主要噪声点清单	5	矿山有主要产生噪音场所及其岗位的清单，必要时可进行现场检测，符合要求得5分。	查现场			
		62 噪声处置要求	15	对矿区凿岩、破碎和空压等高噪声设备进行降噪处理，配备消声、减振和隔振等措施得15分。	查相关监测报告			
		63 噪声排放要求	10	厂界噪声排放达标得10分。	查现场	《工业企业厂界环境噪声排放标准》GB 12348-2008		
五、科技创新与智能矿山	科技创新	64 技术研发队伍	3	企业建设技术研发队伍，有专职技术人员得3分。	查资料	科技管理制度		
		65 技术研发管理制度	3	有技术研发的奖励及管理制度得3分。	查资料	科技管理制度		
		66 协同创新体系	6	建立产学研用协同创新体系： ①与科研院所、高等院校等建立技术创新合作关系，签订合作协议建立企业技术平台，包括工程技术中心、企业技术中心、重点实验室、院士专家工作站、创新工作室等，得2分； ②开展支撑企业主业发展的技术研究，有立项文件或项目台账材料得2分； ③改进企业工艺技术水平，有证明材料得2分。	查资料	主管部门公告文件，项目立项文件及项目台账		
		67 科技获奖情况	18	企业研究项目或成果获得国家级奖励得18分，省部级奖励得12分，国家奖励办《社会科技奖励目录》中的得10分，各类奖项应促进绿色矿山建设、体现单位名称，总分不超过18分。	查资料	主管部门公告文件，项目立项文件及项目台账		
		68 研发及技改投入	6	研发及技改投入不低于上年度主营业务收入的1.5%。达到1.5%得6分，1-1.5%得5分，0.5-1%得4分，低于0.5%且对企业员工开展技术创新项目投入奖励的得2分。	查资料	查财务报表、明细账、辅助账或项目台账		
		69 高新技术企业认证	3	获得高新技术企业证书得3分。	看证书	获得高新技术企业证书		

续表

一级	二级	三级指标	标准分	评分说明	考核方法	依据或标准	检查记录	得分
五、科技创新与智能矿山	科技创新	70 知识产权情况	6	三年内，获得一项发明专利得2分，发表一篇核心期刊论文得1分，一个实用新型或软件著作权加1分，所有成果应体现单位名称，总分不超过6分。	查资料	专利、论文原件（或复印件加盖公章）		
		71 先进技术和装备	20	选用国家鼓励、支持和推广的采选工艺、技术和装备，采选工艺、技术或装备入选《国家鼓励发展的环境保护技术目录》《矿产资源节约与综合利用先进适用技术推广目录》《国家先进污染防治示范技术名录》《安全生产先进适用技术、工艺、装备和材料推广目录》《国家重点节能技术推广目录》《节能机电设备（产品）推荐目录》等，能提供应用证明。每一项技术、工艺或装备得10分，总分不超过20分。	查资料、查现场	相关产业政策目录、设计规范以及相关证明材料		
	智能矿山	72 智能矿山建设计划	5	企业年度计划中有智能矿山建设内容得2分，按计划实施得3分。	查资料、查现场	企业年度计划		
		73 矿山自动化集中管控平台	10	构建矿山自动化集中管控平台，能够将自动控制系统、远程监控系统、储量管理系统、各种监测系统等集中统一显示，符合要求得10分。	查现场	矿山自动化集中管控系统平台建设方案		
		74 矿山生产自动化系统	10	①建立中央变电所、水泵房、风机站、空压机房、皮带运输巷等场所固定设施无人值守自动化系统，得4分； ②建立开采及生产过程主要设备远程控制系统得3分； ③建立废石场、废渣场等堆场、边坡建设、工作环境等安全监测系统平台得3分。	查现场	矿山自动化各子系统建设方案		
		75 远程视频监控系统	10	建立完善的远程视频监控系统。矿山工作面等生产场所，供电、排水、通风、运输、计量、销售等关键点，尾矿库、巷道等重要安全场所，安装远程视频监控系统，每安装一处且实现实时监控得1分，总分不超过10分。	查资料、查现场			

续表

一级	二级	三级指标	标准分	评分说明	考核方法	依据或标准	检查记录	得分
五、科技创新与智能矿山	智能矿山	76 资源储量管理系统	5	开展三维储量管理实际工作得5分。	查现场			
		77 智能工作面或无人驾驶矿车系统	5	下面两项有一项得5分： ①设正常生产的智能工作面； ②建设有无人驾驶矿车系统。	查资料、查现场	智能工作面或无人驾驶矿车设计方案		
		78 矿区环境在线监测系统	5	建设矿区环境在线监测系统，对环境保护行政主管部门依法监管的污染物（矿井水、大气污染物、固废、噪声）排放指标具备按超标程度自动分级报警、分级通知功能，满足要求得5分。	查资料、查现场	矿区环境在线监测系统建设方案		
六、企业管理与企业形象	绿色矿山管理体系	79 绿色矿山建设计划与目标	5	企业年度计划中包含绿色矿山建设内容、目标、指标和相应措施等得5分。	查资料	企业年度计划		
		80 绿色矿山建设组织机构与职责	5	有明确的绿色矿山建设组织机构和职责制度得5分。	查资料	绿色矿山管理机构设置、职责的相关文件		
		81 绿色矿山考核	5	建立绿色矿山考核机制，对照绿色矿山建设计划和目标，每年至少内部考核一次。符合要求得5分。	查资料			
		82 绿色矿山建设改进提升	5	明确绿色矿山建设的改进内容、措施、负责人、完成时间、达到的效果等，符合要求得5分。	查资料			
		83 绿色矿山建设培训	8	①有绿色矿山培训制度和计划1分； ②组织管理人员和技术人员进行绿色矿山建设培训（学习）得3分； ③定期组织绿色矿山专职人员参加绿色矿山建设系统性培训（学习），并有培训（学习）证明，得4分。	查资料、抽查员工了解	培训制度、培训计划、培训签到、视频资料、培训通知、证书、照片		
	企业文化	84 职工满意度调查	3	定期开展职工满意度问卷调查，合理设置问卷调查内容，做到客观公正。每年组织一次得1分，满意度高于70%得1分，及时公示得1分。	抽查员工了解	调查问卷原始记录		
		85 职工文娱活动	4	①有职工休闲、娱乐、文化体育设施得2分； ②设施正常运行得2分。	查资料、查现场			

续表

一级	二级	三级指标	标准分	评分说明	考核方法	依据或标准	检查记录	得分
六、企业管理与企业形象	企业文化	86 工会组织开展活动	3	工会定期开展各项活动，推动职工及企业之间交流得3分。	查资料			
		87 绿色矿山文化建设	3	有绿色矿山宣传片，基于对清晰度、解说词、时长等关键内容的考量，按制作效果酌情给分。	看宣传片			
	企业管理	88 员工收入与企业业绩的联动机制	2	建立企业职工收入随企业业绩同步增长机制，企业员工的总收入与企业经济效益增长有关联关系的得2分。	查资料、抽查员工了解	考核制度		
		89 功能区管理制度	2	有与企业实际情况相符的生产、生活等管理制度，且明确责任单位或部门，得2分。	查资料	查看矿山相关管理文件		
		90 采选装备管理	20	①有核心装备清单，包含装备名称、型号、主要参数、能耗情况、购置时间、维保情况； ②现场核验装备与清单相符合并能正常使用，无国家明令淘汰的落后生产工艺装备。 符合一项得5分。	查资料	查看矿山相关管理文件		
		91 职业健康管理制度	3	具备职业健康等管理制度得3分。	查资料	查看矿山相关管理文件		
		92 环境保护管理制度	3	具备环境保护管理制度（包含污水、废水排放；固废的分类、堆放、控制；噪声控制；扬尘控制等）得3分。	查资料	查看矿山相关管理文件		
		93 人员目视化管理	4	①内部员工进入生产作业场所，统一着劳保服装，且穿戴符合安全要求； ②外来人员，如参观、检查、学习人员、承包商员工等，进入生产作业场所，着装符合生产作业场所安全要求。 有一人一处达不到要求扣1分。	查现场	人员目视化管理制度		
		94 绿色矿山宣传活动	6	开展与绿色矿山建设相关的宣传活动，在媒体刊发正面报道文章、开展宣讲报告、举办竞赛、开展宣传周活动等，每一类可得2分，总分不超过6分。	查资料、查现场			

续表

一级	二级	三级指标	标准分	评分说明	考核方法	依据或标准	检查记录	得分
六、企业管理与企业形象	企业管理	95 员工体检	4	企业组织全体员工每年定期体检得2分，分类制定体检计划、体检项目，建立职业健康监护档案得2分。	查资料	体检档案		
	社区和谐	96 矿地和谐情况	5	与所在乡镇（街道）、村（社区）等建立良好关系，及时妥善处理好各种纠纷矛盾。	抽查员工或走访社区群众			
		97 扶贫或公益募捐活动	5	企业定期或不定期开展扶贫或公益募捐活动。近两年内开展过扶贫或公益募捐活动的加5分。	查资料、抽查员工了解	扶贫合同或捐赠合同或相关票据证明		
	企业诚信	98 企业依法纳税情况	4	企业依法纳税、诚信纳税、主动纳税。若存在偷税漏税等行为，每发现一次扣2分，扣完4分为止。	调查走访、查资料	税务部门证明		
		99 企业履行相关义务情况	4	①企业按要求汇交地质资料； ②按时提交矿产资源统计基础表。每发现一项不符合要求扣2分。	查资料			
		100 信息公示	2	企业按规定进行矿业权人勘查开采信息公示得2分。	查矿业权人勘查开采信息公示系统			
总分			1000					

第四章 矿区环境

矿区环境建设既是创造职工生产生活健康环境的内在需要，也是矿区生态系统的重要组成部分，是向社会展示企业形象的重要窗口。矿区布局、矿区管理、绿化、美化是企业绿色矿山建设的基本要求，体现了矿山企业履行社会责任的程度。

矿区环境的评估结果应体现矿区的社会形象和生产生活保障能力。

第一节 矿容矿貌

1 功能分区

标准分：10

评分说明：

①现场按生产区、管理区、生活区进行功能分区，符合分区要求得5分；

②排矸场、排土场、垃圾场、废渣堆置场、选矿场等与生活区应保持一定安全距离，得5分。

考核方法：查资料、查现场

依据或标准：矿区总平面布置图或示意图

【解读】本条是从空间布局上体现矿区对生产生活的服务能力的要求。

本条要求是根据“绿色矿山建设规范”中“5.1.1 矿区功能分区布局合理，矿区应绿化、美化，整体环境整洁美观”和“5.2.1 矿区按生产区、管理区、生活区和生态区等功能分区，各功能区应符合《工业企业总平面设计规范》（GB 50187—2012）要求，运行有序、管理规范”要求而确定的评价指标要求。

如果有明确的分区，①项得5分；如果分区不明显或分区不完全，①项不得分；如果固体废弃物（简称固废）堆放场所与办公、生活区距离太近，有可能造成安全事故或环境污染，②项不得分。

1. 为什么要进行功能分区

功能分区是指工业企业的各类设施按不同功能和系统分区布置，构成一个相互联系的有机整体。从生产上看，功能分区有利于生产设施集中布置，实现专业化生产，提高生产效率，发挥生产系统的最大功能；从生活上看，功能分区有利于营造一个安全、健康、舒适的生活环境，提高职工的生活质量，调动职工的工作积极性。

2. 标准要求矿区需按生产区、管理区、生活区和生态区等功能分区

矿区应按生产区、管理区、生活区和生态区等功能进行分区。

生产区：需要对人员、设备、物料及加工对象有组织地操控，满足生产工艺对场地、卫生、质量要求的生产操作区域。露天煤矿的生产区主要指采掘场、矿山道路和排土场所在区域。

管理区：组织作业人员按程序作业，并规范人员作息行为的监控、分析、指挥和传达等办公作业和休息值班的区域。包括办公楼、联合建筑、调度指挥中心等。

生活区：指工厂集中设置的为职工服务的住宅及公用文化福利设施的区域。包括集体宿舍、家属住宅、食堂、幼儿园、浴室、医院、电影院、俱乐部等。狭义是指矿区里职工宿舍及配套生活设施，生活区一般应在生产区上风侧。

生态区：在矿区内矿业活动过程中没有工程布局或者已经复垦后形成稳定的生态系统并且不再有新的工程布局的区域。

3. 功能分区要符合《工业企业总平面设计规范》（GB 50187—2012）的要求

《一般工业固体废物贮存、处置场污染控制标准》（GB 18599—2001）中关于一般工业固体废物①堆放场地的规定“5.1.2 应选在工业区和居民集中区主导风向下风侧，厂界②距居民集中区 500m 以外”，同时根据“6.1.2 建设项目环境影响评价中应设置贮存、处置场专题评价；扩建、改建和超期服役的贮存、处置场，应重新履行环境影响评价手续”，要在环评中应该对设置贮存、处置场进行专题评价。

排矸场、排土场、垃圾场和废渣堆置场布置与办公区、生活区分离并留有安全距离，不对生活、生产造成影响是根据《工业企业总平面设计规范》（GB 50187—2012）相关要求进行的可操作性的提炼，便于现场考核。

4. 在矿区地面总体布置图、矿山遥感影像图、航拍图、示意图等图形上明确标注生产区、管理区、生活区和固废堆放场所。

现场评价或支撑材料：

标注了生产区、管理区、生活区及废弃物堆放位置等矿区总平面图或其他专门制作的能标注生产区、管理区、生活区及废弃物堆放的真实效果图。

---

① 在各种法律、文件、标准中，固体废弃物、固体废物、固废均有使用。本书在非引用部分，统一将其称为固废。

② 厂界是指由法律文书（如土地使用证、房产证、租赁合同等）确定的业主所拥有使用权（或所有权）的场所或建筑物的边界。

2 生产配套设施

标准分：15

评分说明：矿区地面运输、供水、供电等配套设施应齐全并正常运行，一处设备不完善或功能不健全扣5分。

考核方法：查资料、查现场

依据或标准：矿区总平面布置图

【解读】本条体现矿区生产配套设施对生产的服务能力要求。

1. 矿区的交通设施

根据交通流的需要及地形、地物的情况，道路上必要时应设置人行跨路桥（包括地下人行横道）、栅栏、照明设施、视线诱导标志，紧急联络设施及其他类似设施。

2. 矿区的供电设施

供电设施也称为电力设施，主要包括输电和配电设备，比如变压器、导线、电缆、避雷器、绝缘子、杆塔等。

3. 矿区的供水设施

供水设施是指供水公用设施、区域加压供水设施、管网、消火栓、阀门等。

4. 环境卫生设施

环境卫生设施包括环境卫生公共设施、环境卫生工程设施和环境卫生机构使用的工作场所三类。环境卫生公共设施是指公共厕所、化粪池、垃圾管道、垃圾容器和垃圾容器间、废物箱和痰盂等；环境卫生工程设施是指环境卫生工作中收集、运输、处理、消纳垃圾、粪便的基础设施，包括垃圾粪便码头、垃圾中转站、无害化处理厂（场）、垃圾堆场、垃圾堆肥场、临时应急垃圾堆场、供水龙头和车辆冲洗站。环境卫生机构使用的工作场所是指环境卫生作业队为完成所承担的管理和业务职责需要的场所，包括环境卫生管理工作用房、车辆停车场、修造厂及环境卫生清扫、保洁工人作息场所等。

5. 矿区地面运输、供水、供电等配套设施清洁保养

矿区地面运输、供水、供电等配套设施清洁保养建议如下：

（1）排水泵站、污水泵站等排水设施，每年粉刷一次，并定期保洁。

（2）报刊亭、举报箱、信箱（筒）等邮政、通信设施，每半年整饰一次，并定期清洗。

（3）配电室（箱）、电力开闭所等，每年油饰一次，并定期保洁。

（4）建筑物周围绿化设施，每半年整饰一次，并定期清洗。

（5）垃圾转运站、公共厕所等环境卫生设施，每年粉刷或油饰一次，并定期清洗、保洁。

现场评价或支撑材料：

（1）查看矿山有关设计资料。

（2）在矿区地面总体布置图上查看矿区地面运输、供水、供电、环境保护设施、环境卫生设施等系统的情况。

（3）将供水、供电、交通运输等矿山基础设施及条件整理为文件，作为附件上传。

（4）主要地点的现场实际情况记录（照片）。

3 生活配套设施

标准分：15

评分说明：员工宿舍、食堂、澡堂、厕所等设施配备齐全，干净整洁、管理规范，每发现一处不达标扣5分。

考核方法：查现场

【解读】本条体现矿区生活配套设施对生产的保障能力的要求。

矿区的生活配套设施主要包含员工宿舍、食堂、澡堂、厕所等，重点要考虑对这些设施定期消毒，保持设施干净整洁，内部的物品摆放有序。具体要求可参考如下：

1. 职工食堂

（1）地面、墙壁、桌椅、门窗、玻璃、售饭窗台（口）等擦拭干净，无污垢、剩饭菜等。

（2）案板、笼布、炊（机）具、灶具、刀具及餐具等按规定清洗消毒。

（3）肉、菜食品及工具生、熟分开。

（4）不得有苍蝇、老鼠、有毒物品，食物仓库物品离地摆放整齐，霉变、过期食物及时处理。

（5）衣着整洁，无化妆痕迹，文明礼貌用语。

（6）燃气具摆放、使用遵守规范，电器安装合理。

（7）食堂周围环境清扫及时，无杂物。

2. 职工澡堂

（1）室内地面、墙壁、门窗、淋浴器具清洁卫生，无污垢、烟头，无破损。

（2）更衣室内衣物箱干净卫生，无破损，无乱涂乱画，无痰痕。

（3）采暖设施完好，无跑气、冒水、漏气、漏水。

（4）防鼠、防蚊（蝇）、灭火器材齐全。

（5）洗衣、烘干设施齐全整洁、运转良好，电器、配电盘箱及线路安装规范，照明设施完整。

（6）周围环境整洁，垃圾、煤尘及时清扫，不得残留。

3. 职工宿舍

（1）室内物品摆放整齐，地面无污垢、烟头，无卫生死角等。

（2）室外墙壁无乱涂乱画，无痰痕，室外场地无杂草、树叶，无烟头、烟盒、废纸（箱）、包装袋，无剩饭菜等生活垃圾。

（3）场外垃圾及时入垃圾箱，及时清运。

（4）室外无晾晒衣服、被褥等。

（5）采暖设施保持完好，无跑气、冒水、漏气、漏水。

现场评价或支撑材料：

（1）应从多方面、多角度、多层次检查员工宿舍、食堂、澡堂、厕所等设施的现场情况（有照片记录）。食堂要考察食堂外观、食堂操作间、食堂就餐厅等处的卫生和物品排放；澡堂要考察内部大小和设施；职工宿舍要考察外观洁净和室内的卫生；厕所重点要考察是否卫生、是否有冲水等。

（2）食堂外观、食堂操作间、食堂就餐厅、澡堂内部、职工宿舍外观、职工宿舍室内、公共厕所等照片各一张。

（3）相关台账记录。

4 生产区标牌

标准分：15

评分说明：

①生产区按要求设置操作提示牌、说明牌、线路示意图牌等各类标牌，应标未标每发现一处扣 3 分；

②标牌的尺寸、形状、颜色设置应符合规定，每发现一处不合格扣 3 分。

考核方法：查现场

依据或标准：《标牌》（GB/T 13306）、《矿山安全标志》（GB 14161）

【解读】本条是对矿区生产区设置操作提示牌、说明牌、线路示意图牌等标牌的要求，体现生产及配套设施的服务水平。

1. 需要设置标牌的地点

1）设置操作提示牌、说明牌、线路示意图牌等

（1）井下地点和作业场所，包括竖井马头门、车场、巷道交叉点、爆破器材库、油库、风机站、避难硐室等；

（2）地面地点和作业场所，包括井口、地面道路、变电所、配电室、提升机房、地表炸药库、压风机房、主通风机房、尾矿坝、废石场、防护斜坡、排洪沟及其他安全设施等。

(3)其他。如在重要电缆、管线、开关和闸阀等处要设置位置和状态标牌。

2)设置安全标志

在道路交叉口、地面变电站、井口、配电室、提升机房、主通风机房、边坡、加油站或油库等需要警示安全的区域设置安全标志。

3)设置环境保护图形标志

在固废贮存、处置场所设置环境保护图形标志。

2. 标牌、标识的设置要求

标牌的尺寸、形状、颜色设置应符合规定。矿山主要有三类标牌。

1)标牌

《标牌》(GB/T 13306—2011)规定了标牌的型式与尺寸、标记、技术要求、检验方法、检验规则、包装与贮运。它适用于各种机电设备、仪器仪表及各种元器件的产品铭牌、操作提示牌、说明牌、线路示意图牌、设计数据图表牌和安全标识牌等。

2)矿山安全标志

《矿山安全标志》(GB 14161—2008)和《安全标志及其使用导则》(GB 2894—2008)规定了各类矿山传递安全信息的主要标志。包括各种标志的符号、名称、设置地点(表4.1)。

表4.1 各类矿山传递安全信息的主要标志

编号	符号	名称	设置地点
2-1		禁带烟火	禁止烟火地点
2-2		严禁酒后入井(坑)	有人出入的井口和矿坑
2-3		禁止明火作业	禁止明火作业地点
2-4		禁止启动	不允许启动的机电设备

3)环境保护图形标志

《环境保护图形标志 固体废物贮存(处置)场》(GB 15562.2—1995)规定了一般固废和危险废物贮存、处置场环境保护的图形标志类型、符号、颜色,以

及如何使用维护等内容

3. 建（构）筑物栏杆、公示牌板等附属设施，每年油饰一次，并定期清洗、保洁。

现场评价或支撑材料：

（1）在应该设置操作提示牌、说明牌、线路示意图牌、安全标志等的不少于5处地点查看有没有标牌及标牌是否规范。

（2）提供不同位置的提示牌、说明牌、线路示意图牌、安全标识牌各一张。

5 定置化管理

标准分：15

评分说明：设备、物资材料规范管理，做到分类分区、摆放有序、堆码整齐，发现一处设备、物资材料乱扔乱放、管理混乱扣5分。

考核方法：查现场

【解读】本条是对矿区生产区设备物资材料摆放的要求，体现了对生产生活有关设备、材料的管理能力。

1. 定置化管理

定置化管理是对物的特定的管理，是其他各项专业管理在生产现场的综合运用和补充，是企业在生产活动中，研究人、物、场所三者关系的一门科学。定置化管理包括空间的定置和时间的定置。空间的定置要处理好人、物和场所之间的关系；而时间的定置则要处理人、事和时间的关系。

空间的定置：它是实现生产现场管理规范化与科学化的重要手段，通过整理，把生产过程中不需要的东西清除掉，不断改善生产现场条件，科学地利用场所，实现向空间要效益。

时间的定置：它是通过整顿，促进人与物的有效结合，使生产中需要的东西随手可得，实现向时间要效益。

空间的定置化管理将“整理、整顿、素养”的核心内容融入企业精细管理活动中，其内容比较丰富，涉及整个企业的“人-物-场所”三维空间位置关系的设计和优化，企业也可以将这项工作单独提取出来，进行更加细致的研究和实施。

在企业里，物品与使用者——人的位置关系一般处于以下三种状态。

A状态：人与物有效结合，人可以直接、方便、快捷、有效地利用物。

B状态：人与物不能有效结合，人不能直接、快捷、有效地利用物。

C状态：人与物不需要结合，物品处于不可利用、无利用状态。

定置化就是不断地清除C状态，改善B状态，保持A状态。定置管理首先要对“人-物-场所”三维空间位置关系进行设计和优化，充分利用色彩、指示牌、电子屏幕和其他信息媒介将该物在何处、该物流向哪里、该物有多少、该物处于何种加工状态、该物是否良好、该物是否危险，以及区域的总体定置状态等信息明确表示出来，以方便人去寻找、识别，减少工作差错，提高工作效率。

2. 生产区定置化管理

生产区设备、物资材料需进行定置化管理，做到摆放有序、堆放整齐。

（1）由井下的升井带来的生产设备、设施、材料、生活垃圾、废物料，必须在当班时间内回收到各自单位或公司指定的区域存放。

（2）生产场地存放的生产物料，须分类摆放整齐，加工制作时做到人走场清。生产用金属网、棚梁、木料不得在生产区域存放。

（3）新购生产材料如黄沙、泡泥、石料、水泥、石子等严格按规定地方存放，不得占道，方堆要规整。

3. 施工现场材料堆放的要求

1）一般要求

（1）建筑材料的堆放应当根据用量大小、使用时间长短、供应与运输情况确定，用量大、使用时间长、供应运输方便的，应当分期分批进场，以减少堆场和仓库面积。

（2）施工现场各种工具、构件、材料的堆放必须按照总平面图规定的位置放置。

（3）位置应选择适当，便于运输和装卸，应减少二次搬运。

（4）地势较高、坚实、平坦、回填土应分层夯实，要有排水措施，符合安全、防火的要求。

（5）应当按照品种、规格堆放，并设明显标牌，标明名称、规格和产地等。

（6）各种材料物品必须堆放整齐。

2）主要材料半成品的堆放

（1）大型工具应一头见齐。

（2）钢筋应堆放整齐，用方木垫起，不宜放在潮湿处或暴露在外受雨水冲淋。

（3）砖应码成方垛，不得超高且距沟槽坑边不小于0.5m，防止坍塌。

（4）砂应堆放成方，石子应当按不同粒径规格分别堆放成方。

（5）各种模板应当按规格分类堆放整齐，地面应平整坚实，叠放高度一般不宜超过1.5m；大模板存放应放在经专门设计的存架上，应当采用两块大模板面对面存放，当存放在施工楼层上时，应当满足自稳角度并有可靠的防倾倒措施。

（6）混凝土构件堆放场地应坚实、平整，按规格、型号堆放，垫木位置要正确，多层构件的垫木要上下对齐，垛位不得超高；混凝土墙板宜设插放架，插放架要焊接或绑扎牢固，防止倒塌。

现场评价或支撑材料：

（1）查看现场不少于4处的设备、物料堆放，发现设备、物资材料未分区有序摆放或摆放杂乱的，有一处不符合要求扣4分。

（2）硐口、库房、维修车间、库房场所、停车场、自行车棚、料场、办公室、井下工作面等地方的定置化管理照片。

6 固体废物堆放

标准分：7

评分说明：

①固体废物有固定堆放场所得3分；

②固体废物堆放场所规范得4分。

考核方法：查现场

依据或标准:《一般工业固体废物贮存、处置场污染控制标准》(GB 18599)、《危险废物贮存污染控制标准》（GB 18597）

【解读】本条是对矿区废弃物堆放的管理要求，体现对矿区固废的管理能力。

废弃物是指特定条件下对某一活动无用、不要而丢弃的物品、物质；广义而言，包括固态、液态和气态废弃物；狭义而言，多指固废或含大量固体的废弃物；但需要说明，“无用、不要”是相对的，并不表示丢弃的废弃物完全失去了使用价值，当技术、环境等条件改变或活动方式、方法、目的改变后，被丢弃的废弃物有可能成为生产的原材料、燃料或消费物品，这是废弃物资源化处理的基础。

固体废物是指在生产、生活和其他活动中产生的丧失原有利用价值或者虽未丧失利用价值但被抛弃或者放弃的固态、半固态和置于容器中的气态的物品、物质，以及法律、行政法规规定纳入固废管理的物品、物质。

应为矿区生产生活形成的固废设置专门堆放场所，其运行、建设和管理应符合规定。

矿山固废应设置专门的堆放场所，并符合《中华人民共和国固体废弃物污染环境防治法》、《地质灾害防治条例》等安全、环保和监测的规定。同时还应符合《一般工业固体废物贮存、处置场污染控制标准》（GB 18599—2001）、《危险废物贮存污染控制标准》（GB 18597—2011）等相关要求。

《一般工业固体废物贮存、处置场污染控制标准》（GB 18599—2001）对固废堆放及场地、环境保护、运行管理、关闭封场、监控监测等进行了规定。具体要求如下：

1. 贮存、处置场划分为Ⅰ和Ⅱ两个类型

第Ⅰ类一般工业固废：按照《固体废物浸出毒性浸出方法 翻转法》（GB

5086.1—1997）和《固体废物浸出毒性浸出方法 水平振荡法》（GB 5086.2—1997）规定方法进行浸出试验而获得的浸出液中，任何一种污染物的浓度均未超过《污水综合排放标准》（GB 8978—1996）最高允许排放浓度，且pH为6～9的一般工业固废。

第Ⅱ类一般工业固废：按照《固体废物浸出毒性浸出方法 翻转法》（GB 5086.1—1997）和《固体废物浸出毒性浸出方法 水平振荡法》（GB 5086.2—1997）规定方法进行浸出试验而获得的浸出液中，有一种或一种以上的污染物浓度超过《污水综合排放标准》（GB 8978—1996）最高允许排放浓度，或者是pH为6～9之外的一般工业固废。

堆放第Ⅰ类一般工业固废的贮存、处置场为第一类，简称Ⅰ类场。堆放第Ⅱ类一般工业固废的贮存、处置场为第二类，简称Ⅱ类场。

2. 场地要求

1）Ⅰ类场和Ⅱ类场的共同要求

（1）所选场址应符合当地城乡建设总体规划要求。

（2）应依据环境影响评价结论确定场址的位置及其与周围人群的距离，同时经具有审批权的环境保护行政主管部门批准，并可作为规划控制的依据。

在对一般工业固废贮存、处置场场址进行环境影响评价时，应重点考虑一般工业固废贮存、处置场产生的渗滤液及粉尘等大气污染物等因素，根据其所在地区的环境功能区类别，综合评价其对周围环境、居住人群的身体健康、日常生活和生产活动的影响，确定其与常住居民居住场所、农用地、地表水体、高速公路、交通主干道（国道或省道）、铁路、飞机场、军事基地等敏感对象之间合理的位置关系。

（3）应选在满足承载力要求的地基上，以避免地基下沉的影响，特别是不均匀或局部下沉的影响。

（4）应避开断层、断层破碎带、溶洞区，以及天然滑坡或泥石流影响区。

（5）禁止选在江河、湖泊、水库最高水位线以下的滩地和洪泛区。

（6）禁止选在自然保护区、风景名胜区和其他需要特别保护的区域。

2）Ⅰ类场的其他要求

应优先选用废弃的采矿坑、塌陷区。

3）Ⅱ类场的其他要求

（1）应避开地下水主要补给区和饮用水源含水层。

（2）应选在防渗性能好的地基上。天然基础层地表与地下水位的距离不得小于1.5m。

3. 环境保护

1）Ⅰ类场和Ⅱ类场的共同要求

（1）贮存、处置场的建设类型，必须与将要堆放的一般工业固废的类别相一致。

（2）建设项目环境影响评价中应设置贮存、处置场专题评价，扩建、改建和超期服役的贮存、处置场，应重新履行环境影响评价手续。

（3）贮存、处置场应采取防止粉尘污染的措施。

（4）为防止雨水径流进入贮存、处置场内，避免渗滤液量增加和滑坡，贮存、处置场周边应设置导流渠。

（5）应设计渗滤液集排水设施。

（6）为防止一般工业固废和渗滤液的流失，应构筑堤、坝、挡土墙等设施。

（7）为保障设施、设备正常运营，必要时应采取措施防止地基下沉，尤其是防止不均匀或局部下沉。

（8）含硫量大于1.5%的煤矸石，必须采取措施防止自燃。

（9）为加强监督管理，贮存、处置场应按《环境保护图形标志 固体废物贮存（处置）场》（GB 15562.2—1995）设置环境保护图形标志。

2）Ⅱ类场的其他要求

（1）当天然基础层的渗透系数大于 1.0×10^{7}cm/s 时，应采用天然或人工材料构筑防渗层，防渗层的厚度应相当于渗透系数 1.0×10^{7}cm/s 和厚度1.5m的黏土层的防渗性能。

（2）必要时应设计渗滤液处理设施，对渗滤液进行处理。

（3）为监控渗滤液对地下水的污染，贮存、处置场周边至少应设置三口地下水质监控井。第一口沿地下水流向设在贮存、处置场上游，作为对照井；第二口沿地下水流向设在贮存、处置场下游，作为污染监视监测井；第三口设在最可能出现扩散影响的贮存、处置场周边，作为污染扩散监测井。

当地质和水文地质资料表明含水层埋藏较深，经论证认定地下水不会被污染时，可以不设置地下水质监控井。

4. 运行管理

1）Ⅰ类场和Ⅱ类场的共同要求

（1）贮存、处置场竣工后，必须经原审批环境影响报告书（表）的环境保护行政主管部门验收合格，方可投入生产或使用。

（2）一般工业固废贮存、处置场，禁止危险废物和生活垃圾混入。

（3）贮存、处置场的渗滤液水质达到《污水综合排放标准》（GB 8978—1996）标准后方可排放；大气污染物满足《大气污染物综合排放标准》（GB 16297—1996）无组织排放要求后方可排放。

（4）贮存、处置场使用单位，应建立检查维护制度，定期检查维护堤、坝、挡土墙、导流渠等设施，发现有损坏可能或异常，应及时采取必要措施，以保障正常运行。

（5）贮存、处置场的使用单位，应建立档案制度。应将入场的一般工业固废的种类和数量及下列资料详细记录在案，长期保存，供随时查阅。①各种设施和设备的检查维护资料；②地基下沉、坍塌、滑坡等的观测和处置资料；③渗滤液及其处理后的水污染物排放和大气污染物排放等的监测资料。

（6）贮存、处置场的环境保护图形标志，应按《环境保护图形标志 固体废物贮存（处置）场》（GB15562.2—1995）规定进行检查和维护。

2）类场的其他要求

禁止Ⅱ类一般工业固废混入。

3）Ⅱ类场的其他要求

（1）应定期检查维护防渗工程，定期监测地下水水质，发现防渗功能下降，应及时采取必要措施。地下水水质按《地下水质量标准》（GB/T 14848—2017）规定评定。

（2）应定期检查维护渗滤液集排水设施和渗滤液处理设施，定期监测渗滤液及其处理后的排放水水质，发现集排水设施不通畅，或是处理后的水质超过《污水综合排放标准》（GB 8978—1996）或地方的污染物排放标准，需及时采取必要措施。

5. 关闭封场

1）Ⅰ类场和Ⅱ类场的共同要求

（1）当贮存、处置场服务期满或因故不再承担新的贮存、处置任务时，应分别予以关闭或封场。关闭或封场前，必须编制关闭或封场计划，报请所在地县级以上环境保护行政主管部门核准，并采取污染防治措施。

（2）关闭或封场时，表面坡度一般不超过33%。标高每升高3～5m，需建造一个台阶，台阶应有不小于1m的宽度、2%～3%的坡度和能经受暴雨冲刷的强度。

（3）关闭或封场后，仍需继续维护管理，直到稳定为止，以防止覆土层下沉、开裂，致使渗滤液量增加，防止一般工业固废堆体失稳而造成滑坡等事故。

（4）关闭或封场后，应设置标志物，注明关闭或封场时间，以及使用该土地时应注意的事项。

2）Ⅰ类场的其他要求

为利于恢复植被，关闭时表面一般应覆一层天然土壤，其厚度视固废的颗粒度大小和拟栽种物种类而定。

3）Ⅱ类场的其他要求

（1）为防止固废直接暴露和雨水渗入堆体内，封场时表面应覆土两层，第一层为阻隔层，覆20～45cm厚的黏土，并压实，防止雨水渗入固废堆体内；第二层为覆盖层，覆天然土壤，以利于植物生长，其厚度视栽种植物种类而定。

（2）封场后，渗滤液及其处理后的排放水的监测系统应继续维持正常运转，直至水质稳定为止。地下水监测系统应继续维持正常运转。

6. 监控监测

1）污染控制项目

a. 渗滤液及其处理后的排放水

应选择一般工业固废的特征组分作为控制项目。

b. 地下水

贮存、处置场投入使用前，以《地下水质量标准》（GB/T 14848—2017）规定的项目为控制项目，使用过程中和关闭或封场后的控制项目，可选择所贮存、处置的固废的特征组分。

c. 大气

贮存、处置场以颗粒物为控制项目，其中属于自燃性煤矸石的贮存、处置场，以颗粒物和二氧化硫为控制项目。

2）监测

a. 渗滤液及其处理后的排放水

（1）采样点。采样点设在排放口。

（2）采样频率。每月一次。

（3）测定方法。按《污水综合排放标准》（GB 8978—1996）选配方法进行。

b. 地下水

（1）采样点。采样点设在地下水质监控井。

（2）采样频率。贮存、处置场投入使用前，至少应监测一次本底水平；在运行过程中和封场后，每年按枯、平、丰水期进行，每期一次。

（3）测定方法。按《生活饮用水标准检验方法 总则》（GB/T 5750.1—2006）进行。

c. 大气

（1）采样点。按《大气污染物综合排放标准》（GB 16297—1996）附录C进行。

（2）采样频率。每月一次。

（3）测定方法。测定方法如表4.2所示。

表4.2 大气污染物测定方法

项目	测定方法	方法来源
颗粒物	重量法	GB/T 15432—1995
二氧化硫	（1）甲醛吸收-副玫瑰苯胺分光光度法	HJ 482—2009
	（2）四氯贡盐吸收-副玫瑰苯胺分光光度法	HJ 483—2009

《危险废物贮存污染控制标准》（GB 18597—2001）对危险废弃物堆放、处置进行了要求，炸药、动力油品、易燃材料等危险废弃物的贮存应根据拟贮存的废物种类和数量，合理设计分区，每个分区之间宜设计挡墙间隔，并根据每个分区拟贮存的废物特征，采取防渗、防腐、防火、防雷、防扬尘等措施。工业场地设有设备维修车间的，需设置专用的危废暂存间，暂存间要求做到封闭、地面防渗，贮存设施周边需设围堰或导流沟及收集井。

现场评价或支撑材料：

（1）矿山固废堆放设计。

（2）与有贮存危废资质单位的合同及贮存危废单位的资质证明。

（3）固废有固定堆放场所照片。

7 固体废物管理

标准分：8

评分说明：固体废物堆放场所运行管理规范、污染控制到位，无渗流冒出、无生活垃圾混入得 8 分。

考核方法：查现场

依据或标准：《一般工业固体废物贮存、处置场污染控制标准》（GB 18599）、《危险废物贮存污染控制标准》（GB 18597）

【解读】本条是对固体废弃管理的相关要求。

依据的法律法规、标准有：《中华人民共和国固体废物污染环境防治法》，《固体废物处理处置工程技术导则》（HJ 2035—2013），《一般工业固体废物贮存、处置场污染控制标准》（GB 18599—2001）、《危险废物贮存污染控制标准》（GB 18597—2001）、《危险废物填埋污染控制标准》（GB 18598—2001）、《危险废物焚烧污染控制标准》（GB 18484—2001）等。

矿山应建立固废管理专项制度，固废专项管理制度一般包含：固废分类、固废的收集和存放、设置危险废物识别标志、固废的处理与处置、固废的检查和记录等内容。

固废运行管理严格按照《一般工业固体废物贮存、处置场污染控制标准》（GB 18599—2001）中运行管理部分的要求来执行。

现场评价或支撑材料：

（1）固废管理专项制度。

（2）设置危险废物识别标志。

（3）检查有无渗流冒出、有无生活垃圾混入的情况，如有则现场拍照。

（4）固废管理台账。

8 生活垃圾处置与利用

标准分：20

评分说明：

①矿区（包含矿井）生活垃圾在固定地点收集得 5 分；

②对生活垃圾进行分类，合理确定垃圾分类范围、品种、要求、收运方式等，得 5 分；

③生活垃圾自行无害化处理或委托第三方处理，并提供证明材料得 10 分。

考核方法：查现场

【解读】本条是对生活垃圾的处置和利用，体现矿区对生活垃圾的管理能力。

本条依据的标准有：《生活垃圾处理技术指南》（建城[2010]61 号）、《城市生活垃圾分类及其评价标准》（CJJ/T 102—2004）、《生活垃圾收集站技术规程》（CJJ 179—2012）、《生活垃圾收集站建设标准》（建标 154—2011）

《生活垃圾卫生填埋处理技术规范》（GB 50869—2013）、《生活垃圾填埋场污染控制标准》（GB 16889—2008）、《生活垃圾卫生填埋场防渗系统工程技术规范》（CJJ 113—2007）、《生活垃圾焚烧处理工程技术规范》（CJJ 90—2009）等。

《中华人民共和国固体废物污染环境防治法》第四十三条规定：县级以上地方人民政府应当加快建立分类投放、分类收集、分类运输、分类处理的生活垃圾管理系统，实现生活垃圾分类制度有效覆盖。

1. 垃圾收集

生活垃圾收集点是生活垃圾收集系统的组成部分，它位于垃圾收集系统的最前端，具有数量多、分布广、管理难等特点，直接影响到矿区的生活环境，影响矿区的建设管理水平。

按照《市容环境卫生术语标准》（CJJ/T 65—2004）的定义，生活垃圾收集点是按规定设置的收集垃圾的地点。它的作用就是收集垃圾、短暂存放垃圾并等待运输。

垃圾收集点的设置要方便投放，同时还要方便垃圾运输，因为它通常位于道路边、楼院内，垃圾收集点的美观也很重要。

（1）收集点的设置应征得当地环境卫生行政主管部门的同意。

（2）要方便投放垃圾，不影响矿区卫生和景观环境。

（3）要便于容器的移动和旋转，方便机械化收运作业。

（4）应保持合理的防护距离，周围适当设置绿化或遮挡措施，有效降低视觉、嗅觉污染。

（5）收集点所在地面应平整，并进行硬化。

2. 垃圾分类

垃圾集中分类的意义如下。

1）有利于垃圾资源化

将垃圾分类收集，能提高其资源化利用程度，在垃圾成分中，金属、纸类、塑料、玻璃等是可直接回收利用的资源，回收利用率很高，较之开发自然资源有着处理简单、成本低廉、污染较小的优势，而且，垃圾中的食物、草木和织物可以堆肥，产生有机肥料；砖瓦、灰土可以加工成建材等。由此可见，垃圾中有许多可再次利用的资源，各种固废混合在一起是垃圾，分开就是资源，将垃圾分类收集并进行无害化处理，将会成为可观的循环资源。

2）有利于垃圾减量化

将垃圾分类收集，能有效减少垃圾总量。城市垃圾分为可再生垃圾（废纸、废塑料、废金属、废玻璃制品、废旧家具等），不可再生垃圾（餐余、果皮等）和有害垃圾（废电池、废灯管等）。据统计分析，近年来城市垃圾中可再生垃圾的比例增加很快，这对于推行生活垃圾分类回收是十分有利的。进行分类回收，会大大提高其资源化程度，从而有效减少垃圾总量。垃圾总量的减少可以降低垃圾填埋场的负荷，降低处理成本，减少占用土地，减少对大气、土壤、地表水、地下水的不利影响；垃圾总量的减少，特别是塑料、橡胶、电子产品的充分去除，对于垃圾焚烧来说也有极大好处，它减少了有害废气，如二噁英的产生，这将改善我国目前垃圾焚烧二次污染严重的问题。

3）有利于垃圾无害化

垃圾分类收集能提升垃圾无害化处理率。目前，我国垃圾处理方法主要是填埋、焚烧和堆肥法。填埋法虽然有处理费用低、方法简单的优点，但其容易造成地下水资源的二次污染；焚烧法虽然占地少、减量效果好，但焚烧后容易产生像二噁英那样毒性很高的化学物质；堆肥法虽然能使垃圾中的有机物质腐化变成肥料改良土壤，但堆肥的规模不宜太大，长期使用易造成地下水质变坏和土壤板结。生活垃圾有很多是可以回收利用的，如果我们从废弃物产生的初始环节入手，进行分类回收，将其精挑细选，排除有价值、可回收利用的部分，找出真正无用的垃圾进行处理，那么，不仅减少了城市垃圾的总量，节约了资金，还能减轻末端处理的压力，缓解垃圾累积局面，并减轻处理过程中的环境污染，使城市垃圾无害化处理率大大提升。

3. 生活垃圾自行无害化处理

生活垃圾无害化处理是指在处理生活垃圾过程中采用先进的工艺和科学的技术，降低垃圾及其衍生物对环境的影响，减少废物排放，做到资源回收利用的过程。垃圾无害化处理的工艺主要有焚烧、卫生填埋和堆肥三种。采用什么工艺去处理生活垃圾，要从当地实际情况出发，结合垃圾的成分、城市经济发展情况、人民的生活习惯，以及气象、水文、地质等条件，以最少的投资，最大限度地把垃圾在较短的时间内处理到无害化水平。

1）焚烧

焚烧垃圾时会产生一些有害气体、有机物和炉渣。如果将它们直接排放到环境中，同样会导致污染，因此，有必要将垃圾送入焚烧炉进行集中处理（有些生活垃圾含有机质较少，可将煤和垃圾按一定比例混合焚烧）。

在焚烧炉中焚烧垃圾采用的是一种热化学处理方法。这种方法利用高温破坏、改变垃圾的组成和结构，使垃圾体积减小，并使之无害化。经焚烧处理后，体积一般可减少 80%～90%，其中的有害物质和病菌基本被除去。

在焚烧炉焚烧的基础上，利用产生的热量可以发电。垃圾焚烧发电技术不但解决了垃圾露天焚烧带来的环境污染，同时有效地利用了垃圾所含的能量，一举两得。

2）卫生填埋

随着垃圾处理技术的不断发展和完善，垃圾正从堆放处理向填埋方式过渡，填埋技术也逐步趋于卫生、经济和高效。垃圾中含有的灰渣、砖瓦、陶瓷等物质及垃圾处理过后产生的各种残渣，必须通过填埋方式进行处理。

3）堆肥

堆肥是利用含有肥料成分的动植物遗体和排泄物，加上泥土和矿物质混合堆积，在高温、多湿的条件下，经过发酵腐熟、微生物分解而制成的一种有机肥料。堆肥是一种古老的肥料，制造堆肥必须先收集适当的材料，如稻草、茎蔓、野草、树木落叶或是禽畜粪便等，然后将其适当混合，并添加适量的氰氨化钙，促其发酵，然后覆盖上破席、破布、稻草或塑胶布，以避免肥分丧失。

现场评价或支撑材料：

（1）垃圾集中收集点照片。生产区、管理区、生活区垃圾随处倾倒、未设垃圾收集设施不得分。

（2）垃圾分类的照片。

（3）生活垃圾无害化处理方案或第三方处理合同。

9 主干道路面情况

标准分：15

评分说明：矿区主干道路面符合规范，表面平整、密实和粗糙度适当。符合规范得 8 分，养护良好得 7 分。

考核方法：查现场

依据或标准：《厂矿道路设计规范》（GBJ22）

【解读】本条是对矿区道路路面的要求，体现矿区对运输能力的保障。

1. 厂矿道路分类

（1）厂外公路为厂矿企业与国家公路、城市道路，车站、港口相衔接的对外公路，或本厂矿企业分散的车间（分厂）、居住区等之间的联络公路。

（2）厂内道路为工厂（或港口、商业仓库、露天矿山机修场地、矿井井口场地等，下同）的内部道路。

（3）露天矿山运输道路为露天矿经常行驶矿用汽车的公路和通往爆破材料库、水源地、总变电所、尾矿坝等行驶一般载重汽车的辅助道路（包括矿井的地面辅助道路）。露天矿山运输道路可分为干线道路、支线道路、联络线道路和辅助线道路。干线道路是指露天矿采矿场各开采台阶通往卸矿点或排土场（废石场）的共用道路；支线道路是指开采台阶或排土场（废石场）与干线道路相连接的道路，或一个开采台阶直接到卸矿点或排土场（废石场）的道路；联络线道路是指露天矿内与干线道路、支线道路连通的其他道路；辅助线为通往矿区范围内的附属厂（车间）和各种辅助设施行驶各类汽车的道路。

2. 矿区主干道路路面符合的规范

根据《厂矿道路设计规范》（GBJ 22—1987）要求，矿区专用主干道路面应具有足够的强度和良好的稳定性，其表面应平整、密实、粗糙度适当。

（1）产尘较大的生产区道路，可采用沥青路面和水泥混凝土路面。

（2）埋有地下管线并经常开挖检修的路段，可采用水泥混凝土预制块路面或块石路面。

（3）坡较大或圆曲线半径较小的路段，可采用块石路面。

（4）常行驶履带车的道路，可采用块石路面或低级路面。

（5）盐湖矿山和高寒等易结冰区域的矿山可根据具体情况采取相应的措施[非《厂矿道路设计规范》（GBJ 22—1987）要求]。

3. 路面硬化的作用

硬化路面就是在已经形成的道路路面上面覆盖硬化层，如沥青、混凝土等，其作用如下。

（1）提高运输效率。硬化后车辆出行快速方便。

（2）改变矿区环境。硬化后整洁美观，改变了以往脏、乱、差的面貌。

（3）降低运输能耗。

4. 道路养护的内容

道路常见的问题有起皮、起砂、冻融、坑槽、裂缝、啃边断角等问题。

“公路养护”就是对道路的保养与维护，保养侧重于从建成通车开始的全过程养护，维护侧重于对被破坏的部分进行修复。道路养护统一划分为日常养护、定期养护、特别养护和改善工程四类。

1）日常养护

日常养护是对道路各组成部分（包括附属设施）每年按需要进行频繁的日常作业，其目的是保持道路原有的良好状态和服务水平。

（1）路面及其他部分的清扫。

(2) 轻微损坏的修补和设施的零星更换。

(3) 割草和树枝修剪。

(4) 冬季除雪除冰。

(5) 为恢复偶尔中断的交通进行紧急处理。

2) 定期养护

定期养护是在道路使用期限内所进行的、可编制程序的、较大的养护作业。

(1) 辅助设施的改进。

(2) 路面磨耗层的更新或修复。

(3) 路面标线、涵洞及附属设施的修复。

(4) 金属桥的重新油漆等。

3) 特别养护

特别养护是把严重恶化的路况改善到原有状态的作业。

(1) 加强和改建已破损的路面结构。

(2) 修复已破坏的路基和涵洞。

(3) 防治外部因素对公路的损害，如稳定边坡、防治坍方、添建挡土墙、改善排水设施、防治水毁、预防雪崩、砍伐树木等。

4) 改善工程

改善工程是对公路在新建或改建时遗留下的缺陷进行的改善作业。

(1) 改善卡脖子路段，提高通行能力。

(2) 校正路拱和超高，改善行车视距。

(3) 调整交叉道和进入口，消除事故多发点，以策安全。

(4) 采取防噪声措施。

(5) 扩建和改善建筑物和其他设施。

(6) 添建路旁休息区，以提高公路服务水平等。

硬化后的道路要及时养护。很多矿山道路的养护和维修意识淡薄，已硬化好的道路使用状况不良，浪费资源。

现场评价或支撑材料：

(1) 进场道路、办公区内联络道路、办公区到生产区道路路面照片各一张。

(2) 查看道路养护台账。

10 道路清洁情况

标准分：10

评分说明：矿区内部道路或专用道路无洒落物，或采取有效措施及时清理洒落物，每发现一处不合格扣 5 分。

考核方法：查现场

【解读】本条是对矿区内部道路或专用道路保持清洁情况的要求，展示了矿区的社会形象。

1. 清洁范围

道路两侧墙到墙范围内的可清扫面积（含道路绿地），以及地上建筑物、附着物上乱贴乱画，沿路建筑垃圾、杂物的清理等。

2. 道路清洁要求

（1）道路清扫作业应达到本路段路级要求的相应标准。快车道、慢车道及人行道清扫彻底，无漏扫、死角、果皮、纸屑、塑料袋、树叶、烟蒂、砂石、尘土及其他废弃物。

（2）保持路面、牙石、墙角无积水，窨井口不堵塞。

3. 道路清洁措施

（1）及时收集清扫保洁垃圾并按时清运。

（2）及时清掏、清洗垃圾容箱，保持周围无杂物。

（3）及时清除路面污染，并积极配合洒水车冲洗路面。

4. 作业现场管理

为加强各作业现场有效管理，实施现场检查和跟踪清扫保洁工作目标的落实，及时纠正不合格服务，应保障道路清扫保洁作业顺利进行，其具体内容如下：

（1）根据作业点清扫工作的总体范围和程序细则，制订清扫保洁工作计划表，详细列明各项清扫保洁项目及时间安排。依据清扫保洁工作计划表，编排人员岗位，落实岗位责任制。

（2）清扫保洁的岗位需要根据岗位的范围、工作项目、卫生标准，按岗位“五定”的要求实施（定员、定岗、定量、定时、定标准）。

（3）各项清扫保洁作业必须按清扫保洁工作程序和卫生标准的要求完成。

（4）道路清扫保洁必须按照操作规程进行规范作业，并落实安全作业管理措施，做到安全、文明作业。

（5）确保清扫保洁的质量和工作效率，管理人员和员工必须按“道路清扫保洁作业标准及考核细则”的要求填写“人员作业情况登记本”“日常检查情况登记本”等，完善管理制度。

（6）在作业过程中，必须爱护道路范围内的公共设施设备。

（7）在节假日期间，应根据各路段情况适当增加道路清扫保洁工人。

现场评价或支撑材料：

（1）进场道路、办公区内联络道路、办公区到生产区道路路面撒落物的照片。

（2）查看道路清洁措施。

11 矿区清洁情况

标准分：20

评分说明：矿区保持清洁卫生，生产区及管理区无垃圾、无废石乱扔乱放，生产现场管线无跑、冒、滴、漏现象，每发现一处不合格扣5分。

考核方法：查现场

【解读】本条是对生产区、管理区卫生的要求，展示了矿区的社会形象。

跑、冒、滴、漏是指液体、气体在存放，运输等过程中，因管理不善及操作不当而产生跑气、冒水、滴液、漏液的现象。

1. 生产区、管理区厂区清洁卫生

厂区应做到目视道路、人行道干净、无浮尘、无杂物、无油污、无垃圾、无废石、无积水、积雪、污渍、泥沙等。

2. 生产现场无跑、冒、滴、漏现象

1）供水排水系统的跑、冒、滴、漏的控制

每周巡检供水、排水系统管道，对有跑、冒、滴、漏现象的管线、控制阀等及时予以维修、更换。

设备自身供、排水系统的水池、管件等有跑、冒、滴、漏现象时，予以及时维修。

地下镀锌管满三年需更换。

2）设备供油系统跑、冒、滴、漏的控制

每周巡检相关设备，当存在跑、冒、滴、漏现象时，予以及时维修。

根据设备要求定期更换废弃油污、集中处理。

设备自身管道系统及控制阀、电磁阀等出现跑、冒、滴、漏现象时，予以及时维修。

相关部门不定期巡查跑、冒、滴、漏的情况并记录于环境、安全巡查记录表。

现场评价或支撑材料：

（1）查看现场设备设施，如管道、控制阀、电磁阀、水池、运输设备等实际情况不少于6处。

（2）现场实际情况的照片。

（3）采区路面及两侧、场地积尘严重，污、废水横流的不能得分。

12 矿区建筑、构筑物建设和维护

标准分：20

检查内容：

①生产区、管理区、生活区的所有场所不存在私搭乱建等临时建筑、废弃

建构筑物，得 12 分；每发现一处不合格扣 4 分；

②对矿区建筑、构筑物及时维护、维修或粉刷，得 8 分。每发现一处较明显的损坏、老化等情况且未采取维修、维护措施的扣 2 分。

考核方法：查现场

【解读】本条是对矿区建筑、构筑物管理的要求，展示了矿区的社会形象。

1. 有关法律法规

私搭乱建在法律上没有明确的限制，一般意义上指的是为达到自己的利益，在规定的范围外改动原有的建筑等使用方式。《中华人民共和国民法通则》和《中华人民共和国城乡规划法》有相关要求。

1）《中华人民共和国民法通则》

第八十三条　不动产的相邻各方，应当按照有利生产、方便生活、团结互助、公平合理的精神，正确处理截水、排水、通行、通风、采光等方面的相邻关系。给相邻方造成妨碍或者损失的，应当停止侵害，排除妨碍，赔偿损失。

2）《中华人民共和国城乡规划法》

第六十四条　未取得建设工程规划许可证或者未按照建设工程规划许可证的规定进行建设的，由县级以上地方人民政府城乡规划主管部门责令停止建设；尚可采取改正措施消除对规划实施的影响的，限期改正，处建设工程造价百分之五以上百分之十以下的罚款；无法采取改正措施消除影响的，限期拆除，不能拆除的，没收实物或者违法收入，可以并处建设工程造价百分之十以下的罚款。

第六十五条　在乡、村庄规划区内未依法取得乡村建设规划许可证或者未按照乡村建设规划许可证的规定进行建设的，由乡、镇人民政府责令停止建设、限期改正；逾期不改正的，可以拆除。

第六十六条　建设单位或者个人有下列行为之一的，由所在地城市、县人民政府城乡规划主管部门责令限期拆除，可以并处临时建设工程造价一倍以下的罚款：（一）未经批准进行临时建设的；（二）未按照批准内容进行临时建设的；（三）临时建筑物、构筑物超过批准期限不拆除的。

2. 临时建筑

临时建筑是指必须在限期内（一般为二年）拆除、结构简易的构筑物和其他设施，同时也包括因工程需要而使用钢、钢筋混凝土、水泥、砖、木、石等其他耐久性材料的，二年内必须限期拆除的构筑物和其他设施（如上海世博会部分馆场等临时性展示用房）。

临时建筑建设前也须经规划、国土、建设等部门批准，规定使用期限一般不超出二年。

临时建筑采用拆装式结构，要求达到利用次数多、装拆快、损耗少、经济指标低的目的。结构的几何形状力求简单，对各种临时建筑，选择平面和断面的统一模数，以尽可能减少构件的种类，采用积木原理，组装成不同跨度、不同面积、不同用途的建筑物。

3. 矿区建（构）筑物外立面和公共设施保持整洁

矿区建（构）筑物外立面和公共设施保持整洁应当达到下列标准：

（1）无明显污迹、尘土。

（2）无破损、表面脱落现象。

（3）无明显陈旧、涂料斑驳和严重褪色。

（4）无涂写、刻画、张贴现象。

（5）无其他明显外形不洁、影响市容环境现象。

4. 建筑物、构筑物等风格与周边环境相协调

建筑物附着物和周边可能对建筑物造成影响的构筑物，其外立面必须与主体建筑物的色调、造型和设计风格相协调，应注意以下几个方面的问题：

（1）建筑物、构筑物外立面粉饰应注意保持建筑物外立面原有的色调和风格，根据建筑物外立面的实际情况，可适当采用简洁、明快、谐调的装饰线或装饰色块，以增加建筑的立体和层次效果。

（2）对于较老旧的建筑，其外立面的粉饰要结合加固、防水一并进行，并可对建筑物的外立面进行适当的修饰。低矮建筑物（三层和三层以下）的顶部也应进行清理和粉饰。

（3）建筑物的粉饰要注意色彩的谐调和搭配，建筑物的外立面多以浅色为主，适当配置其他颜色，不宜采用大面积的艳丽色彩和深色粉饰建筑。同时一栋建筑或一条街道的颜色要注意统一谐调，色彩不宜太多太乱。

（4）要充分考虑近期和远期、单体建筑和整体效果。

（5）对大面积的玻璃幕墙和采用特种材料装饰外立面的建筑，应按规定对建筑物的外立面进行清洗，并注意清除建筑物表面的污迹和斑痕，保证建筑物外立面的干净整洁。

（6）厂区功能分区及建筑物、构筑物的外形宜规整，整洁流畅、美观大方和完好无损。

5. 建筑物、构筑物管理

私搭乱建主要指的是违法用地和违法建设两种情况，私搭乱建现象严重影响社区居民的生活，侵害其他公民的权利，不仅影响美观，还会留下很多安全隐患。

具体地说，乱建是指未经规划部门受理审结许可或经消防部门鉴定评审，私自在房屋周围的标准外，利用公共消防通道或逃生通道建筑的有公共隐患的违章建筑。私搭是指不经过申请就私自接电线、水管等。

6. 矿区建（构）筑物外立面保持整洁

矿区建（构）筑物外立面保持整洁，建议如下。

（1）外立面为玻璃类或瓷砖类，每年清洗一次。

（2）外立面为喷涂类，每三年刷新一次。

（3）矿区建（构）筑物外立面进行粉刷或者重新装饰、装修，原则上应当保持原建（构）筑物的色调、造型和设计风格，并注意与周围环境相协调。

现场评价或支撑材料：

（1）办公区、生产辅助区主要建筑物外观照片。

（2）私搭乱建的照片。

第二节　矿 区 绿 化

13 矿区绿化覆盖

标准分：20

评分说明：矿区可绿化区域应实现绿化全覆盖，且无较大面积表土裸露，每发现一处不符合要求扣 5 分。

考核方法：查现场

【解读】本条是矿区绿化覆盖的要求，展示了矿区的社会形象。

绿化不等于生态修复，只是生态修复的手段之一，其作用是改善环境和维护矿区的生态平衡。具体地讲就是补充空气中的氧气，吸收大气中的有害气体，防尘、防风，减噪，灭菌，改善地区微小气候，净化水质，以及保持地面干燥等作用。绿化是通过人工的方法种植和保养植物。

1. 绿化的作用

绿化可改善环境卫生并在维持生态平衡方面起多种作用，具体如下：

（1）补充空气中的氧气。绿化植物在进行光合作用时，吸收空气中的二氧化碳，放出氧气。空气中有 60%的氧气是由森林、绿地制造的。

（2）吸收大气中的有害气体。许多植物具有较强的吸收过滤大气中有害气体的能力。绿化能有效地减少汽车尾气中的氮氧化合物，从而减少大气中臭氧的含量，还可以防止光化学烟雾的形成。此外，有些树的叶子还能吸收大气中的铅、镉和砷。

（3）防尘。植物的叶面和茎的表面有的生着绒毛，有的能分泌黏液或油脂。因此能拦截、过滤、吸附或黏着悬浮于大气中的各种颗粒物。据统计，在绿化好的地区，大气含颗粒物的量比非绿化地区大气的含颗粒物量少 50%～70%。吸滞颗粒物的植物经雨雪水冲洗后，还可以恢复其吸尘能力。草地也有防尘的作用，草本身不但能固定地皮表面的土壤，而且能防止二次扬尘现象。草地是不平滑的、粗糙的表面，故还能使近地面气流中的颗粒物停滞在草地上。

（4）防风。绿化是防风的有效措施之一，特别是茂密的森林，其防风作用更明显。因树干、树枝和树叶都能阻挡气流前进，所以气流通过森林后速度会减慢。其减弱的程度与树木的高矮、数量与树木的品种及森林的宽度有关。例如，气流通过120～240m宽的森林时，风速几乎可减到零，故植树造林已成为重要的防风措施。

（5）减噪。测定结果证明，一个中等程度的森林能使噪声的强度减少10～13dB，茂密森林可减少18～20dB，通常的街心花园也能使噪声减少4～7dB。故树木与植物能起到隔音墙与消声器的作用。马路两旁及住宅的周围多栽植乔木、灌木，能极有效地降低噪声污染。

（6）灭菌。有些植物不仅能分泌黏液滞留空气中的细菌，还能释放出具有杀菌作用的植物杀菌素，所以多种植树木和花草可以减少借助于空气传播的某些疾病。

（7）改善地区微小气候。植物通过阻挡太阳辐射，调节气温与温度来改善微小气候。绿化地区的太阳辐射温度比非绿化地区降低14%左右，这样便减少了炎热程度和严重的日晒现象。绿化有使地区冬暖夏凉的调节作用。

（8）净化水质。树木有吸收水中溶解物质的作用。试验证明，有色、有味、混浊和含细菌的污水流过森林后，水的色度降低，异味减弱或消失，透明度升高，细菌的含量明显减少，大大减轻了污水对环境的污染。

（9）保持地面干燥。沼泽地区和地下水位高的地带，地面往往十分潮湿。地面潮湿的环境对健康不利。树木具有极强的吸取地下水分和含蓄水分的能力，因此，植树造林已成为保持地面干燥的有效措施。

绿化不等于生态修复，只是生态修复的手段之一。它的重要作用主要是改善环境和维护矿区的生态平衡。

2. 绿化布置及绿化范围

《工业企业总平面设计规范》（GB 50187—2012）中有如下规定。

（1）工业企业绿地率宜控制在20%以内，改建、扩建的工业企业绿地率宜控制在15%范围内。因生产安全等有特殊要求的工业企业可除外，也可根据建设项目的具体情况按当地规划控制要求执行。绿化布置应符合下列要求：①应充分利用厂区内非建筑地段及零星空地进行绿化；②应利用管架、栈桥、架空线路等设施下面及地下管线带上面的场地布置绿化；③应满足生产、检修、运输、安全、卫生、防火、采光、通风的要求，应避免与建筑物、构筑物及地下设施的布置相互影响；④不应妨碍水冷却设施的冷却效果。

（2）下列地段应进行重点绿化布置：①进厂主干道两侧及主要出入口；②企业行政办公区；③洁净度要求高的生产车间、装置及建筑物区域；④散发有害气体、粉尘及产生高噪声的生产车间、装置及堆场；⑤受西晒的生产车间及建筑物；⑥受雨水冲刷的地段；⑦厂区生活服务设施周围；⑧厂区内临城镇主要道路的围墙内侧地带。

3. 矿区绿化覆盖率

（1）可绿化面积是指不影响生产并能够进行绿化的土地裸露区域的面积，不包含硬化地面、建筑覆盖区、工艺装置区、油品储罐组与消防车道之间、防火堤或防护墙内等严禁绿化的区域。绿化面积可包含植物用地面积，园林的亭子、水池、水塘等用地面积。

（2）矿区绿化覆盖率是指矿区土地绿化面积与办公生活区、矿区工业场地、矿区专用道路两侧绿化带等可绿化面积的百分比。

本条要求矿区绿色矿化覆盖率达到 100%，做到可绿化的面积全部绿化，无绿化死角，无裸露表（泥）土。基岩裸露、硬化路面不属于可绿化范围。

较大面积表土裸露需要评估单位和矿山企业自行把握。

现场评价或支撑材料：

（1）在重点绿化布置的地段查看，不少于六个地点。

（2）每发现一处有较大面积的表土裸露，提供现场照片。

14 专用主干道绿化美化要求

标准分：10

评分说明：矿区进场道路、办公区内部道路、办公区到生产区道路等两侧按如下绿化美化设置，得 10 分。

①具备条件的应设置隔离绿化带，因地制宜进行绿化；

②客观上不具备绿化条件的，可美化、制作宣传牌或宣传标语。

考核方法：查现场

【解读】本条是对矿区专用主干道的绿化美化要求，展示矿区的社会形象。

隔离绿化带是用于隔离汽车行驶、美化环境的设施。在市政道路中，机动车道两侧与非机动车道之间的隔离绿化带称为公路侧分带。

1. 有关要求

（1）在有绿化空间的矿区专用道路两侧设置隔离绿化带，隔离绿化带的设置应符合《矿山生态环境保护与恢复治理技术规范（试行）》（HJ 651—2013）中第 10.3 的规定。

（2）《厂矿道路设计规范》（GBJ22—87）要求：厂矿道路的两侧、中间带、交叉口、停车场及其他附属设施等，宜进行绿化。绿化时宜选用不同的树种穿插栽植。对于干旱缺水地区，矿区专用道路可因地制宜进行美化。

2. 隔离绿化带的作用

（1）降低噪声干扰和防止环境污染。隔离绿化带科学地选择具有较强吸收能力的树种，起到降低车辆的排放污染、净化空气的作用。

（2）更为有效地分离了对向车流，极大地减少了车辆对撞的可能性。

（3）提供了设置标志标牌、交通指示线、路灯等交通辅助设施的空间，降低了驾驶难度，提高了行车安全。

（4）绿化带能够较好地改善道路景观，一定高度的绿化设施还可以起到防眩的作用。

（5）专用道路两侧设置隔离绿化带不但可以绿化矿区，同时可以美化路容、改善环境。

3. 不具备绿化条件的道路

不具备绿化条件的道路可通过对道路两侧进行美化、安装遮挡墙（板）、制作宣传牌或宣传标语来减少对可视景观的不利影响或者减缓司机驾驶疲劳。

现场评价或支撑材料：

（1）进场道路、场内道路等主要道路有少于三处道路隔离绿化带的照片。

（2）道路两侧美化、制作宣传牌或宣传标语。

15 绿化保障机制

标准分：4

评分说明：矿区绿化应有长效保障机制，有绿化养护计划及责任人，符合要求得4分

考核方法：查现场、查资料

【解读】本条是对绿化的长效机制的要求，展示矿区的社会形象。

安排专职人员或委托专业队伍对矿区进行绿化管理。

1.矿区绿化管理

（1）制定绿化管养规范，按专业技术要求指导日常养护工作。

（2）维护和完善好绿化供水设施，确保浇灌系统的正常运行。

（3）加强对草坪和花灌木的修剪，对景观树木进行适当的艺术整形，营造良好的植物景观。

（4）增加合理的导游指示和安全警示牌，完善服务配套设施。

（5）加大对草坪杂草的综合治理。

（6）及时补种死亡、缺失的绿篱、花卉和乔木，保持绿地的整洁和完美。

（7）加强病虫害的防治和肥水治理，确保植物花繁叶茂，健康正常，生机盎然。

（8）做好防严寒等防护措施，及时处理突发事件。

（9）提高园艺工的综合素质，专人养护。

（10）建立和完善植物养护治理技术档案，方便总结、分析和改进工作。

（11）加强道树养护及修剪。

2. 某企业绿化养护服务要求和标准

日常绿化养护管理包括淋水、开窝培土、修剪、施肥、除草、抹芽、清边、病虫害防治、加固扶正、补苗等整套过程。养护频率及质量标准如表4.3所示。

表4.3　某企业绿化养护频率及质量标准

类别	养护内容	工作频率/次				养护质量标准
		每周	每月	每季	每年	
草坪类	草坪修剪		1			草坪平整美观，草高保持3～5cm
	草边修剪		1			边缘交界处清晰平滑，无界线分明或过长现象
	草屑清理		1			及时清理到甲方指定的垃圾中转站，工完场清
	草坪杂草清理		1			无明显阔叶杂草，草坪纯净率达95%
	草坪施肥			1		每季浇水1次，草坪碧绿期达240天以上
	草坪浇水	3				每周浇水3次，使草坪保持适量水分，无萎蔫情况；关注天气预报，节约用水
	草坪病虫害的防治	1				每周检查1次，发现病虫害及时处理；病虫防治率达95%
	草坪黄土裸露	1				每周检查1次，及时处理黄土裸露，保持草坪覆盖率达98%
	草坪绿化带垃圾清理	7				每天配合清洁清扫2次，无垃圾、落叶、杂物，保洁率达95%
乔木类	修剪			1		无徒长枝、枯枝、烂头、过密枝、腐枝
	乔木松土			2		乔木基部土壤疏松、平整，无青苔，无板结
	乔木施肥				2	土面不露肥、无缺肥情况
	乔木杂草		1			无明显杂草、无30cm长萌蘖枝
	病虫害的防治		1			无明显病虫枝、病虫害防治率达95%（白蚁、林业检疫性病虫害除外）
	浇水	2				保持乔木正常生长需要，无缺水情况

续表

类别	养护内容	工作频率/次				养护质量标准
		每周	每月	每季	每年	
灌木类	修剪		1			合乎修剪规律、造型植物轮廓清晰、平直整齐、棱角分明、无严重枯枝黄叶；新生枝条不超过10cm；开花植物适时开花
	松土			2		每季松土2次，保持土壤疏松、无青苔、无杂草、无杂物
	施肥			1		生长良好、不缺肥、不徒长
	病虫害防治		1			见虫即打，无明显病虫枝，防治率达95%（白蚁、林业检疫性病虫害除外）
绿篱、绿墙	修剪		1			轮廓清楚、表面平直、侧面垂直、无明显缺漏剪、无崩口、无枯枝、脚部整齐
	施肥			1		养分适量、无缺肥、不徒长
	松土			2		绿篱边缘整洁、土壤疏松
	浇水	2				保持正常生长需要，无缺水情况
	病虫害防治		1			见虫即打，无明显病虫枝，防治率达95%
花坛地被植物	修剪		1			坛边整洁美观、无明显残花、修剪合理、层次分明，富有立体感
	施肥			1		养分适量、无缺肥、不徒长
	浇水	2				保持正常生长需要，无缺水情况
	松土			2		绿篱边缘整洁、土壤疏松
	病虫害防治		1			见虫即打，无明显病虫枝，防治率达 95%以上

3. 某单位绿化养护评分考核标准

某单位绿化养护评分考核标准如表4.4所示。

表4.4　某单位绿化养护评分考核标准

类别	检查项目	检查标准
养护标准60分	乔木	生长旺盛，枝叶健壮，无枯死
		保持植物生长特性的树形，无明显徒长枝和过密的内膛枝、枯枝，无烂头，过密枝，无腐枝
		整形修剪效果与周围环境协调，下缘线高于2m
		树膛通风良好、主侧枝分布均匀（树冠生长受阻情况除外）

续表

类别	检查项目	检查标准
养护标准 60 分	乔木	无明显病虫枝，病虫危害率不超过 8%，单株受害率不超过 8%
		无违背生长特性以外的枯枝、黄叶片
		非观果类乔木不挂果，果实及时修剪
		当年生枝条开花的乔木越冬适度重剪，保留部分主侧枝
		做好防台风措施，全力配合服务中心进行防台风工作，受外力影响歪倒乔木在外力结束 1～2 天内扶正
		人车通行处及重要部位树头留兜，兜内土壤疏松
		人车通行处乔木枝条不阻碍人车通行，下缘线高于 2m
		枝干无机械损伤、乱拉乱挂现象；无违背生长的卷叶、黄叶、异常落叶等现象
		正常生长受到严重影响的乔木，可采取修剪等补救措施，但树干需见青皮，并有提示性标识
		新植树木，尤其是古树，采取遮阴等养护措施
		乔木基部土壤疏松、平整、无青苔、无板结，不露肥、无缺肥情况
		保持乔木正常生长需要，无缺水情况
		发现乔木主干有树洞或损伤须及时修补
		对积水的乔木及时进行清淤排涝
	造型植物及灌木	每 $1000m^2$ 范围内枯灌木累计不超过 2 m^2，单块枯死面积不超过 0.5 m^2
		生长旺盛，枝叶健壮，无死树
		无明显病虫枝，病虫危害率不超过 8%，单株受害率不超过 8%
		无严重枯枝黄叶，无缺苗死苗，无黄土裸露
		合乎修剪规律、造型植物轮廓清晰、平直整齐、棱角分明、枝条超长 10cm 即修剪
		预留观花的灌木，保证开花繁茂，枝条不过于杂乱
		越冬重剪不妨碍观瞻，保留部分主侧枝
		保持正常生长需要，无缺水情况，养分适量、无缺肥、不徒长
		边缘整洁、土壤疏松
	绿篱地被花丛	无明显病虫枝，病虫危害率每百平方米不超过 5%
		多种植物成片种植时，轮廓线整齐有层次，内层植物高于外层植物
		绿篱、花丛边幅修剪整齐美观，单体花坛线条清晰；整形绿篱侧面修剪成倒梯形

续表

类别	检查项目	检查标准
养护标准 60 分	绿篱地被花丛	绿篱花丛内无枯枝枯叶和大的建筑垃圾，无黄土裸露，枝条超长 10cm 即修剪
		绿篱、花坛内无杂草，草地不长入绿篱、花坛内；砍边处理
		尚未郁闭的花坛、绿篱边缘整洁，土壤疏松
		草边切除整齐，杂草不入花丛
		生长旺盛，缺苗、死苗及时更换
		过密花丛及时分栽、老化花丛及时翻种
		保持正常生长需要、无缺水，养分适量、无缺肥、不徒长
		进行更新、翻种的花丛，有提示性标识
	草坪	生长旺盛，叶色浓绿，总体平整、高度在 4cm 以下
		草坪覆盖率达 98%
		抽查的草坪范围杂草率低于 3%，纯度达 97%
		外力破坏后 3 天内修复
		每 $1000m^2$ 绿地内黄土裸露面积累计不超过 $2m^2$，且每块面积不超过 $0.5m^2$
		发现病虫害及时处理，病虫危害率每百平方米不超过 3%
		无明显阔叶杂草，草坪杂草率不得超过 3%
		草地平整，不坑洼，无鼠洞，无尖锐突出物，草地里的各类线管不外露，对老化或凸起的草坪进行疏草处理
		使草坪保持适量水分，无萎蔫情况
		草边修剪整齐，边缘交界处清晰平滑，界线分明，不长到路牙、花丛处
	总体	无缺水、缺肥，无黄土裸露
		绿篱、花丛内无垃圾、石块、枯枝枯叶
		绿化作业应做到工完场清，绿化垃圾及时清收，不隔夜存放
		重要部位叶片无明显灰尘
		绿化消杀不使用国家禁止类剧毒农药
		在进行机械作业时，作业人员佩戴好防护用品，有现场作业标识；作业时间不影响业主的正常生活
		绿化作业工完场清，绿化垃圾及时清理到指定的垃圾中转站，不隔夜存放
		现场作业绿化工具、水管摆放整齐，不影响业主的正常生活和通行

续表

类别	检查项目	检查标准
养护标准 60 分	总体	重要部位的树叶上无明显的灰尘
		节约用水，水龙头及时关闭、水管无明显破损漏水、无长流水
		架空层、浓郁树冠下种植的植物满足生长的需要
		架空层、树冠等阴凉处种植的植物满足生长的需求
	垂直绿化	攀缘植物生长茂盛，边缘修剪整齐，不影响通行，也不影响红外监控等设施设备的正常运作
		生长期覆盖率达 95%
	室内绿化	植物生长旺盛，无病虫害、干枯枝，叶面光亮洁净无灰尘
		花盆、底碟干净
作业要求 25 分	乔木	养护频率严格执行
		每年保证乔木修剪 2 次（台风前及入冬后）
		棕榈科植物及长势弱的植株每年保证施有机肥 1 次，施复合肥 1 次，施肥深度不少于 30cm
		影响业主生活的树木须及时修剪
	灌木及花坛	养护频率严格执行
		保证花坛水分供给 2～3 次/周
		生长旺季修剪 2～3 次/月，生长缓慢期修剪 1～2 次/月
		孤植灌木每年保证施有机肥 1 次，施肥深度不小于 20cm
		花坛每季度施肥 1 次；预留观花的植物，保证开花繁茂，枝条不过于杂乱
	草坪	养护频率严格执行
		每年 5～10 月修剪 1～2 次/月，每年 11 月至翌年 4 月修剪 1 次/月
		保证草坪施肥 1～2 次/月
		每年 5～10 月保证浇水 4～5 次/周，11 月至翌年 4 月浇水 3～4 次/周（下雨天气可减少）
	补苗补草	3 天内完成
	中耕除草/砍草边	3～4 次/年
	病虫害控制	针对不同的品种和季节进行病虫害消杀，每月进行一次全面预防性消杀，并有完整的消杀

续表

类别	检查项目	检查标准
作业要求 25 分	病虫害控制	绿化苗木无普遍性病害，病虫危害率不超过 8%，单株受害率不超过 8%
		病虫枝及时修剪，并妥善处理
		消杀员掌握消杀知识，药物选用、配比符合要求
行为标准 15 分	养护人员行为规范	工作时间穿工装，佩戴工牌。工牌佩戴在左胸显眼处（男士上衣口袋正中上方约 1cm 处位置）
		态度和蔼可亲，举止大方，谈吐文雅，主动热情，礼貌待人
		主动让路，为他人指路姿势规范
		在任何工作场所见到业主应主动问候，并点头致意或问好
		头发自然色泽，切勿标新立异，前发不过眉，侧发不盖耳，后发不触后衣领，每日剃刮胡须
		工作现场不与他人闲聊，不做与工作无关的事
		精神饱满，状态良好，工作热情，使用 10 字礼貌语：您好、请、对不起、谢谢、再见
		上班前不吃异味食物，保持口腔清洁，上班时不在工作场所内吸烟，不饮酒，以免散发烟味或酒气
		作业现场摆放相关标识，以提醒业主
		着黑色或深色、不透明的短中筒袜

现场评价或支撑材料：

外委的查绿化养护合同，有专门部门（或个人）的查管理制度和养护台账。

16 绿化保障效果

标准分：6

评分说明：绿化植物搭配合理，无严重枯枝黄叶、无缺苗死苗得 6 分，每发现一处不符合要求扣 2 分。

考核方法：查现场

【解读】本条是对绿化效果的要求，展示矿区的社会形象。

认真落实绿化保障机制才能达到相应的绿化保障效果。效果主要体现在：绿化树种及植物长势良好、生长旺盛，枝叶健壮，无枯死，无明显徒长枝和过密的内膛枝、枯枝，无烂头、过密枝，无腐枝，草边切除整齐，杂草不入花丛。

对于发现的问题要及时采取措施处理。

现场评价或支撑材料：

有不少于6处的现场查看，对于存在的问题要拍照保留。

17 矿区美化

标准分：10

评分说明：因地制宜地充分利用矿区自然条件、地形地貌，建设公园、花园、绿地等景观设施的，得10分。

考核方法：查现场

【解读】本条是对美化的要求，展示矿区的企业形象。

除了前面介绍的矿区需进行净化、亮化、绿化之外，还需进行一定的美化。矿区的美化从大处考虑要因地制宜地充分利用矿区自然条件、地形地貌，建设公园、花园、绿地等景观，从小处考虑要做到不乱写乱画、乱堆乱放。

景观是指土地及土地上的空间和物体所构成的综合体。

1. 绿地

绿地是城市绿地的简称，一般情况长有植物的一块空地即可称为绿地。《城市规划基本术语标准》（GB/T 50280—1998）中指出，城市绿地是指城市专门用以改善生态，保护环境，为居民提供游憩场地和美化景观的绿化用地。主要包括公共绿地、宅旁绿地、道路绿地。绿地可以是人工的，也可以是天然的，其特点是面积较大，不规则，种植植物或野生植物种类较多。

1）公共绿地

公共绿地是满足规定的日照要求、适合于安排游憩活动设施的、供居民共享的游憩绿地，应包括居住区公园、小游园和组团绿地及其他块状带状绿地等。

2）宅旁绿地

宅旁绿地属于居住建筑用地的一部分，是居住区绿地中重要的组成部分。

在居住小区用地平衡表中，只反映公共绿地的面积与百分比，宅旁绿地面积不计入公共绿地指标，而宅旁绿地面积比公共绿地面积指标大2～3倍，人均绿地可达4～6m^2。宅旁绿地是住宅内部空间的延续和补充，与居民日常生活息息相关。

3）道路绿地

道路绿地是指在道路用地范围内，用作栽培植物和造园布景的地面，位于路基边坡、取土坑、中央分隔带、分车带、防护带及广场、人行道等处，用以净化空气、美化环境、调节气候、防噪、防雪、防火及遮阳、防眩、诱导驾驶人员视线等，形式有行道树、林荫道、绿篱、花丛和条形草地。

根据《工业项目建设用地控制指标》（国土资发〔2008〕24号）的相关规定，

工业企业内部不得安排绿地，但因生产工艺等特殊需要安排一定比例的绿地，绿地率不得超过20%。

绿地面积指能够用于绿化的土地面积，不包括屋顶绿化、垂直绿化和覆土小于2m的土地，面积不小于400m^2。

2. 花园

花园是以植物观赏为主要特点的绿地，是园林中最为常见的一种类型。可独立设园，也可附属于宅院、建筑物和公园内。花园以观赏树木、花卉和草地为主体，兼配有少量设施的园林。可美化环境，供人观花赏景，进行休息和户外活动。面积常不大，却栽有多种花卉，用花坛、花台、花缘和花丛等方式来显示丰富的色彩和姿态，并以常绿植物、草坪和地被植物加以衬托。例如，以某一种或某一类观赏植物为主体的花园，称作专类花园，如牡丹园、月季园、杜鹃园、兰圃等。花园的面积大小不拘，多以小巧精致取胜。

3. 公园

公园指城市中具有一定的用地范围和良好的绿化及一定配套设施，供群众游憩的公共绿地。

现场评价或支撑材料：

公园、花园、水池、绿地景观等的照片。

第五章　资源开发方式

资源开发应实行“统一规划、集中开采、规模开采、成片治理”，做到开采一片，整治一片，利用一片。开采区要统一规划开采布局、开采总量，规模化利用矿山固废、及时治理环境和恢复生态系统功能。

资源开发方式的评估结果应体现资源开发对环境保护的水平。

第一节　资 源 开 采

18 开采技术

标准分：50

评分说明：

★适用于露天开采：

①钻孔：采用湿式、干式（带收尘）等凿岩作业进行钻孔；

②爆破：采用微差爆破、预裂爆破、光面爆破等方式；

③铲装：采用大型化自动化液压铲装设备、液压挖掘机或装载机、自卸式矿车、大型自移式破碎机等先进设备进行铲装作业；

④排土：生产期采用分期内排技术，最大化利用内排土场排土，减少外部土地占用；

全部符合要求得 50 分，不涉及的视为满足要求，一项不符合要求扣 20 分，扣完 50 分为止。

（兼备地下和露天开采的，以现阶段主要开采方式选择其一进行评分，不可分数累加）

★适用于地下开采：

①采用充填法、保水开采等技术进行地下开采；

②能有效减少开采引起的大面积地面沉降；

③利用采空区规模化处置尾矿、废石、煤矸石等；

全部符合要求得 50 分，不涉及的视为满足要求，一项不符合要求扣 20 分，扣完 50 分为止。

（兼备地下和露天开采的，以现阶段主要开采方式选择其一进行评分，不可分数累加）

★适用于石油天然气、地热矿泉水等矿种：

①采用电动钻机及顶驱装置；

②采用优快、控压等钻井技术；

③采用环保型钻井液及循环利用技术；

④及时无害化处置钻井泥浆等钻井废弃物。

一项不符合要求扣 15 分，扣完 50 分为止。

考核方法：查资料、查现场

【解读】本条是对地下矿山、露天矿山、油气矿山等不同类型的开采方式所用的技术的要求，体现了开采技术对矿区生态环境的保护。

1. 露天开采

露天开采是一个移走矿体上的覆盖物，得到所需矿物的过程，是从敞露地表的采矿场采出有用矿物的过程。露天开采作业主要包括穿孔、爆破、采装、运输和排土等流程。

1）钻孔

湿式凿岩是指用凿岩机打眼时，将压力水通过凿岩机送入孔底，以抑制岩尘产生和湿润、冲洗并排出产生的岩尘。它是凿岩工作普遍采用的有效防尘措施。

干式凿岩（带收尘）有两种方法。一种是孔口抽尘式，一种是孔底抽尘式。

孔口抽尘式干式捕尘装置，由抽尘塞、孔口罩、引射器、滤尘袋及抽尘软管组成，主要机理是与凿岩机供风软管连通的引射器产生 400mmHg 以上的负压，使抽尘软管、孔口罩、抽尘塞内处于负压状态，从而将孔内产生的吸尘吸到呢绒等织物所制的滤尘袋内，完成集尘、滤尘的全过程。其特点是设施简单，但不适于孔深超过 1.5m 及倾角较大的下向孔。

孔底抽尘式。孔底抽尘式干式捕尘的机理是利用系统中的压气引射器产生的负压，直接作用至孔底，将粉尘从孔底吸出，经导尘管，进入内部安装有引射器、滤尘袋的干式捕尘器的筒体内，从而完成集尘、滤尘的全过程。其特点是使用方便、适用性较强、应用较广，但设施比较复杂。

2）爆破

微差爆破又称毫秒爆破，是一种延期时间间隔为几毫秒到几十毫秒的延期爆破。由于前后相邻段炮孔爆破时间间隔极短，致使各炮孔爆破产生的能量场相互影响，既可以提高爆破效果，又可以减少爆破地震效应、冲击波和飞石危害。

预裂爆破是指进行石方开挖时，在主爆区爆破之前沿设计轮廓线先爆出一条具有一定宽度的贯穿裂缝。以缓冲、反射开挖爆破的振动波，控制其对保留岩体的破坏影响，使之获得较平整的开挖轮廓。预裂爆破不仅在垂直、倾斜开挖壁面上得到广泛应用；在规则的曲面、扭曲面，以及水平建基面等也频繁采用。预裂爆破适用于稳定性差而又要求控制开挖轮廓的软弱岩层。

光面爆破是指通过正确选择爆破参数和合理的施工方法，分区分段微差爆破，达到爆破后轮廓线符合设计要求，临空面平整规则的一种控制爆破技术。它是一种爆出的新壁面保持平整而不受明显破坏的控制爆破技术。其特点是在设计开挖轮廓线上钻凿一排孔距与最小抵抗线相匹配的光爆孔，并采用不耦合装药或其他特殊的装药结构，在开挖主体爆破后，光爆孔内的装药同时起爆，从而形成一个贯穿光爆炮孔且光滑平整的开挖面。

3）设备

液压设备：通过动力元件、执行元件、控制元件、辅助元件和液压油等将系统内的液体介质压力能和力学能相互转换，达到传递运动、力及力矩的目的。液压设备传递的能量范围大，并能在宽广的范围内实现无级调速；运行平稳，特别是低速运动时；可远距离控制，操纵方便，易于实现自动化；运动机件润滑好，寿命长。

常用的铲装设备有大型自动化液压铲装设备（电铲是以电作为动力，带动电动机，电动机作为动力带动液压泵工作）、液压挖掘机（柴油发动机带动液压泵工作）或装载机、自卸式液压矿车、大型自移式液压破碎机等。

4）排土

生产期间采用分期内排技术采取分期开采和内部排土技术。在早期，由于没有形成可排土的空间，必须把排土场设在开采范围外，后期要充分利用已开采的空间，最大化利用内排土场排土，减少外部土地占用。

5）露天开采主要的优点与缺点

露天开采的主要优点为受开采空间限制较小；劳动生产率高；开采成本低；矿石损失贫化小；露天开采比地下开采更为安全可靠；基建时间短；劳动条件好，作业比较安全。

露天开采的主要缺点：作业粉尘与有害气体危及人身健康与生态环境；露天开采需要较多的废石场用地；气候条件对露天开采作业有一定影响。

本条提出的“不涉及项”是指挖砂、挖土、挖煤等不需要钻孔、爆破的施工工艺。

2. 地下开采

地下开采是指从地下矿床的矿块里采出矿石的过程，通过矿床开拓、矿块的采准、切割和回采4个步骤实现。绿色矿山建设主要考虑采用充填法等开采方法减少地表沉降、岩层位移，保护地表水和地下水资源，达到资源开发过程以生态为优先的目的。

1）充填法

充填法是以充填材料充满采空区，支撑两帮围岩，防止岩石移动，达到控制地压的目的。随着回采工作面的推进，逐步用充填料充填采空区的方法称为充填采矿法。

必须贯彻“采掘并举、掘进先行”的方针，制定周密细致的组织计划，完善施工管理和安全管理，鼓励智能化、机械化采挖监管，确保井巷掘进工程质量和作业人员的人身安全。在实际开采方式上，根据开采的矿种、围岩地质条件、矿床技术条件和经济因素，合理选择地下采矿方法，以满足安全、经济、高效和优质的要求。地采煤矿要加强洁净开采技术应用，大力推广井下矸石充填技术，从源头上避免污染物的产生或最大程度控制污染物的生成量，使煤炭的开采对环境的污染和破坏降低到最低程度。对于厚度大于5m的特厚煤层的开采，建议采用综合机械化放顶煤采煤法。要充分考虑煤与瓦斯的关系，能够抽采瓦斯的煤矿要利用好煤与瓦斯的协调开采技术，综合利用煤层气。地采金属矿要根据矿体的形状、倾角、厚度、有用成分的分布，围岩和矿石的物理、力学、化学性质等选用适宜的地采方法，严格依据矿山开采设计方案加强开拓、采准和切割、回采三项工作的管理，一般不建议采用崩落采矿法，对于开采贵金属矿，鼓励采用充填采矿法。为了保护生态环境，石灰石矿全面推行地下开采方式，在具有坚固的直接顶底板和有足够保险的顶板岩层总厚度的前提下，一般采用空场采矿法。

A. 充填开采的优点

（1）减排功能。

充填采矿技术的作用和意义已远远超出了矿山开采的范畴。世界上已经出现了少数典型的无废料排弃的矿山。例如，德国格隆德铅锌矿利用浮选后的全尾砂和重选碎石制备膏体充填料回填下向充填进路，不再有尾矿排弃到尾矿库。毋庸置疑，这类矿山开采的首要条件是能否将大量工业固废回填到地下。大量处理工业固体废料将是今后矿山设计优先考虑的重要任务，是解决矿区环境污染问题的最好方法。

（2）消除地表变形及下沉功能。

利用充填技术快速、有效地充填采空区，可以及时支撑采空区顶部岩层，阻止和抵抗围岩进一步变形，防止大幅度的位移发生。通过充填可以快速形成新的工作面，为后续作业创造条件，缩短采充循环周期，提高采矿综合生产能力。充填采矿技术可以有效地阻止岩层发生大规模移动，实现水体下、建筑物下采矿，同时保护了地表不遭破坏，维持原有的生态环境。

（3）贫损开采功能和远景资源保护功能。

充填采矿技术可以应用到水平矿体、缓倾斜矿体、急倾斜矿体、分枝复合矿体等各种复杂多变的矿体，特别是厚大矿体，将大幅度提高矿柱回收率和出矿品位，最大限度地回收矿石。充填采矿技术可以对某些需要优先开采下部或底盘富矿的矿山实现“采富保贫”而不会造成矿产资源的破坏和浪费。废石、尾矿、废碴仍含有当前技术不能回收的有用物质，置于地表难以长期保存，充填也是一种最为可靠的保护方式。

B. 充填开采应考虑的问题

充填区域一般是需要保护的区域，它与保护级别、保护目标有关。充填区域的选择及充填开采方案应与《矿山地质环境保护与土地复垦方案》有机结合，主要从下面几个方面考虑：

（1）在“三下”（建筑物下、铁路下、水体下等）区域，按照《建筑物、水体、铁路及主要井巷煤柱留设与压煤开采规范》中列出的保护等级选择合适的开采方式。

（2）在环境敏感区域按照破坏程度可能造成的影响来确定保护等级从而选择合适的开采方式。

（3）其他区域综合考虑相关因素，选择合适的充填开采方式。

（4）充填的边界按岩土移动影响角和充填层与地表或保护区域距离计算确定，保护带（保护区域或建构筑边界意外的安全带）宽度按《建筑物、铁路、水体及主要井巷煤柱留设与压煤开采规程》内各类保护级别确定。

（5）应优先利用煤矸石（废石、尾砂）、建筑垃圾等固废充填采空区，且应避免二次污染。

（6）土地复垦方案充分考虑采用充填开采后的环境影响程度。

（7）地下矿山非允许塌陷区用充填法采矿，做到矸石不出坑及地面无矸石山堆放。

C. 保证安全

在开采过程中，要加强地表移动、岩石变形及铁路、建筑物变形的观测。分析研究地表下沉量、下沉速度、变形值、曲率值、影响范围，以及冒落、裂隙、弯曲三带等数据，以掌握规律，保证安全。

绿色开采基于清洁生产技术，通过绿色开采达到生产过程小扰动、无毒害和少污染的目的。

D. 金属矿山

充填采矿法开采一方面可以降低矿石贫化、损失率，提高出矿品位；另一方面可以大幅度地降低岩层的移动，减轻或避免地表沉陷。有色金属矿山井下开采宜优先采用充填法，并采取留设保护矿柱、控制采矿强度、加强变形监测等方法，有效保护地表稳定，减少井下开采对周围环境的破坏。

充填法开采的特点：

（1）避免农田损坏和地表建筑物的搬迁，采空区充填后，地表基本不会出现塌陷。

（2）减少了尾矿库的建设投资和复垦费用。尾矿回填采空区，少排或不排尾矿，尾矿库容量减小甚至可以不建，减少土地使用面积。

（3）矿山环境得到保护。地表不会塌陷，尾矿库占地或污染大为减少。

（4）资源得以安全和充分的利用。

充填采矿法有：上向分层充填法、下向分层充填法、进路式充填法、削壁充填法、袋装充填法、分段空场或阶段空场嗣后充填法等。

E. 煤矿

充填采矿法是将废弃的矸石等不可燃物品充填入采空区来控制顶板的冒落，达到安全管理顶板和规模化处置废弃物目的的采煤方法。目前煤矿广泛适用的充填开采方法有：

固体充填开采，主要采用矸石、粉煤灰、风积沙等固废，利用充填采煤液压支架、多孔底卸式输送机、充填转载机、夯实机构等直接充填入采空区，不使用胶结材料。

（1）膏体充填开采，主要采用矸石、粉煤灰、水泥、辅助料等，加水搅拌，利用工业充填泵、充填管路，泵送入采空区。

（2）高水充填开采，主要采用高水速凝固化充填材料或者超高水速凝固化充填材料，加水搅拌，利用普通充填泵、充填管路，泵送入采空区。

（3）逐巷胶结充填开采，主要采用矸石、粉煤灰、水泥等充填材料，加水搅拌，利用工业充填泵、充填管路，泵送入充填巷进行充填。

（4）离层注浆充填，属于补充充填控制地表变形，采用粉煤灰、水泥等材料，加水搅拌，由地面打注浆孔至工作面岩层离层区，注入粉煤灰浆，从而控制地表变形，适用于地表变形的后期控制等。

2）保水开采

矿山的开采工程使地下水原有的径流发生改变，从而对地下水流系统造成一定影响。保水开采就是从采矿方法和利用堵、截、转、灌等工程方法地面注浆，多管齐下地采取措施，实现矿井水资源的保护和综合利用的开采方法。

3）地下开采主要的优点与缺点

与露天开采主要的优点和缺点相反，此处不再赘述。

本条的“不涉及项”是指采用条带式、房柱式等不造成地质沉降的采矿方法。对于煤矿，如果采用均匀沉降或有明显减少沉降的措施也可以综合评定。

3. 石油天然气

油气开采是将埋藏在地下油层中的石油与天然气等从地下开采出来的过程。

油气由地下开采到地面的方式，可以按是否需给井筒流体人工补充能量分为自喷和人工举升。

1）采用电动钻机及顶驱装置

（1）电动钻机又称电驱动钻机，是由电作为动力，用电动机驱动来提升下放钻具，提供钻井液循环所需要的动力，驱动钻具旋转，以及为其他钻井设备提供动力的一套钻井设备。电动钻机相对于传统的机械钻机来说有如下优点：

传动效率高。常用机械钻机的总传动效率约为73%，而直流电动钻机的总传动效率约为86%，交流变频电动钻机的总传动效率约为90%。

可操作性好。无论直流电机还是变频电机都可以实现无级调速，因此在启动及调整转速时产生的冲击比较小，这样对于泥浆泵、绞车、转盘等设备的使用有很好的保护作用。这也称为电动钻机的软特性。

燃料消耗少。对钻深6000m，钻井周期120天，每年钻3口井，统计机械钻机和直流电动钻机燃料消耗结果表明，直流电动钻机与机械钻机相比可节约15%～20%的燃料。

井眼质量比较好。机械钻机在启动时，由于产生冲击，存在很大的加速度，造成下部钻具产生离心力，井眼不规则。而电动钻机的无级调速可以保证井眼质量，这样对于井壁稳定、固井质量都有很大的好处。

维护管理方便。电动钻机的柴油机在最优的工况下运转，且带有过载保护，使柴油机的大修期得以延长。电动钻机上易损件少，它以电缆代替链条、皮带等传动副，振动冲击小，能防止过载，这也降低了各工作机的维修量。电机及其电气控制设备只需保持干燥清洁即可。控制室和电机都有冷却设备，保证机器温升不超过50℃。电机的密封轴承只要每三年加一次润滑脂即可。对比之下，机械钻机有大量易损件，要经常调整换新（如轴承、摩擦片、链条、皮带等），要经常加润滑脂和更换密封件，其维护工作量比电动钻机要大得多。总体来看，电动钻机的维护费只相当于机械钻机的30%。

环保程度高。在电动钻机上，可方便配置噪声控制装置，使其噪声低于标准规定的85dB,钻台上的钻工可清楚地听到指令和警号。电动钻机可在市区内打井，可以不用柴油发电机组而直接从工业电网上取动力。

（2）顶驱装置：顶驱装置是用于取代传统转盘-方钻杆钻井模式的一种新型钻井装备，是集机、电、液、通信于一体的高技术产品，是近代钻井装备的三大科技成果之一。顶驱装置将钻井动力从转盘直接移至水龙头处，由顶部直接驱动钻具旋转钻进，不使用转盘和方钻杆。顶驱装置可使用立根钻进。在起下钻过程中遇阻、遇卡时，可在井架内任何高度处与钻柱连接，迅速建立循环、旋转钻具。正倒划眼通过遇阻、遇卡点，因此可有效防止卡钻事故的发生，具有常规钻井方式无法比拟的优势，应用于勘探井、定向井、水平井、大位移井等高难度复杂井钻井作业时，经济效益尤为显著。

2）优快、控压等钻井技术

A. 优快钻井技术

优快钻井技术全称是优快钻井综合配套技术。

优快钻井技术是应用长寿命螺杆和高效PDC钻头，从井位优选开始，通过对钻头、螺杆、剖面、钻具组合、钻井参数及泥浆参数等的优选实现的一体化钻井技术，是提高机械钻速缩短钻井周期的有效途径。它包括钻井工艺、钻头、工具、泥浆、钻井设备、钻井仪表在内的综合配套技术。

优是指优质、优选（优选是指优选井位、钻头、螺杆、钻具组合、参数等）；快是指快速钻井、快速完井、快速组织生产。

B. 控制压力钻井技术

控制压力钻井技术是一种在整个井眼内精确控制环空压力剖面的自适应钻井过程，其目的在于确定井下压力窗口，从而控制环空液压剖面。

主要特点有：

始终精确控制井限压力稍大于地层孔隙压力，不会诱导地层流体浸入。

钻井液密度低于常规钻井密度，避免超出地层破裂压力梯度。

通常使用液相钻井液。

使用闭合、承压的钻井液循环系统。

主要作用有：

在地层破裂—孔隙压力小的时候，减少井涌-井漏现象，提高井控安全性，能够钻更深的裸眼段。

能够使套管下得更深，从而有可能减少一层甚至更多层套管。

提高较大井眼钻达目的层的可能性。

减少由于环空压力引起的井漏。

减少钻遇大裂缝发生严重井漏时的钻井液成本及井漏引起的井控问题。

避免地下井喷。

提供健康、安全与环境管理（HSE）效果，尤其是在要求更高的海上。

减少非生产作业时间。

3）环保型钻井液及循环利用技术

A. 环保型钻井液

环保型钻井液是既能保护环境又能满足钻井工程需要的钻井液体系，如白油基钻井液、烷基葡萄糖苷钻井液、硅酸盐钻井液、合成基钻井液、聚合醇钻井液。为使钻井液体系更好地满足工程需要，需要加入各种化学处理剂。常见的环保型钻井液有环保型阻垢缓蚀剂聚天冬氨酸、环保型润滑剂聚合醚HLX、环保型硫化氢清除剂、抗高温钻井液添加剂柠檬酸锆、复合离子降黏剂PX等。

B. 循环利用技术

钻完井后排放的钻井液是石油钻井行业的主要污染源之一，其废物处理是长期困扰企业的一大难题。传统钻井施工模式基本都是采取“一开配浆开钻，二开后在适当井段加入处理剂转浆钻进，完井后钻井液排存入循环池自然沉降固化”的模式。这一模式，成本较低、处理方便。但随着钻井成本的不断增加、环保标准要求的逐渐严格及企业自身社会责任的日益彰显，该模式引致的成本压力和环境困境逐渐显现出来。

钻井液循环利用技术是指井内返出的钻井液在地面循环过程中，因地面钻井液池体积大，流速低，钻井液中的岩屑颗粒在重力作用下沉降到底部而被分离，上部的钻井液再入井循环使用的过程。

4）钻井泥浆无害化处理

废弃泥浆是石油天然气工业的主要污染源之一。它是一种含黏土、加重材料、各种化学处理剂、污水、污油及钻屑的多项稳态胶体悬浮体系，危害环境的主要成分是烃类、盐类、各种聚合物、木质素磺酸盐、某些金属离子（汞、铜、砷、铬、锌及铅）和重晶石中的杂质。为防止钻井废弃泥浆对环境造成污染，必须对其进行处理。

钻井作业经振动筛、除沙器、离心机分离出的废弃钻屑液、泥浆、废水，经螺旋输送机送至分散切割均料装置。钻井作业至岩屑层时出料以钻屑和钻井液为主，用软管抽吸泵送至岩屑分离机，滤出液经管道直接送至钻井液循环箱回用于生产，岩屑收集送至制砖装置或填埋。钻井作业至泥浆层时出料以泥浆和钻井液为主，用泵经管道混合器加破胶剂、助凝剂送至混凝罐进行破胶、絮凝，使泥浆中的液相和固相分离，进干燥机或压滤机进行初级泥水分离，滤出液经管道直接送至钻井液循环箱回用于生产，泥饼收集后集中处理。

现场评价或支撑材料：

（1）开采设计方案。

（2）相关照片，如爆破孔痕、充填站等。

19 开采工作面质量要求

标准分：30

评分说明：

★适用于露天开采：

①作业平台干净，保持平整、通畅，无杂物、无积水，工作台阶与非工作台阶坡面无危石，满足要求得15分；

②非工作台阶滚落物及时清理，并在安全隐患位置设置警戒线或安全牌，满足要求得15分。

★适用于地下开采：

①地下矿山工作面安全出口畅通，满足通风、运输、行人、设备安装、检修的需要，支护完好，满足要求得 15 分；

②工作面无较大面积积水、无浮碴、无杂物，材料堆放整齐，满足要求得 15 分。

★适用于石油天然气、矿泉水等：

①危险化学物品无泄漏、抛洒，防止“跑冒滴漏”及对井场表层土壤造成污染；

②钻井废弃物不落地，进行集中无害化处理；

③定期对井场裸露地面喷洒水进行降尘处理；

每项符合要求得 10 分。

考核方法：查现场

【解读】本条是对地下矿山、露天矿山、油气矿山等不同类型的开采方式的工作面质量要求。

1. 露天开采

露天开采工作台阶坡面角的大小直接影响到矿山的安全生产，影响工作台阶坡面角的主要因素有矿岩的性质、穿孔爆破方式、推进方向、矿岩层理方向和节理发育情况等，除此之外还需考虑如下因素。

（1）帮齐：采完后的掌子不得出现凹凸超过 2m，长超过 30m 的包。

（2）底平：按规定标高采掘，采尽爆量，工作平盘要平顺，每 30m 为一点，高低差不得超过 ± 1m。

（3）伞檐：采掘完的掌子不得出现突出 1m 的伞檐。

（4）工作面整洁、平整，不能装车的大块放到一边堆放整齐，工作平盘无积水（地质原因除外）、无杂物、无危石，电缆线摆放整齐。

（5）安全挡墙：采掘平盘需要留安全挡墙的，其高度不超过 2m，下部厚度不超过 5m。

（6）最终边界：采掘整齐、到位，既不能超挖，又不能挖不到位。

（7）电缆桥：摆放位置和角度合理、安全。

（8）非工作台阶滚落物及时清理，并在安全隐患位置设置警戒线或安全牌。

2. 地下开采

地下开采工作面主要应考虑如下内容。

（1）地下矿山工作面安全出口畅通，满足通风、运输、行人、设备安装、检修的需要，支护完好。

（2）工作面无较大面积积水、无浮碴、无杂物。

（3）作业场照明符合规定。

（4）工具、材料等放置整齐，管线吊挂规范，图牌板内容准确、清晰。

3. 石油天然气、矿泉水等

（1）危险化学物品无泄漏、抛洒，防止“跑冒滴漏”及对井场表层土壤造成污染。

（2）钻井废弃物随钻即时处理不落地、压裂返排和投产排液等废弃物在线收集处理不落地。

（3）定期对井场裸露地面喷洒水进行降尘处理。

现场评价或支撑材料：

工作面现场照片。

第二节 选 矿 加 工

20 选矿及加工工艺

标准分：60

评分说明：

★适用于有色、冶金、黄金、非金属、化工、煤炭等行业：

①采用自动化程度高、能耗低、污染物产生量少的生产设备和工艺；

②选矿回收率、精矿品位和品级等选矿指标达到或高于设计要求，主金属及伴生元素得到充分利用；

③选用高效、低毒对环境影响小的药剂（如黄金行业氰化药剂室应单独隔离且完全封闭）；

④尾矿和废石中有价组分的含量不高于现有技术水平能够处理的品位。

有一处不符合要求扣 15 分，扣完 60 分为止。

★适用于水泥灰岩行业：

①生产流程体现短流程、低能耗、高效率；

②破碎系统根据岩石的可破性选择合适的高效破碎机；

③破碎车间、输送廊道等主要生产区域进行全封闭，并配备收尘、降尘设备；

发现一处不符合要求扣 20 分。

★适用于砂石、建筑石材行业：

①根据母岩材质性能、产品结构、产能要求等因素选择短流程、低能耗的工艺和设备，配置与生产规模和工艺相符的辅助设施；

②干法生产配备除尘设备，并保持与生产设备同步运行，湿法生产配置泥粉和水分离、废水处理和循环使用系统；

③生产区域产尘点封闭；

④砂石骨料成品堆场（库）地面硬化，分类或分仓储存。

发现一处不符合要求扣 15 分。

依据或标准：《机制砂石骨料工厂设计规范》（GB51186）

★适用于石油天然气、地热、矿泉水等行业：

①选用合理的原油脱水技术装备进行脱水，选用合理油气分离装备和原油稳定技术，得 30 分；

②对伴生有二氧化碳气体、硫化氢气体的油气藏，且伴生气体含量未达到工业综合利用要求的，采取有效处置措施得 30 分。

考核方法：查资料、查现场

【解读】本条是对选矿或矿物加工工艺的有关要求，体现出选矿加工对环境的保护能力。

选矿和矿物加工要重点体现清洁生产。清洁生产是指不断采取改进设计、使用清洁的能源和原料、采用先进的工艺技术与设备、改善管理、综合利用等措施，从源头削减污染，提高资源利用效率，减少或者避免生产、服务和产品使用过程中污染物的产生和排放，以减轻或者消除对人类健康和环境的危害。

1. 有色、冶金、黄金、非金属、化工、煤炭等行业

选矿是利用矿物的物理或物理化学性质的差异，借助各种选矿设备将矿石中的有用矿物与脉石矿物分离，并使有用矿物相对富集的过程。在工业上可将矿产资源分为金属、非金属和可燃有机矿产资源。除少数富矿外，一般品位都较低，绝大多数需要加工后才能利用，选矿就是主要的加工过程。一些选矿常见的概念如下。

原矿：选矿厂内，未经选别作业处理的矿石。

精矿：原矿经过选别之后，品位提高，适合于工业应用的产品。

尾矿：原矿经过选别之后，品位降低，目前的经济技术水平不适合再做处理的产品。

中矿：原矿经过选别之后，品位有所提高，但还没有达到工业要求，还需要进一步选别或处理的产品。

1）选矿的目的和意义

（1）将有用矿物和脉石矿物分离。

（2）将彼此共生的有用矿物尽可能地分离并富集成单独的精矿。

（3）排除对冶炼和其他加工过程有害的杂质，提高选矿产品质量。

（4）综合回收有价元素，充分、合理、经济地利用矿产资源。

2）矿物特性

（1）密度：单位体积矿物的质量，是重选的依据。

（2）润湿性：指矿物能被水润湿的性质。易被水润湿的矿物称为亲水性（与水的接触角<90°）矿物；反之，称为疏水性（与水的接触角>90°）矿物，是浮选的依据。

（3）磁性：被磁铁吸引或排斥的性质，是磁选的依据。

（4）导电性：指矿物的导电能力，是电选的依据。

3）选矿基本作业流程

（1）准备作业：矿石的破碎筛分、磨矿分级（少数需要洗矿、脱泥）。

（2）选别作业：如重选、浮选与磁选等。

（3）产品处理作业：精矿脱水、尾矿储存等。

4）选矿中磨矿和碎矿的作用

在选矿厂中，碎矿和磨碎作业的设备投资、生产费用、电能消耗和钢材消耗往往所占的比例最大：设备费用占选矿环节设备费用的60%左右，生产费用占选矿环节生产费用的40%～60%；电能消耗占选矿环节电能消耗的50%～65%，钢材消耗占选矿环节钢材消耗的50%以上。故破碎和磨碎选别的计算选择及操作管理的好坏，在很大程度上决定着选矿厂的经济效益。

选矿工艺过程中，有两个最基本的工序：一是解离，就是将大块矿石进行破碎和磨细，使各种有用矿物颗粒从矿石中解离出来；二是分选，就是将已解离出来的矿物颗粒按其物理化学性质差异分选为不同的产品。由于自然界中绝大多数有用矿物都是与脉石紧密共生在一起的，且常呈微细粒嵌布，各种矿物和脉石充分解离，是采用任何选别方法的先决条件，而碎矿与磨矿的目的就是使矿石中紧密连生的有用矿物和脉石充分解离。影响解离的因素有：给矿粒度、磨球数量、磨球大小级配、磨矿时间、磨机类型等。

粉碎过程就是使矿块粒度逐渐减小的过程。各种有用矿物粒子的解离正是在粒度减小的过程中产生的。如果粉碎的产物粒度不够细，有用矿物与脉石没有充分解离，分选效果不好；而粉碎产物的粒度太细了，产生过粉碎的微粒太多，尽管多种有用矿物解离得很完全，但分选的指标也不一定很好。这是因为任何选别方法能处理的物料粒度都有一定的下限，低于该下限的颗粒（即过粉碎微粒）就难以有效分选。若粉碎作业的工艺和设备选择不当，生产操作管理不好，则粉碎的最终产物或者解离不充分，或者过粉碎严重。这两种情况都将导致整个选矿厂技术经济指标的下降。影响解离的因素有：给矿粒度、磨球数量、磨球大小级配、磨矿时间及磨砂机本身的参数和性能。

选矿厂的技术指标高低和经济指标好坏，其根源常常在于碎矿和磨矿，所以应选择合理碎磨工序和所用的设备，尽可能降低碎矿和磨矿的成本，在矿物加工中具有重要的作用。

5）设备的选择

破碎筛分：采用先进的处理量大、高效超细破碎机等破碎设备，配有除尘净化设施。

磨矿：采用先进的处理量大、能耗低、效率高的筒式磨矿机、高压辊磨机等磨矿设备。

分级：采用先进的分级效率高的高频振动细筛分级机等分级设备。

选别：采用先进的回收率高、自动化程度高的大粒度中高场强磁选机和跳汰机、立环脉动高梯度强磁选机、冲气机械搅拌式浮选机等选别设备。

脱水过滤：采用先进的效率高、自动化程度高的高效浓缩机和大型高效盘式过滤机等脱水过滤设备。

通过选用先进的设备和技术，实现资源高利用、高回收、废弃物低排放的清洁生产目的，具体要求如下：

（1）采用自动化程度高、能耗低、污染物产生量少的生产设备和工艺。

（2）选矿回收率、精矿品位和品级等选矿指标达到或高于设计要求，主金属及伴生元素得到充分利用。

（3）选用高效、低毒、对环境影响小的药剂（如黄金行业氰化药剂室应单独隔离且完全封闭）。

（4）尾矿和废石中有价组分的含量不高于现有技术水平能够处理的品位。

6）选矿药剂环保性

选矿药剂环保性至今仍无专门的评价规范和标准，传统的数百种无机或有机选矿药剂，包括捕收剂、起泡剂、絮凝剂、活化剂、抑制剂、pH 调整剂、萃取剂、稀释剂等，在环保方面都存在一定问题。这些对环境有害的化学药剂有氰化物、硫化氢、磷化氢、氟化物、砷化物、重铬酸盐、硫酸铜、硫酸锌、二硫化碳、亚硫酸、各类烷基黄药、有机磷、脂肪醇、苯胺、吡啶、烃、烯、醚、酮、醛酯等上百种。这些选矿药剂通过尾矿、水体、精矿等形式进入环境而危害自然生态与人类健康。因此，环境友好型选矿药剂的开发应用非常必要。

选矿药剂环保性是一个相对概念，用无毒或低毒选矿药剂替代高毒药剂、选矿废水循环使用等都属于选矿药剂环保性方面的进步。无毒、低毒、环境友好型药剂是选矿药剂环保性追求的最终目标，但其发展方向、生产方式、处理模式都还缺乏相关标准和评价规范。中关村绿色矿山产业联盟正致力于通过发布系列标准逐步形成选矿药剂环保性评价体系，规范选矿药剂的毒理性指标、处理方式和环境影响评价。

2. 水泥灰岩行业

水泥企业清洁生产要求企业在水泥生产中不断改进设计，使用清洁的能源和原料（包括废弃物替代原、燃材料），采用先进的生产工艺和装备，降低水泥单位产品的电耗、热耗及其他消耗，提高资源综合利用率，减缓石灰石、黏土、煤炭、水资源的耗竭，最大限度地降低整个水泥生产活动对人类和环境的风险，使水泥生产与环境相协调，生产符合环境标准。

水泥行业清洁生产的主要做法如下：

1）原辅材料及能源

用少量石灰石作为水泥填充料：用3%石灰石作水泥填充料，以降低水泥成本。

用熟料余热烘干矿渣：利用窑下熟料高温烘干矿渣，降低入磨混合料含水量，提高水泥台产，达到综合节能的目的。

2）技术、工艺、改造

加强入立磨主要原料含水量控制：严格控制黏土的含水量，加强对自晒无烟煤、铁粉中水含量的控制，防止输料胶带黏结。

应用投加复合晶种技术：采用投加复合晶种煅烧技术，以提高熟料产品、质量。

水泥磨仓隔板位置及“钢不过锻”级配优化：通过实验寻找水泥磨仓隔板最佳位置与各种规格钢球、锻的搭配比例，提高台产，防止过粉磨。

窑底熟料破碎系统综合改造：包括链板输料机密封与在颚破口安装单机布袋收尘器，防止链板输料机运行时料外溢及回收破碎时剧烈扬尘。

成球盘参数优化：调整成球盘转速、角度下料口位置等参数，提高小球质量，减少烧成时粉尘的产生。

熟料烧成工艺优化：采用浅暗水和闭门操作工艺，节能实现立窑煅烧消减。

3）设备维护管理

推广小球煅烧技术：小球煅烧是水泥行业推广的一种节能技术，通过对成球盘运行参数，如角度、转速、加水量等调整，控制成球粒径在5mm左右，大幅度提高比表面积，节能同时可提高熟料质量。

包装机布袋收尘器改造：将原料库、熟料库、水泥库顶安装“布娃娃”，避免库顶下料扬尘损失。

熟料库底下料改造：在熟料、矿渣、石膏库下安装一节软管，实行下料软着陆，减少因落差引起的扬尘。

水泥磨头斗式提升机下料管与磨头仓密接口封：设备房密封，避免下料时产生的严重扬尘。

4）废弃物回收利用

水泥磨尾筛余物回收利用：以往水泥磨尾筛余物作为废弃物丢弃，现经分选后返回作为水泥磨作业原料。

水泥磨冷却水回用：将二台水泥磨冷却水引入蓄水池循环使用。

通过采用一系列清洁生产的措施，达到节能、减噪、降尘的目的，在评价指标中具体要求如下：

（1）生产流程体现短流程、低能耗、高效率。

（2）破碎系统根据岩石的可破性选择合适的高效破碎机。

（3）破碎车间、输送廊道等主要生产区域进行全封闭，并配备收尘、降尘设备。

3. 砂石、建筑石材行业

砂石、建筑石材行业鼓励利用建筑废弃物和石料等加工生产砂石骨料，鼓励河卵石机制砂石与河道疏浚统筹结合，不断提高工业固废再生利用的比例，鼓励对废弃石矿进行恢复治理，发展循环经济。综合利用砂石生产中的石粉和泥粉等生产水泥、墙体材料、砂浆、环保透水砖等产品，实现砂石企业废水、固废的循环综合再利用，提高资源利用率和附加值。在生产过程要考虑：

（1）根据母岩材质性能、产品结构、产能要求等因素选择短流程、低能耗的工艺和设备，配置与生产规模和工艺相符的辅助设施。

（2）干法生产配备除尘设备，并保持与生产设备同步运行，湿法生产配置泥粉和水分离、废水处理和循环使用系统。

（3）生产区域产尘点封闭。

（4）砂石骨料成品堆场（库）地面硬化，分类或分仓储存。

4. 石油天然气、地热矿泉水等行业

原油的预处理是指对原油进行脱盐脱水的过程。石油在开采过程中夹带油田伴生盐水和固体沉淀物，导致原油含水、含盐。原油含水量和含盐量因不同油田而异，也与开采年限和采用的强化开采方法（如注水、注气等）有关，含水量可在百分之几、百分之十几甚至高达百分之几十；含盐量可在几十至几千甚至高达几万毫克/升。随着原油的重质化、劣质化趋势，原油含水量、含盐量也有所增加。

原油中的杂质主要包含：

少量的泥沙和铁锈等固体杂质；

油中含水（油田伴生水、开采过程中注水）；

原油中含盐（钠、钾、钙、镁的氯化物，含量：钠盐高于钙盐，镁盐和钾盐很少；硫酸盐、碳酸盐和油溶性有机酸盐）。

一般在油田上都先采取沉降法除去部分水和固体杂质（泥沙、固体盐类等），外输原油控制含水量小于0.5%，含盐量小于50mg/L。本条具体要求如下：

（1）选用合理的原油脱水技术装备进行脱水，选用合理油气分离装备和原油稳定技术，得30分。

（2）对伴生有二氧化碳气体、硫化氢气体的油气藏，且伴生气体含量未达到工业综合利用要求的，采取有效处置措施得30分。

现场评价或支撑材料：

（1）选矿或矿物加工设计方案。

（2）查看现场选矿加工设备。

（3）有关设备、工艺的照片。

第三节　矿山环境恢复治理与土地复垦

21 范围要求

标准分：30

评分说明：按照矿山地质环境恢复治理与土地复垦方案，对规定区域进行治理、复垦，如排土场、露天采场、矿区专用道路、矿山工业场地、沉陷区、矸石场、矿山污染场地等，应当治理、复垦而未按照方案及时治理、复垦的，每处区域扣5分。

考核方法：查资料、查现场

依据或标准：《矿山地质环境保护与土地复垦方案》

【解读】本条是对矿山环境恢复治理与土地复垦范围的要求。

矿山地质环境指采矿活动所影响到的岩石圈、水圈、生物圈相互作用的客观地质体。矿山地质环境问题指受采矿活动影响而产生的地质环境破坏的现象。主要包括矿区地表塌陷、地裂缝、崩塌、滑坡、泥石流、含水层破坏、地形地貌景观破坏等。

土地复垦指对被破坏的土地采取综合整治措施，使其恢复到可供利用状态的活动。

1. 资源开发对环境造成的负效应

环境效应是指自然过程或者人类的生产和生活活动会对环境造成污染和破坏，从而导致环境系统的结构和功能发生变化的过程。资源开发过程对环境有正效应也有负效应，本书只介绍环境负效应。

1）负效应的种类

（1）地形地貌的改变，植物水土状态受影响。

（2）地面沉降，地表耕地沼泽化。

（3）地面塌陷，河流断流和地面建筑物地基破坏。

（4）尾矿库、矸石山占地及尘土污染。

（5）土壤沙化及水土流失。

（6）露天矿坑、排土场边坡滑坡及泥石流。

（7）矿井酸性废水对土壤的腐蚀及地基的软化。

2）防治对策

（1）采用露天开采方案，应合理地设计露天矿坑边坡台阶面，预先考虑固坡稳坡的各种技术措施，如土层锚杆固坡、植物固坡等。

（2）对于井下开采方案，应充分预测到地下开采对地表可能造成的移动、沉陷、山崩等的破坏，尽可能采用充填开采。

（3）矿山爆破时应尽可能地采用各种减震措施，如设置减震带、阻波墙等。

（4）在矿山开采过程中，一旦发现地层沉降，可考虑采用离层注浆减沉技术，从地面注浆孔向地层中注入胶结材料，对破碎离层带进行充填胶结，从而有效地防止地表沉降。

2. 贯彻“边开采、边治理、边恢复”的原则

按照“边开采、边治理、边恢复”的原则，及时治理恢复矿山地质环境，复垦矿山压占和损毁土地。

“边开采、边治理、边恢复”的原则也就是“规划、开采、治理”相结合的矿山治理模式，使生态治理变被动性治理为主动性治理，变修复性治理为保护性治理，保护性治理结合前期规划治理，实现了生态效益和经济效益相统一，体现了“在开发中保护，在保护中开发”的指导思想。

（1）开发与保护协调发展，即在开发前、开发中和开发后，同时进行环境保护。在开发前，应依照相关法律法规，对矿区及其周围环境认真进行勘查，特别是地质条件的勘查工作；在开发过程中，应尽可能少地占用和不占用已有的耕地、农田、植被区等，对开发中产生的废弃物应遵照排污标准进行处理。在开发后，应及时采取措施对矿区周围的环境，尤其是对已被破坏的土地资源、植被进行恢复，如采取土地复垦措施，可将采剥与复垦同时进行，既降低成本，又能使破坏区域及时恢复绿化。

（2）矿山企业在勘查时应预先考虑“矿山地质环境保护与土地复垦方案”，在矿山设计、生产和闭坑全过程中统筹部署并具体实施“矿山地质环境保护与土地复垦方案”。

（3）矿山地质环境治理率和土地复垦率按期按时达到“矿山地质环境保护与土地复垦方案”的要求。

3. 政策要求

《关于做好矿山地质环境保护与土地复垦方案编报有关工作的通知》（国土资规〔2016〕21号）要求矿山企业的矿山地质环境保护与治理恢复方案和土地复垦方案合并编报。“矿山地质环境保护与土地复垦方案”要明确目的、要求、方式、方法，制定矿山地质环境综合治理的具体实施计划，全面实现矿山沉陷范围的管控和治理。

“矿山地质环境保护与土地复垦方案”的主要内容如下：

（1）矿山基本情况。

（2）矿区基础信息。

（3）矿山地质环境影响和土地损毁评估。

（4）矿山地质环境治理与土地复垦可行性分析。

（5）矿山地质环境治理与土地复垦工程。

（6）矿山地质环境治理与土地复垦工作部署。

（7）经费估算与进度安排。

（8）保障措施与效益分析。

（9）结论与建议。

4. 土地复垦的范围

需复垦的土地包括但不限于：

（1）露天采矿、烧制砖瓦、挖沙取土等地表挖掘所损毁的土地。

（2）地下采矿等造成地表塌陷的土地。

（3）堆放采矿剥离物、废石、矿渣等固废压占的土地。

（4）排土场、矿区专用道路、矿山工业场地等压占的土地。

（5）露天采场终了平台应及时复垦或绿化。

（6）对露天矿排土场等矿区环境有影响的区域进行复垦和绿化。

现场评价或支撑材料：

（1）“矿山地质环境保护与土地复垦方案”。

（2）现场照片。

22 治理要求

标准分：10

评分说明：

①恢复治理后的各类场地，与周边自然环境相协调，有景观效果；

②若露天开采造成的裸露区域对周边景观影响较大，则应采取减轻不利影响的措施；

③露天开采矿山还应符合露采终了平台留设与复垦绿化的要求。

以上三项发现一处不符合要求扣 4[分]，扣完 10 分为止。

考核方法：查资料、查现场

依据或标准：矿山地质环境保护与土地复垦方案、土地复垦质量控制标准（TDT1036）、其他文件证明材料。

【解读】本条是地质环境治理和对土地复垦的要求。

矿藏的开发使矿区境内堆积大量废石、尾砂，而且产生的工业废水中含大量悬浮物，使矿区生态环境遭到破坏，主要表现为植被覆盖率逐年减少、河道淤积、水体酸化、土层侵蚀、风沙危害、水土流失较为严重。

1. 水土保持的有关要求

水土流失治理度：项目水土流失防治责任范围内水土流失治理达标面积占水土流失总面积的百分比。

土壤流失控制比：项目水土流失防治责任范围内容许土壤流失站与治理后每平方千米年平均土壤流失量之比。

渣土防护率：项目水土流失防治责任范围内采取措施实际挡护的永久弃渣、临时堆土数占永久弃渣和临时堆土总数的百分比。

表土保护率：项目水土流失防治责任范围内保护的表土数量占可剥离表土总量的百分比。

林草植被恢复率：项目水土流失防治责任范围内林草类植被面积占可恢复林草类植被面积的百分比。

林草覆盖率：项目水土流失防治责任范围内林草类植被面积占总面积的百分比。

《生产建设项目水土流失防治标准》（GB/T 50434—2018）明确了生产建设项目水土流失防治标准。

1）生产建设项目水土流失防治标准等级

生产建设项目水土流失防治标准分为一级、二级、三级。

（1）项目位于各级人民政府和相关机构确定的水土流失重点预防区和取点治理区、饮用水水源保护区、水功能一级区的保护区和保留区、自然保护区、世界文化和自然遗产地、风景名胜区、地质公园、森林公园、重要湿地但不能避让的，以及位于县级及以上城市区域的，应执行一级标准；

（2）项目位于湖泊和已建成水库周边、四级以上河道两岸 3km 汇流范围内，或项目周边 500m 范围内有乡镇、居民点的，并且不在一级标准区域的应执行二级标准；

（3）项目位于一级，二级标准区域以外的，应执行三级标准。

2）水土保持区

水土保持区划分东北黑土区、北方风沙区、北方土石山区、西北黄土高原区、南方红壤区、西南紫色土区、西南岩溶区、青藏高原区八个区分别制定。具体指标见《生产建设项目水土流失防治标准》（GB/T 50434—2018）。

3）水土流失防治标准指标

水土流失防治标准指标包括水土流失治理度、土壤流失控制比、渣土防护率、表土保护率、林草植被恢复率、林草覆盖率。

（1）生产期新增扰动范围的防治指标值不应低于施工期指标值，其他区域不应低于设计水平年指标值。

（2）同一项目涉及两个以上防治标准等级区域时，应分区段确定指标值。

（3）矿山开采和水工程项目在计算各项防治指标值时，其露天开采的采区面积、水工程的水域面积可在防治责任范围面积中扣除；恢复耕地面积在计算林草覆盖率时可在防治责任范围面积中扣除。

（4）水土流失治理度、林草植被恢复率、林草覆盖率可根据干旱程度按下列原则进行调整：①位于极干旱地区的，林草植被恢复率和林草覆盖率可不作定量要求，水土流失治理度可降低5%～8%；②位于干旱地区的，水土流失治理度、林草植被恢复率、林草覆盖率可降低3%～5%。

（5）土壤流失控制比在轻度侵蚀为主的区域不应小于1，中度以上侵蚀为主的区域可降低0.1～0.2。

（6）在中山区的项目，渣土防护率可减少1%～3%；极高山、高山区的项目渣土防护率可减少3%～5%。

4）其他要求

（1）矿山企业的水土保持方案是根据“谁开发谁保护，谁造成水土流失谁负责治理”的原则，落实建设方所应承担的水土流失防治范围和责任。

（2）水土保持工程类型：通过修建各类工程改变小地形、拦蓄地表径流、增加土壤入渗（提高土壤入渗率）。

水土保持的主要措施分为工程措施、植物措施和临时措施三种，其中工程措施有人工覆土、人工挖截排水沟、设置浆砌挡土墙、削坡；植物措施有穴状整地、栽植植物；临时措施有草袋装土防护工程等。

2. 与周边自然景观相协调

（1）应考虑损毁土地类型的生态环境保护与恢复治理要求和恢复后土地质量要求进行土地复垦。

（2）尽可能与矿区范围的生态区植物群落相协调。绿化物种穿插衔接，以生息繁衍、茁壮成长为基本要求，改良生态环境兼顾美观。

（3）土地复垦应根据不同类型的企业及其生产特点、污染性质和程度，结合当地的自然条件和周围的环境条件，以及所要达到的复垦效果，合理地确定各类植物的比例及配置方式。

（4）因地制宜进行景观设计和环境美化（不是地质环境治理的必须要求）。

（5）矿区内、排土场等无明显冲沟，无大面积的土壤直接裸露地表。

（6）待复垦场地利用类型的选择：应与当地地形、地貌及环境相协调。

（7）恢复治理后的地形与周边环境和小区域地表水系保持协调，地形坡度按水土保持和岩体稳定的要求确定，并符合土质边坡稳定角为20°～40°，石质边坡稳定角为30°～50°的要求。

3. 露天开采矿山应减轻对可视景观的不利影响。

（1）矿山开采中应科学确定采矿工作面的推进方向，采取延缓外侧山体开采、人造景观遮挡山体创伤面、内凹式开采等措施，减轻对可视景观的不利影响。

（2）矿山开采应与周边建筑、环境、文化和景观融为一体。

4. 露天开采矿山终了平台留设

正在进行开采工作的台阶称为工作台阶，其上的平盘称为工作平盘；反之，则称为非工作台阶，其上的平盘称为平台，视其用途而称为保安平台、清扫平台或运输平台。

保安平台是用作缓冲和阻截滑落的岩石及减缓最终边坡角，保证最终边帮（图 5.1）的稳定性和下部水平的工作安全。其宽度较窄，一般在阶段高度的 1/3 以内。

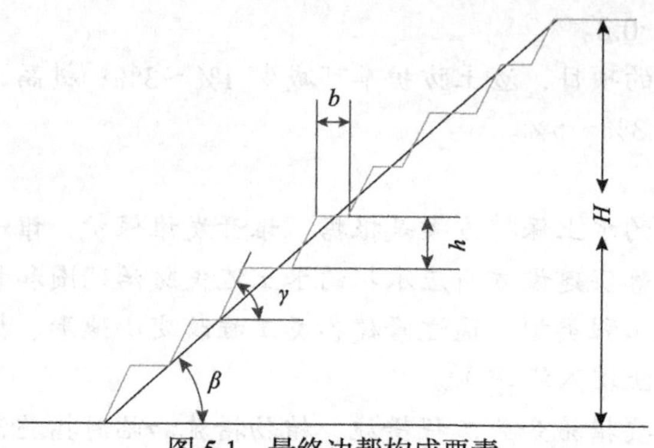

图 5.1 最终边帮构成要素

H-采场高度；*h*-阶段高度；*β*-采场边帮角；*γ*-阶段坡面角；*b*-安全平台宽度

清扫平台用于阻截滑落的岩石并用清扫设备（挖掘机或推土机）进行清理，它又起到安全平台的作用。一般每隔 2～3 个台阶在四周边帮上设 1 个清扫平台，其宽度依所用的清扫设备而定。

运输平台是作为工作台阶与出入沟之间的运输联系的通道，它设在出入沟同侧的非工作帮和端帮上，其宽度依所采用的运输方式和线路数目决定。

（1）生产台阶高度。

根据《金属非金属矿山安全规程》（GB 16423—2006），生产台阶高度应符合表 5.1 的规定。

表 5.1 生产台阶高度规定

<table>
<tr><th>矿岩性质</th><th colspan="2">采掘作业方式</th><th>台阶高度</th></tr>
<tr><td>松软的岩土</td><td rowspan="2">机械铲装</td><td>不爆破</td><td>不大于机械的最大挖掘高度</td></tr>
<tr><td>坚硬稳固的矿岩</td><td>爆破</td><td>不大于机械的最大挖掘高度的 1.5 倍</td></tr>
<tr><td>砂状的矿岩</td><td rowspan="3" colspan="2">人工开采</td><td>不大于 1.8m</td></tr>
<tr><td>松软的矿岩</td><td>不大于 3.0m</td></tr>
<tr><td>坚硬稳固的矿岩</td><td>不大于 6.0m</td></tr>
</table>

开采结束，并段后的台阶高度超过表 5.1 的规定时，应经过技术论证，在保证安全的前提下，由设计确定。

挖掘机或装载机铲装时，爆堆高度应不大于机械最大挖掘高度的 1.5 倍。

我国设计和生产的露天矿，小型矿山的阶段高度一般为 8～10m，大、中型矿山一般为 10～12m。大型露天矿选用斗容 $8m^3$ 以上挖掘机时，阶段高度可采用 12～15m。

（2）为保证边坡的稳定，当阶段采完后，必须保留安全平台和清扫平台，每个阶段的安全平台，其宽度不小于 2～3m，每隔 2～3 个阶段设置清扫平台，其宽度不小于 4～5m。

（3）露天矿由于所处位置工程地质条件差、岩石老、顽固性差、结构不完整，存地质构造弱面，岩石不稳定，非常容易造成滑坡。边坡角过陡、过高都会造成局部失稳。因此，对于高陡坡必须按设计进行自上而下台阶式或分层开采。边坡角度不大于 55°，最终边坡不超过 60°。分层凿岩平台宽度不小于 4m，采石场需要剥离的，剥离工作面超前于开采工作面 4m 以上。

（4）终了平台应按照土地复垦方案中的计划开展土地复垦。

5. 复垦绿化的要求

露天开采复垦绿化的前提是边坡稳定性可靠，原有工程设施稳定。

现场评价或支撑材料：

（1）《矿山地质环境保护与土地复垦方案》。

（2）现场照片。

23 土地利用功能要求

标准分：10

评分说明：治理后的各类场地，应恢复土地基本功能，因地制宜实现土地可持续利用，满足要求得 10 分。

考核方法：查资料、查现场

依据或标准：矿山地质环境保护与土地复垦方案、土地复垦质量控制标准（TDT1036）、其他文件证明材料。

【解读】本条是治理后的各类场地应使土地可持续利用的要求。

1. 土地的功能

一是承载的功能。土地由于其物理特性，能将万物，包括生物与非生物承载其上，成为它们的安身之所。动物、植物等生物，各种建筑物、构筑物、道路等非生物之所以能存在于地球上，是因为土地有承载的功能。没有土地，万物自无容身之地，正如古人所说：皮之不存，毛将焉附。土地具有承载功能，因而成为人类进行一切生活和生产活动的场所和空间。

二是养育（生产）的功能。“地者，万物之本原，诸生之根苑也。”在土地的一定深度和高度内，附着了许多滋生万物的养育（生产）能力，如土壤中所含有的各种营养物质，以及水分、空气，还可以接受太阳照射的光、热等，这些都是地球上一切生物生长、繁殖的基本条件。土地的养育功能充分体现于第一性和第二性的生产之中，为人类生存提供必需的农畜产品。

三是仓储（资源）的功能。土地蕴藏着丰富的金、银、铜、铁等矿产资源，石油、煤、水力、天然气等能源资源，沙、石、土等建材资源，人类可以视其为仓库。土地像人类的一座宝藏，里面贮存着极其丰富的物质，为人类从事生产、发展经济提供了必不可少的物质条件。

四是提供景观的功能。从景观学角度看，景观是地面上生态系统的镶嵌，是自然和文化生态系统的载体。土地自然形成的各种景观：秀丽的群山、浩瀚的大海、奔腾的江河、飞泻的瀑布、无垠的沃野等，为人类提供了丰富的风景资源。

五是储蓄和增值（再生产）的功能。土地作为资产，随着人们对土地需要的不断扩大，其价格呈上升趋势，因此，投资于土地，能获得储蓄和增值的功效。

2. 土地生态系统

土地的基本功能即为土地生态功能，其核心是土地的生态系统。土地的生态系统是一个由土地、自然环境、技术、政策、人等生态因子组合而成的有机整体，系统中的任何一种因子的变化都会使自然界原有的土地生态平衡被打破，尽管土地生态系统自身具有一定的恢复功能，但这个功能是有他自身的限度的，超过了这个限度将不能恢复。

对土地生态功能应可以从不同的层次与方面来认识：

（1）首先从土地生态系统内部，即生物与土地环境的相互影响来看。一般只了解到生物对土地环境条件的要求与适应性，但也应当看到生物对土地环境的改造。

（2）作为一个土地单元的土地生态系统的总体了解，如森林生态系统的涵养水源、防风固沙、保持水土、调节气候、保护农田等多方面的生态功能。

（3）一个单元的土地生态效应绝不仅限于该地块的土地单元，其生态效应还要进一步影响附近地区，如水土保持、风沙危害等的上下游地区，甚至扩大形成一个区域效应。

（4）在看到土地生态效应的环境效应时，还应当看到更大的土地生态经济效应，如环境价值等。

3. 土地资源可持续利用

土地资源可持续利用是指在特定的时间和地区条件下，对国土资源进行合理的开发、使用、治理、保护，并通过一系列的合理利用、组织，协调人地关系及人与资源、环境的关系，以期满足当代人与后代人生存发展的需要。

现场评价或支撑材料：

（1）对复垦后的土地有利用或规划方案，如林地、耕地、工业用地等。

（2）如果没有任何规划和利用，仅恢复生态系统不得分。

24 生态功能要求

标准分：10

评分说明：治理后的各类场地，应满足①区域整体生态功能得到保护和恢复；②对动植物不造成威胁。有一处不符合要求扣5分。

考核方法：查资料、查现场

依据或标准：矿山地质环境保护与土地复垦方案、土地复垦质量控制标准（TDT1036）、其他文件证明材料。

【解读】本条是对生态功能的要求。

地质环境达到安全稳定，对周边环境不产生污染，与周边自然环境和景观相协调，区域整体生态功能得到保护和恢复。

区域整体生态功能得到保护和恢复在这里主要是指不需要人工养护也可以自然生长，周边的生态系统协调统一。

恢复后的场地要满足以下要求。

1. 复垦场地要求

对矿山压占、损毁而可复垦的土地应进行全面复垦利用，土地复垦质量符合《土地复垦质量控制标准》（TD/T 1036—2013）的规定。

（1）用作复垦场地的覆盖材料，不应含有有毒有害成分。当复垦场地含有有毒有害成分时，应先处置去除，视其废弃物性质、场地条件，必须时设置隔离层后再行覆盖。

（2）覆盖后的复垦场地规范、平整。覆盖层容重等满足复垦利用要求。

（3）复垦场地有满足要求的排水设施，防洪标准符合当地要求。

（4）复垦场地有控制污染措施，包括空气、地表水、地下水等。

（5）复垦场地道路、交通干线布置合理。

2. 对动植物不造成威胁

（1）尽量选用本地野生物种，避免盲目引用外来物种对本地物种造成威胁。

（2）合理搭配物种，形成稳定的共生植物群落，重构生态系统。

（3）在不安全地区设置护栏、围网等设施，保护动物的生命安全。

（4）必要时建设森林防火阻隔带。

（5）禁止放牧。

（6）设定“此处危险”等标志标牌。

现场评价或支撑材料：

（1）与周边生态环境相协调，不影响或损害周边的生态系统。

（2）对动植物有保护措施、复垦后的土地达到清洁、不污染的要求。

（3）查看相关资料或《矿山地质环境保护与土地复垦方案》。

第四节　环境管理与监测

25 环境保护设施

标准分：6

评分说明：①环境保护设施齐全，且相关设施有效运转得4分；②得到有效维护得2分。

考核方法：查资料、查现场

依据或标准：环境保护设施验收资料。

【解读】本条是对环境保护设施的要求。

环境保护设施是治理工业、商业及服务业在生产经营过程中所产生并对环境造成影响的物质，使其达到法定要求所需的设备和装置，以及环境监测设备。

1. 环境保护设施类型

环境保护设施包括：公共环境卫生设施、过滤除尘设备、污水处理设备、空气净化设备、固废处理设备、噪声防治设备、环境监测设备、消毒防腐设备、节能降耗设备、环境卫生清洁设备、环保材料及药剂、环保仪器仪表等。

2. 环境保护设施的验收

环境保护设施应通过环境保护验收或项目竣工中涉及环保设施运行效果方面的验收，并得到有效维护，确保有效运转。

根据《建设项目环境保护管理条例》的规定，建设项目竣工后，建设单位应当向审批该项目环境影响报告书、环境影响报告表或者环境影响登记表的环境保护行政主管部门申请该项目需要配套建设的环境保护设施竣工验收；需要进行试生产的建设项目，建设单位应自建设项目投入试生产之日起3个月内，申请该项目需要配套建设的环境保护设施竣工验收。

已通过环境保护设施验收，在绿色矿山评估时要注意：

（1）与规模相符的环保部门验收意见。

（2）建设项目环境保护现状评估备案（主管部门网站截图）。

3. 管理和维护

（1）检查各项环保指标完成情况和环保设施运行维护情况，及时调整设备运行工况，及时组织消缺，保证环保设施正常、有效地投入运行。

（2）确定各种环保设施在最佳工况运行，严格执行缺陷管理的有关规定，发现缺陷及时通知检修单位处理。

（3）按要求及时记录、统计、分析、汇总、上报各种材料和报表，并对其正确性负责。

现场评价或支撑材料：

（1）环境保护设施验收证明文件。

（2）环境保护设施运行台账。

（3）企业自主环保验收网上两次截图（企业网站或地方网站、环保部专用网站）。

26 环境管理体系认证

标准分：4

评分说明：获得环境管理体系认证得4分。

考核方法：看证书

依据或标准：ISO环境管理体系认证

【解读】本条鼓励矿山获得环境管理体系认证证书。

环境管理体系（EMS）是企业或其他组织的管理体系的一部分，用来制定和实施其环境方针，并管理其环境因素，包括为制定、实施、实现、评定和保持环境方针所需的组织结构、计划活动、职责、惯例、程序、过程和资源。

我国新版环境管理体系认证标准是《环境管理体系　要求及使用指南》（GB/T 24001—2016），等同于《环境管理体系——要求及使用指南》（ISO14001：2015）。

现场评价或支撑材料：

环境管理体系认证证书。

27 环境监测制度

标准分：5

评分说明：建立环境监测的长效机制，有环境监测制度得5分。

考核方法：查资料

依据或标准：环境监测制度

【解读】本条要求矿区建设环境机制，建立环境监测制度。

参见“6 固体废物堆放”中监控监测的要求。

环境监测制度适用于企业内各种污染源的监测管理，规定了企业环境监测任务、监测控制指标和监测方法等。对生产过程中产生的“三废”（含噪声）污染进行监测和监督；整理监测数据上报相关管理部门并建立监测台账；及时完成其他临时监测任务等。

为了实时监控矿山环境变化情况，保障矿山环境符合矿山地质环境保护的要求，矿山企业应建立环境实时监测机制，配备专职管理人员和监测人员。具体要求如下：

（1）在开采中和开采后应建立健全长效监测机制，对土地损毁情况、复垦的稳定性与复垦质量进行动态监测。

（2）根据矿山开采特点，建立全过程的监测机制，做好应急预案。

（3）对矿山边坡应力进行监测，防止地质灾害发生。

（4）对地下水、地表水、土壤环境、地面变形及地质灾害进行动态监测。

（5）露天开采矿山剥离表土、排放废渣应符合安全、环保、监测等相关规定。

（6）地表仍在下沉，暂时难以治理的土地，应进行动态监测，适时治理。

（7）对生活废水、噪声、粉尘等污染，应进行污染物动态监测，并做好环保处置应急预案。

（8）每年要自行对矿区范围的土地进行土壤环境监测，结果公开。

现场评价或支撑材料：

环境监测制度。

28 环境监测设备

标准分：5

评分说明：矿区内设置对噪声、大气污染物的自动监测及电子显示设备，得5分。

考核方法：查现场

【解读】本条要求矿区配备环境监测设备。

本条要求矿山企业在矿区人员流动较大或噪声、粉尘排放较大的地点设置小环境气候站。环境监测的主要对象是空气中的 PM_{10}、$PM_{2.5}$、噪声、温湿度、风力、风速、风向、大气压、光照度、油烟、二氧化碳、氧气、氨气等。本条要求矿区内安装小环境气候检测站，其作用主要是矿区内部员工和外部来访人员能够及时了解矿区的粉尘、噪声、湿度、温度等变化情况，及时制定相关措施，改善和优化矿区环境。

1. 环境设备

环境监测设备根据功能及使用环境、行业、性质的不同，主要可分为以下五大类：

（1）空气质量与污染源废气监测专用仪器。

（2）环境水质与污水监测专用仪器。

（3）便携式现场应急监测仪器。

（4）其他要素监测仪器。

（5）实验室通用分析仪器及其设备。

这些设备由于功能、原理、技术、成本、运用场景等测量因素的不同，相同参数在测量范围及测量精度上有着很大的区别。

2. 连续自动监测系统

1）噪声

噪声连续自动监测系统由噪声监测终端、全天候户外传声器单元、固定站、宽带噪声测量、噪声频谱测量、LED显示等组成。

2）大气污染

大气污染连续自动监测系统是由若干个监测子站、一个监测中心和数据通信系统三部分组成，是一个由监测仪器、数据通信、计算机组成的网络。

现场评价或支撑材料：

现场拍摄的小环境气候检测站照片。

29 应急响应机制

标准分：5

评分说明：构建应急响应机制，有应对突发环境事件的应急响应措施得5分。

考核方法：查资料

依据或标准：应急响应制度

【解读】本条要求建立环境应急响应机制。

组织应建立应急响应机制并保持运行程序，以确定潜在的事故或紧急情况，做出应急准备和响应，最大限度地减轻可能产生的事故后果，并预防或减少可能伴随的绿色矿山影响。

矿山企业应编写环境应急制度，环境应急制度包含环境应急处置和环境应急预案。应急管理制度参考如下内容。

1. 应急管理原则

（1）坚持以人为本，预防为主。加强对环境因素的监测、监控，并实施监督管理，建立环境因素风险防范体系，提高对突发性环境污染事件的防范和处理能力。

（2）统一领导，加强各部门之间的协同与合作，提高快速反应能力。

（3）充分利用现有资源，积极做好应对突发性环境污染事件的思想准备、物资准备、技术准备、工作准备。加强培训演练，应急系统做到常备不懈，在应急时快速有效。

2. 成立应急管理机构

应急指挥中心是突发环境事件应急管理工作的最高领导机构，应急机构由指挥管理、救援队伍、技术支持和相关保障组成。

3. 运行机制

（1）积极开展环境因素识别和评价工作，做到环境隐患及时发现、及时报告、妥善处置。

（2）当公司内发生环境污染或生态（影响）破坏的突发事件时，无论事发原因如何、事故影响程度大小，也无须等待事故等级认定结果，都要及时进行汇报。

（3）突发事件发生后，事发源的现场人员和应急人员在报告突发环境事件信息的同时，要根据职责和规定的权限启动相关应急预案，及时、有效地进行先期处置，控制事态的蔓延。

（4）突发环境事件的信息发布应当及时、准确、客观、全面。重大环境事故发生后应及时向当地环保部门报告，并根据事故处置情况做好后续报告工作，也应当向员工发布简要信息和应对防范措施等。

4. 应急保障

要求各部门按照职责分工和相关预案做好应对突发环境事件的人力、物力、财力、运输及通信保障等工作，保证应急救援工作的顺利进行。

5. 应急培训和演练

（1）应急救援人员由年纪轻、业务技能熟练的骨干员工组成，每年都要组织相关业务知识培训。

（2）每年组织应急救援队伍和一线员工，针对可能出现的事件情形进行一次演练。

（3）演练结束后，应急演练小组及时进行总结，评价演练效果，落实改进措施，不断完善预案。

现场评价或支撑材料：

环境应急响应制度。

30 矿山地质环境动态监测情况

标准分：5

评分说明：对地面变形等矿山地质环境进行动态监测得 5 分。

考核方法：查资料、查现场

依据或标准：动态监测记录

【解读】本条要求应对矿山进行地质环境动态监测。

矿山地质环境是指矿床及其周围地区矿业活动影响到的岩石圈部分（岩石、矿石、土壤、地下水及地质作用和现象），与大气、水、生物圈之间联系（物质交换）和能量流动组成的相对独立的环境系统。

地表变形是由于内、外动力地质作用和人类活动而使地面形态发生变形的破坏现象和过程。若地面变形造成经济损失和人员伤亡，则成为地面变形地质灾害。

矿山地面变形监测包含边坡监测和地面塌陷监测。

1. 地质灾害监测主要内容

采空区地面沉（塌）陷监测：塌陷坑数量，塌陷面积，塌陷坑最大深度、积水深度，塌陷破坏程度，下沉值等。

山体开裂、滑坡、崩塌、泥石流地质灾害监测：本年度发生次数、造成的危害，地质灾害隐患点或隐患区的数量，已得到治理的隐患点或隐患区的数量。

2. 地质变形监测主要方法

（1）采空区地面塌陷监测：矿区塌陷面积较大的，采用遥感技术监测；重点矿区采用高精度 GPS、钻孔倾斜仪、全站仪等监测，其他采用人工现场调查、量测。塌陷裂缝长度，可见深度、宽度等监测。

（2）矿区地面沉降监测：重点矿山采用现场埋设基岩标自动监测，其他采用高精度 GPS 监测。

（3）边坡监测项目包括巡查巡视、变形监测、应力监测、振动监测和水文监测。除了巡查巡视需要人工，其他项目均可自动监测。

（4）矿区山体开裂监测：采用人工现场调查、量测。

现场评价或支撑材料：

（1）矿山地表变形监测记录表。

（2）井工矿山提供有岩移变形监测记录台账也可认为地面变形监测。

（3）地质灾害（安全生产）隐患设置了警示牌。

31 废水、尾矿等动态监测

标准分：5

评分说明：对选矿废水、矿井水、尾矿（矸石山）、排土场、废石堆场、粉尘、噪音[声]等进行动态监测得 5 分。

考核方法：查资料、看现场

依据或标准：动态监测记录

【解读】本条要求对尾矿（矸石山）、排土场、废石堆场、粉尘、噪声等进行动态监测。

1. 尾矿（矸石山）、排土场、废石堆场监测

尾矿（矸石山）、排土场、废石堆场监测主要指标：

固废的种类、年排放量、累计积存量、来源、年综合利用量，固废堆的主要隐患、压占土地面积等。

尾矿库数量和规模，年接纳尾矿量，尾矿的主要有害成分、主要隐患、年综合利用量等。

尾矿（矸石山）、排土场、废石堆场监测主要方法：

人工现场调查、量测，辅以遥感技术方法。

现场评价或支撑材料：

（1）《矿山地质环境保护与土地复垦方案》及评审意见。

（2）尾矿（矸石山）、排土场、废石堆场动态监测系统。

（3）尾矿（矸石山）、排土场、废石堆场动态监测记录表。

2. 粉尘、噪声监测

粉尘、噪声监测主要指标：

（1）粉尘浓度、粉尘中游离二氧化硅含量及粉尘分散度。

（2）噪声的强度，即声场中的声压；噪声的特征，即声压的各种频率组成成分。

粉尘、噪声监测主要方法：

监测人员使用粉尘、噪声检测设备，定期监测。

现场评价或支撑材料：

粉尘、噪声检测记录表、台账。

3. 矿井水、选矿废水在线监测

废水在线监测系统主要用于污水处理净化后的水质实时连续监测和远程监控。系统以自动监测技术为基础，以在线自动分析仪器仪表为核心的一体化监测系统，可实现水质的实时连续监测和远程监控，方便环保等主管部门及时掌握管辖区内煤矿污染源的水质状况，预警预报水质污染事故，解决跨行政区域的水污染事故纠纷，监督总量控制制度的落实情况等。

监测参数包括COD、氨氮、总磷、高锰酸盐等，同时预留了接口，可根据用户要求扩展监测，如总磷、总氮、重金属、酚、氰、油分等参数。

现场评价或支撑材料：

水质监测记录、台账等。

32 复垦区动态监测

标准分：5

评分说明：对复垦区土地损毁情况、稳定状态、土壤质量、复垦质量等进行动态监测得5分。

考核方法：查资料、查现场

依据或标准：动态监测记录

【解读】本条是对复垦区动态监测的要求。

1. 土地复垦监测应满足以下具体要求

（1）监测工作应系统全面。土地复垦涉及的学科多、学科面广。因此，对复垦区的监测内容不仅包括各项复垦工程实施范围质量进度等，还应包括土地损毁和生态环境恢复等，确保复垦区土地能够达到可利用状态。

（2）监测方案应分类，切实可行。我国区域自然环境呈现地带性特征，土地复垦工程措施具有类比性，因此应根据自然环境和生产建设项目自身特点，分类制定土地复垦监测方案。

（3）监测设置应优化。复垦监测点、监测内容及监测频率等布置或设置，应采取科学的技术方法，合理优化，减少生产建设单位不必要的开支。

（4）监测标准应依据所设计的国家各类技术标准。主要技术标准为《土地复垦技术标准（试行）》、《土壤环境监测技术规范》（HJ/T 166—2004）、《污水监测技术规范》（HJ/T 91.1—2019）等。

2. 复垦区原地貌地表状况监测

（1）原始地形信息。无论是露天矿还是井工矿，都会导致地形地貌发生变化，露天开采的损毁主要是形成大的采坑和排土场，井工矿也造成地表沉陷。两种采矿方式都引起了地形变化，而且采矿的进行是不断变化的，为了更好地与原始地形进行对比，需要在开采前对原始地形进行检测。

（2）土地利用状况。要保留原始的土地利用状况信息，以便对后期的变化进行追踪对比研究。主要是土地利用数据。

（3）土壤信息。包括土壤类型、土壤的各种理化性质等信息。

（4）居民点信息。采集采矿前需要迁移的村庄及居民的各种信息。

（5）耕地权属信息。采集复垦区占用的耕地情况和地籍信息，为占补平衡提供依据。

3. 土地损毁预测

对挖损、塌陷、压占等土地损毁的情况进行监测。以下以某土地复垦方案为例说明沉陷区监测设计方法。

（1）监测方法。采用水准测量方法对地表移动进行测量，利用1980年黄海高程系，作业前对仪器和标尺进行检查和测定。测量采用中丝法读数，直读数据，观测采用后-后-前-前顺序，精度达到三等，观测中误差＜25mm/km。

（2）水准基准点的布设和建立。水准基准点是进行地面变形监测的起算基准点。设计在矿区外部的公路上设置两个水准基准点，采用二等水准基准测定其高程，对控制点应定期检测其稳定性。

（3）地表变形基准点的布置。沿煤层走向和倾向共布设 8 条侧线，总长约80km，并在沉陷区内设置观测点 10 个。变形观测点与基准点构成沉降监测网，按四等水准测量的要求进行测量。

（4）监测人员及频率。委托有资质的单位的专业人员及时监测。水准基准点监测频率为两个月一次，地表变形监测频率为两个月一次；地表变形监测点监测频率为每月一次。观测记录要准确可靠，并及时整理观测资料，与预测结果进行对比分析。

（5）监测期限。依据复垦方案的服务年限，确定具体监测期限。某土地复垦方案服务年限42年（2011～2052年），具体包括了建设期（3年）、开采期（27年）、稳沉期（6年）以及复垦植物管护期（6年）；确定对开采期和稳沉期进行监测，地表沉陷监测期限为33年（2013～2045年）。

4. 复垦效果监测

1）土壤质量监测

复垦为农、林、牧业用地的土地自然特性检测内容，为复垦区地形坡度、有效土层厚度、土壤有效水分、土壤容重、酸碱度（pH）、有机质含量、有效磷含量、全氮含量、土壤侵蚀模数等；其监测方法以《土地复垦技术标准（试行）》为准，监测频率为至少每年一次。

2）复垦植被监测

复垦为林地的监测内容为植物生长势、高度、种植密度、成活率、郁闭度、生长量等；复垦为牧草地的植被监测内容为植物生长势、高度、覆盖度、产草量等。监测方法为样方随机调查法，在复垦规划的服务年限内，每年至少监测一次，复垦工程竣工后每三年至少一次。

3）复垦配套设施监测

土地复垦的辅助设施，包括水利工程设施和交通设施两个方面。水利工程设施包括灌溉、排水及其相关的电力设施，交通设施包括各级公路和新建田间道路等。配套设施监测以土地复垦方案设计标准为准，监测的主要内容是各项新建配套设施是否齐全、能否保证有效利用，以及已损毁的辅助设施是否修复，能否满足当地居民的生产生活需求等。配套设施监测每年至少一次。

5. 利用遥感技术进行复垦动态监测

利用遥感数据的多平台、多时相、多分辨率的特性，对于矿山土地复垦监测来说，监测尺度可以从矿山到矿区乃至全国范围，因此可以构建矿山—矿区—国家三级遥感动态监测体系，对全国的矿山土地复垦与生态重建进行监测。监测过程主要包括遥感数据采集与处理、数据存储与管理、数据分析与应用、成果表达与展示。

现场评价或支撑材料：

（1）监测方案或监测系统。

（2）《矿山地质环境治理与土地复垦方案》及矿山地质环境治理验收意见。

第六章　资源综合利用

资源综合利用推动了矿业循环经济的发展，包含共伴生资源的开发、有价元素的回收、废弃物的资源化利用等方面的内容。“资源化、减量化、无害化”的原则不但实现了企业新的经济增长点，同时大大减少了对环境的污染，是资源开发与生态保护相协调的重要表现形式。

本章的评估重点应体现资源综合利用程度和利用水平。

第一节　共伴生资源综合利用

本节适用于非金属、化工、黄金、冶金、有色金属、石油、煤炭等行业。

33 资源勘查、评价与开发
标准分：10
评分说明：按矿产资源开发利用方案进行共伴生资源的综合勘查、综合评价、综合开发得 10 分。
考核方法：查资料
依据或标准：矿产资源开发利用方案、有关产品资料

【解读】**本条是对共伴生资源开发的原则性要求，以提升共伴生资源开发利用水平。**

我国很多省份矿产资源在经济发展中所占比重很大，随着《关于建立以国家公园为主体的自然保护地体系的指导意见》的下发，大量的矿产资源开发受限，开发低品位的共伴生资源势在必行。

共生资源是指同一成因、同一成矿阶段中形成的一组矿物，彼此互称为共生矿物。伴生资源是指同一成因、同一矿化期（或矿化阶段）生成的、非同一组但在空间上共存的矿物。

共生矿产是在同一矿区（或矿床）内存在两种或多种符合工业指标，并具有小型以上规模（含小型）的矿产。伴生矿产是在矿床（或矿体）中与主矿、共生矿一起产出，在技术和经济上不具单独开采价值，但在开采和加工主要矿产时能

同时合理地开采、提取和利用的矿石、矿物或元素。

1. 共伴生资源特点

（1）数量大，大多数主矿种都有共伴生资源。

（2）共伴生矿一般情况下与主矿种一起产出，在技术和经济上不具有单独开采价值。

（3）开采过程中为保证主矿种的开发，共伴生资源贫化比较严重。

基于上述特点，加大科技创新，选择先进适用、经济合理的工艺和技术对共伴生资源的综合利用非常必要。低品位有价元素的提取是共伴生资源开发和利用的关键、重点和难点。

2. 综合勘查、综合评价、综合开发

矿产资源综合利用是综合勘查、综合评价、综合开发的延伸，综合找矿、综合勘查、综合评价、综合开发则是共伴生资源开发利用的基础。对共伴生矿产资源进行综合评价、综合勘察，采用与主矿种同采同运、分采分运、共采分选等方式进行开发。

1）综合勘查

综合勘查是勘查主要矿产时对伴生矿产和共生矿产同时进行勘查的工作。综合勘查可提高资源利用率和经济效益，降低勘查成本，是矿产勘查工作中应重视的问题。（1）综合勘查时，应当考虑共伴生组分及其分布规律，取样和测试方法的合理选择，工业指标正确确定和共伴生组分储量计算方法的选择等方面。综合勘查可提高资源利用率和经济效益，降低勘查成本。

（2）同体共生矿产应随主矿产一起进行综合勘查评价，对于达到工业利用要求、矿产资源储量规模达到中型及以上的同体共生矿产，当主矿产勘查程度达不到共生矿产相应要求时，可根据实际需要，按该矿种的勘查规范适当增加勘查工程或进行专门的勘查工作。

（3）异体共生矿产的勘查工作应利用揭露主矿产的工程或增加适当工作量对矿体进行勘查和评价；对矿产资源储量规模达到中型及以上、揭露主矿产的工程达不到相应控制程度的，应根据实际需要，按该矿种的勘查规范进行专门的勘查和评价工作。

2）综合评价

综合评价是对综合勘查出的主矿产、共生或伴生矿产进行科学的、综合的评价，确定其可供利用的经济技术价值和开采条件等。

综合评价时，对矿床内的各类矿石，应查证共伴生矿产的矿石矿物组成、粒度、结构构造特征，有用、有益和有害组分的赋存状态，矿物之间的共生关系。对呈分散状态存在的组分，应查明载体矿物及赋存形式（如呈类质同象、呈固熔体或微晶分散状态的包裹体、呈离子或络合离子状态吸附于矿物表面、胶体等），加强工艺矿物学的研究，选择合理的加工选冶方法和流程。在勘察报告中应对查明的共伴生资源进行综合评价。

3）综合开发

综合开发是指对共生和伴生矿产进行统筹规划，按一定顺序，对不同矿床或同一矿床的不同有益组分，以及不同层位的共生和伴生矿产同时进行开采。

4）相关要求

（1）在勘查过程中发现共伴生资源时要进行综合勘查。

（2）在勘察报告中应对查明的共伴生资源进行综合评价。

（3）在资源开发利用方案中，对有利用价值的共伴生资源进行综合开发。

（4）确定共伴生资源利用在目前的社会、技术和经济指标条件下是否有开发利用的价值，以及在实际勘查、生产中进行合理利用。

3. 共伴生资源开发利用方案编写

矿产资源开发利用方案是为加强矿产资源开发利用前期管理，采矿权申请人需向采矿登记管理机关提交的技术方案，是采矿权审查的重要内容之一。矿产资源开发利用方案须按自然资源部制订的编写内容编写，包括概述、矿产品需求分析、矿产资源概况、主要建设方案、矿床开采、选矿及尾矿设施、环境保护、土地复垦、开发方案简要结论和附图等。

制定共伴生资源综合开发利用方案时，应根据国家《矿产资源综合勘查评价规范》和《矿产资源开发利用方案编写内容》规定编制并严格执行。具体内容包括概述、矿产品需求分析、矿产资源概况、主要建设方案确定、矿床开采、选矿及尾矿设施、环境保护、土地复垦、开发方案简要结论和附图等。确定共伴生矿综合开发利用方案应考虑：

（1）开采设计方案需充分考虑共伴生资源共采，充分利用已有的生产系统。

（2）凡具备综合利用条件的项目，其项目建议书、可行性研究报告和初步设计均应有伴生资源开发和资源综合利用内容。

现场评价或支撑材料：

矿产资源开发利用方案，勘查报告、评价报告或开发报告或方案。

34 共伴生资源的综合利用

标准分：20

评分说明：选用先进适用、经济合理的工艺技术对共伴生资源进行加工处理和综合利用，符合要求得20分。

考核方法：查资料、查现场

依据或标准：生产报表或财务报表等

【解读】本条是对共伴生资源开采工艺技术的要求。

共伴生资源有如下特点：

（1）数量大，大多数主矿种都有共伴生资源。

（2）共伴生矿一般情况下与主矿种一起产出，在技术和经济上不具有单独开采价值。

（3）开采过程中为保证主矿种的开发，共伴生资源贫化比较严重。

基于上述特点，加大科技创新，选择先进适用、经济合理的工艺和技术对共伴生资源的综合利用非常必要。低品位有价元素的提取是共伴生资源开发和利用的关键、重点和难点。

现场评价或支撑材料：

（1）有先进适用的技术证明。

（2）相关的措施和设施。

35 对复杂难处理或低品位矿石的综合利用

标准分：5

评分说明：对复杂难处理或低品位矿石，采用新工艺降低能耗，或者采用选冶联合工艺提高技术经济指标，取得效果并提供证明材料得5分。

考核方法：查资料、查现场

【解读】本条提出对复杂难处理或低品位矿石进行综合利用的要求。

1. 复杂难选矿

自然界中的矿产资源及二次资源种类繁多，分布广泛，性质各异。复杂难处理矿石属性的界定与矿石本身的性质密切相关，但也与不同时期人们加工利用矿产资源的技术水平有关，同时还与经济和环保方面的限制有关，因此是一个相对概念。同一种矿石，在不同的矿床或不同的矿区，处理难度存在不同；同一类矿产，在不同国家和地区可选性差异可能较大；即使同一矿区的矿石，在不同时期，由于技术水平的不同，对利用矿石的难易程度的判定会发生变化。

复杂难处理矿石一般有以下基本特征：

（1）从矿石性质看，具有有价元素品位低、有用矿物嵌布粒度细、矿石组分复杂的“贫、细、杂”特点。还存在精矿互含高、精矿杂质含量高、伴生资源综合利用率低、回水利用率低等特点。

（2）从矿种看，低品质煤炭、难选煤泥等煤炭资源，菱铁矿、褐铁矿、极微细粒铁矿、鲕状赤铁矿等劣质铁矿资源，共生关系复杂、氧化率高、结合率高、浸出酸耗高的铜矿资源，品位低、含钙杂质矿物多、钨钼类质同象且伴生有磁黄铁矿等的钨矿资源，低铝硅比铝土资源，低品位高硅高钙菱镁矿资源，难处理稀贵金属资源、稀土矿产资源及尾矿资源等，都具有复杂难处理矿石的属性。

（3）从经济和环保角度看，矿产资源加工过程中由于成本高、效益低、污染多，不满足经济和环保要求，此类矿石也属于复杂难处理矿石的范畴。

随着科学技术的不断发展，资源利用水平不断提高，复杂难处理矿石的技术瓶颈不断被攻克，其属性会因此发生变化。

2. 低品位矿

低品位矿是指在当前经济技术条件下，因主组分品位低而不能单独开采利用的矿产资源。按照品位级别划分，把经济品位以下、边界品位以上的资源统称为低品位矿。其中，边际品位以下、边界品位以上的资源属于绝对低品位矿，经济品位以下、边际品位以上的资源属于相对低品位矿。

1）边界品位

边界品位指在当时的经济技术条件下无法利用，但在矿产品价格大幅上升、矿山企业成本大幅下降或政府大力扶持等条件下，能被利用的那部分资源量的最低品位。边界品位是区分矿与非矿的界限，其最低要求是大于尾矿品位。

2）边际品位

边际品位指在矿体圈定（按工业指标的要求，在储量计算图纸上圈出储量计算边界的工作称矿体圈定）时的矿产品价格和生产成本条件下，生产的矿产品收益等于可变成本的品位。即在该品位条件下，矿山企业只能维持生产，而无法获利。

3）经济品位

经济品位指在矿体圈定时的经济技术条件下，矿山企业能够收回投资所需要的最低品位（盈亏平衡点），即在该品位条件下生产正好能收回投资。该品位是经济储量与边际经济储量的界限，以该品位圈定的储量即为经济储量。

3. 创新工艺

1）采用直接还原等选冶联合工艺

“直接还原”特指在高炉软熔带以下的固体碳与熔体中的三价铁或二价铁直接发生还原反应生成金属铁的过程。“熔融还原”是指不用高炉而在高温熔融状态下还原铁矿石，获得与高炉铁水相似的液态铁水的过程。直接还原和熔融还原对原料要求较高，通常为高品位块矿、铁精矿或氧化球团。

复杂难选铁矿石渣铁分离还原技术是指将不能直接作为高炉原料的复杂难选铁矿石在比磁化焙烧更高的温度和更强的还原气氛（有的需要借助反应助剂或其他外加剂），将复杂难选铁矿石中的三价铁或二价铁还原成单质铁，并使单质铁生长到一定粒度的金属铁颗粒（金属铁），以便于后续选冶处理。

2）采用新工艺降低能耗，提高技术经济指标

4. 复杂难处理的矿石

复杂难处理的矿石有如下种类。

（1）氧化铅锌矿，氧化铅锌矿石的矿物种类繁多，具有复杂的矿石结构。

（2）脉石为含铁硅酸盐的细粒嵌布赤（磁）铁矿、菱铁矿、褐铁矿、鲕状矿等复杂难处理的铁矿石。

（3）低品位难选萤石矿。

（4）复杂难处理钨矿高效分离。

现场评价或支撑材料：

（1）采矿工艺技术设计方案或单独进行的复杂难处理矿石技术创新。

（2）相关的措施和设施。

36 对暂不能开采利用的共伴生矿产的要求

标准分：5

评分说明：对暂不能开采利用的共伴生矿产采取有效保护措施得5分。

考核方法：查资料

依据或标准：矿产资源开发利用方案

【解读】本条是对暂不能开采利用的共伴生矿产采取有效保护措施的要求。

《中华人民共和国矿产资源法》第三十条规定：在开采主要矿产的同时，对具有工业价值的共生和伴生矿产应当统一规划，综合开采，综合利用，防止浪费；对暂时不能综合开采或者必须同时采出而暂时还不能综合利用的矿产以及含有有用组分的尾矿，应当采取有效的保护措施，防止损失破坏。

暂不能综合开采的矿产是指共伴生矿产在采、选、冶技术暂时没有解决；开采出来技术上不能处理；经济不过关或国内市场暂时没有销路的；在开采主要矿产时，主矿产与暂时不能综合利用的共伴生矿产不能分采、分运，只能一起采出的矿产；主矿产和伴生有用组分都存在于同一种矿石里，只能同时采出，在选、冶过程中分离出来的矿产。

尾矿是指选矿作业产品中的有用成分含量最低的部分产品。其中，有用成分降低到当时技术经济条件下不能再回收的程度，这种尾矿称为含有有用组分的尾矿。

矿山企业应当贯彻“综合勘探、综合评价、综合开采、综合利用”的方针，加强对矿产资源综合利用的可行性研究，新建或改建矿山的设计应当落实综合开发利用的技术方案、工艺和措施。在采选主要矿产的同时，对具有工业价值的共伴生矿产，在技术可行、经济合理的条件下，都要综合利用矿产资源，矿山企业及其上级主管部门要进行统一规划；对跨部门管辖的矿种，要打破部门和行业分割的界限，由开采主要矿种的部门负责，有关部门参与进行规划、设计，实行一业为主，多业经营。对重要复杂的矿床，国家要专门组织矿产综合利用的科技攻关。

对暂不能综合开采或者必须同时采出而暂不能综合利用的矿产，以及含有有用组分的尾矿，应当采取有效的保护措施。对暂不能综合开采的矿产，可以保留必要的保安矿柱并维护好巷道和必要的设施，留待以后开采；矿山企业应当执行综合利用与治理污染相结合的方针，加强对滞销矿石、粉矿、中矿、尾矿、废石和煤矸石的管理，积极研究其利用途径。

在“18 开采技术”介绍了利用充填开采技术对暂不能综合开采的矿产的保护。

现场评价或支撑材料：

矿产资源开发利用方案或其他能够体现对暂不能开采利用的共伴生矿产保护的方案或制度。

第二节 固废处置与综合利用

本节适用于非金属、化工、黄金、冶金、有色金属、石油、煤炭等行业。

37 工业固废处置与利用

标准分：25

评分说明：建立废石（渣）、煤矸石、尾矿、钻井废弃泥浆、岩屑、浮渣、油泥等固体废弃物的综合利用，通过回填、铺路、生产建材等方式充分利用固体废弃物，得 25 分。

考核方法：查资料、查现场

依据或标准：矿产资源开发利用方案及其他证明材料

【解读】本条是对固废综合利用的要求。

废石（渣）、煤矸石、尾矿、钻井废弃泥浆、岩屑、浮渣、油泥等矿山固废的综合利用，是为了减少矿山开采过程中对环境造成的污染和对生态造成的破坏。

1. 井下回填

在采矿过程中，以矿山固废作为采空区的充填物，实现资源的回收利用，也减少了矿山固废对生态环境的破坏。主要有两种方式：一是直接回填到采空区，采矿产生的废石或水仓的淤泥不出坑，将固废直接回填到采空区中；二是将废石破碎到一定的粒径，作为充填骨料，改善全尾砂的级配，充填到井下采空区。

2. 筑路

废石和尾矿内含大量的脉石，质地坚硬，是天然的砂石材料，可以用来制作合格的砂石骨料，用作路基的铺设材料，一方面可大幅度减少开山炸石生产砂石料对环境的影响；另一方面也解决了废石及尾矿地表堆存带来的环境问题。

另外，针对低品位铁矿石，也可以选用高效干、湿法磁选机进行预选抛尾。

使得少量预选精矿进入后段磨机细磨选矿，大量干、湿法抛出的尾矿可用于人工砂石料、免烧砖等建筑原料，使预抛尾矿得到高效利用，降低选矿成本。

3. 制作建筑材料

矿山固废可用于制作建材，主要有以下四种：

（1）用以制作水泥和硅酸盐建材，由于固废中含有大量的铝、硅等元素，可以经提取之后制作硅酸盐建材。利用铁矿尾矿和废石生产混凝土骨料具有多种优势，可大幅度降低水泥熟料用量和提高混凝土性能。在已完成的小规模工程试验中，混凝土中的水泥熟料用量可降低50%至90%，并使混凝土耐久性显著提高。

（2）玻璃，利用矿石中含有大量的石英，硅酸盐矿含有大量的萤石、方解石、白云石。花岗岩型的尾矿可以作为生产玻璃的原料和配料。

（3）微晶玻璃的制造。微晶玻璃能够用来建筑房屋的隔墙，其耐热性和节能型都比较好。

（4）铸石。矿山固废中含有花岗岩、白云岩、萤石等，可将其作为铸石的理想材料。

4. 不同矿种的利用要求

（1）建筑石料集中开采区的建筑石料矿山都要加装先进的机制砂生产线，对矿山剥离土等固废可洗选分筛机制砂的洗选排水必须采用多级沉淀、循环利用，沉淀的泥土用于制作建筑用砖，基本实现零排放。

（2）金属矿选矿废水要全部循环利用，金属矿的尾矿、煤矿的煤矸石要按照“减量化、资源化、再利用”的要求全面综合利用。

（3）金属矿尾矿要通过加工尾矿微粉作为水泥混合料和混凝土及砂浆掺合料，也可以利用尾矿制作加气建筑砖。

（4）煤矿应利用煤矸石生产建筑用砖，力争不新增煤矸石排放量并逐步消化煤矸石存量，最终基本实现尾矿、煤矸石的全面综合利用。

5. 固废综合利用的原则

控制固废对环境污染和对人体健康危害的主要途径是实行对固废的资源化、无害化和减量化处理。

1）资源的回收

利用对固废的再循环利用，回收能源和资源。对工业固废的回收，必须根据具体的行业生产特点而定，还应注意技术可行、产品具有竞争力及能获得经济效益等因素。

2）无害化处置

固废的无害化处置是指经过适当的处理或处置，使固废或其中的有害成分无法危害环境，或转化为对环境无害的物质。常用的方法有焚烧法、堆肥法、等离子气化法和热解气化法。

3）减量化处理

通过处理使固废数量大大减少。

现场评价或支撑材料：

(1) 资源开发利用方案（综合利用工艺或系统）。

(2) 财务报表。

38 表土处置与利用

标准分：10

评分说明：剥离表土以及煤层上覆岩石，用于土地复垦、生态修复得 10 分（无表土及上覆岩石的此项不评分，同时“37 工业固废处置与利用”赋值 35 分）

考核方法：查资料、查现场

依据或标准：矿产资源开发利用方案及其他证明材料

【解读】本条是对表土的处置和利用的要求。

开采前应当对拟损毁的耕地、林地、牧草地进行表土剥离堆存，剥离的表土用于被损毁土地的复垦。

表土剥离是指露天开采中，将覆盖在矿体上部及周围的表土和岩石剥离后，需运到一定的地点排弃。在绿色矿山建设过程中要求表土剥离后先保存，用于后期的土地复垦。

1. 表土堆存

（1）“分区、分片集中保存”，表土临时堆存应尽量占用场内空闲地，如场内无适合堆处则应另行征地，表土保存过程中应设有临时防护措施。表层营养丰富的腐殖质土挖除并集中堆放。

（2）表土堆放点应将原地面整平。表土回填及整地过程中地面与周边地形应相协调，应避免出现中间低四周高，以避免雨天造成洼地积水。

（3）堆放点应远离河道。如堆放在渣场，一般应集中堆放在渣场下游或者两侧地势平缓处，避开低洼及水流汇集处。

（4）对于表土堆土场，尽量避免高填，并进行分层填筑、分层压实。

（5）表土堆放量小，可用塑料彩条布或薄膜覆盖，四周用土袋压脚。

（6）表土如保存期较长，超过 1 个生长季，可撒播草籽临时绿化，草种应该选择有培肥地力的牧草（如豆科）。

（7）临时占地利用完毕后应先铲除地表泥结石层，然后回填表土进行全面整地，全面整地后地面高度应与周边相一致，以利于复绿、复耕（园）。

（8）当采用喷混植生或打土钉挂网喷草绿化时，不需覆土。

（9）应利用表土进行复垦复绿或资源化利用。

注：矿山削顶和表土剥离是有差别的，共同点是都针对露天矿开采。矿山削顶是针对比较大的露天矿在采用自上而下分台段开采时先期做出的工作平台，其削顶部分可能是表土也可能是矿石（如石灰石矿山）。表土剥离一般是指较小型的矿山为采出矿石而将无用的覆盖层剥离掉。凹陷露天矿开采一般都需要表土剥离。

2. 表土利用

剥离的表土用于复垦可有效保护地表熟土资源不流失，不浪费，减少复垦造地时外调土产生的额外资金投入。剥离的表土进行造地复垦，土壤肥力充足，作物产量高、减少造地外调土的熟化费用和时间，能有效地减少水土流失。

（1）表土的利用是露天矿开采的重要技术和手段之一。露天开采宜采用剥离-排土-造地-复垦的一体化技术，采用台阶式开采、表土独立存放的技术和手段，为后期生态系统恢复提供可行条件。有表土的露天开采最经济的做法是将揭露的废石和表土分类堆放，矿山开采结束后，对废石场和露天坑进行覆土，然后进行复绿和种植植被。

（2）按设计要求建设合适的表土堆存场地（废石场），表土堆放场应布置合理、堆存有序。

现场评价或支撑材料：

矿产资源开发利用方案中有关表土利用的方案，查看表土库的堆放情况。

39 回收提取有价元素/有用矿物

标准分：5

评分说明：实现从尾矿、煤矸石、废石等固体废弃物中提取有价元素或有用矿物的得 5 分。

考核方法：查资料、查现场

依据或标准：生产报表、销售报表、财务报表等

【解读】本条是对固废中提取有价元素的要求。

尾矿（煤矸石等）再选或有价元素的回收（含有益组分、有用矿物利用）是尾矿（煤矸石等）整体综合利用的主要措施之一，包括老尾矿再选利用、新产生尾矿的再选。尾矿再选既可减少尾矿坝建坝及维护费，节省破磨、开采、运输等费用，还可节省设备及新工艺研制的更大投资，因此越来越受到重视。

矿山尾矿具有二次资源与环境污染的双重特性。通过有价元素的回收，有益组分、有用矿物的利用，可以减少最终废弃物的排放，减少对环境的污染。

要想实现对有价元素的提取和回收，必须采用技术可行、经济合理的方案来

实现。下面这些有价元素回收技术较为成熟。

（1）从锡尾矿氯化挥发收尘溶液中提取各种有价元素（全萃取法）。

（2）从磷石膏中提取稀土。

（3）从钴土矿中提取有价金属。

（4）从炼镍废渣中综合回收有价金属。

（5）从煤矸石中提取富集稀土元素。

（6）从铜镍硫化矿尾矿中湿法提取有价金属。

（7）从锌硫分选尾矿中提取有价金属。

（8）从粉煤中提取多种元素。

（9）从铅锑冶炼水淬渣中综合回收有价金属。

（10）从赤泥中提取与综合利用有价金属。

（11）从钼尾矿中提取有价金属。

（12）从铅锌渣中回收有价元素。

有价元素的提取，关键在于选别技术的升级改造。

现场评价或支撑材料：

（1）固废综合利用设计方案。

（2）财务报表。

第三节　废水处置与综合利用

本节适用于非金属、化工、黄金、冶金、有色金属、石油、煤炭等行业。

40 开采废水的处置与综合利用

标准分：15

评分说明：①配备矿井水、疏干水、钻井废水、洗井废水等开采废水处理设施得 7 分；②采用洁净化、资源化技术，实现废水的有效处置得 8 分。

考核方法：查资料、查现场

依据或标准：生产报表（调度报表）或其他证明材料

【解读】本条是对开采废水的处置与综合利用的要求。

矿坑涌水、井下涌水、平硐涌水等矿井水收集、处理后，应用于井上、井下生产用水，工业场地、废石场及运输道路抑尘洒水，剩余不能利用的部分应达标外排。

开采废水的处置与综合利用坚持“监测—收集—回用—处理—外排”10 字方针次序，能极大减少处理和外排水量，使企业减少生产成本。

1. 采矿排水

1）采矿排水的种类

井下采矿时：崩落法为各巷道内岩溶排水；充填法为岩溶排水+充填尾砂含水。

露天采矿时：露天坑雨排水与少量岩溶水。

废石场：淋溶排水（主要为雨水）。

2）采矿排水的特点

（1）受气候影响较大，雨季排水量大，旱季排水量小。

井下排水量：相对稳定，雨季排水量略有增加；污染物浓度变化相对较小；但井下水仓容积有限。

露天坑排水量：不稳定，雨季排水量剧增，污染物浓度较低；旱季排水量少，污染物浓度高；但露天坑的储存容量可灵活增减。

废石场淋溶排水量：不稳定，雨季排水量剧增，污染物浓度较低；旱季排水量少，污染物浓度高；无储存容量。

（2）达不到地方政府或国家及行业的排放标准。如无组织或自然排放，污染环境，危害人类、动物类及生物类的生存。

2. 采矿排水处理

1）一般生产排水

一般生产排水，主要去除悬浮物。

工艺：调节池—沉淀池—排放或利用。

调节池：根据水量的大小确定调节容积，也可按照排水量确定调节容积。

沉淀池：常用的有平流式沉淀池、机械搅拌澄清池、立式沉淀器等。考核指标为悬浮物含量是否超标（一级标准为70mg/L，二级标准为300mg/L）。

排泥处置：调节池、沉淀池的排泥含水率高，通过浓缩机进一步浓缩后，浓缩机底流可压滤，压滤后得到的干渣在合适的地方堆存（无害渣）；或进入充填站砂仓与尾砂共同充填到井下，浓缩机上清液可直接排放。

2）超标重金属离子排水

超标重金属离子排水，主要去除重金属+悬浮物。

重金属污水是对环境污染最严重和对人类危害最大的工业污水。所谓重金属，一般是指密度比较大（密度≥5）的金属。具体是指元素周期表中原子序数在24以上的金属。

含有这些重金属的污水排放于环境，通过土壤、水、空气对人类产生影响。特别是某些重金属及其化合物能在鱼类及其他水生物体内及农作物组织内累积富集，通过饮水和食物链的作用，对人类产生更广泛和更严重的危害。由于重金属难以降解和破坏，因此人们对重金属污染源越来越重视，对废水治理和排放的标准日趋严格。迄今为止，无论国内还是国外，对重金属污水的治理仍不够完善和彻底，远未能杜绝重金属污水对环境的污染。我国一些水体的汞、砷、铅、氟污染和一些污水灌溉区的镉污染还相当严重。

重金属污水的主要来源为机械加工业、矿山开采业、钢铁及有色重金属的冶炼和部分化工业的生产。尤其是重有色金属（指密度大于4500kg/m^{3}的有色金属）矿山坑内排水、废石场淋浸水、选矿厂尾矿排水；重有色金属冶炼厂烟气除尘排水，湿法冶炼车间（浸出、净液、电解）的地面冲洗排水和厂区部分雨排水。这些排水中含有各种不同的重金属，它们的排水特点是：与生产工艺和产品的控制程度及管理者的水平有相当大的关系，其中生产工艺先进与否的影响尤为突出，其表现为排水量不稳定，重金属离子的排出量不稳定，给后者的污水处理、达标带来一定的困难。

这些不达标污水一旦排入水体，对人类的生存和可持续发展的影响将是不可低估的。20世纪50年代，震惊世界的日本水俣病和痛痛病就是分别由含汞污水和含镉污水污染环境造成的。我国在1973年制定了《污水综合排放标准》，对第一类、第二类污染物的最高允许排放浓度提出了限制。在1988年、1996年又进行了修订工作，不断提高第一类、第二类污染物排放指标的限制。

重金属污水处理可分为两大类：

第一类，使污水中呈溶解状态的重金属转变为不溶的重金属化合物，经沉淀和浮上法从污水中除去。具体方法有中和法、硫化法、氧化法还原、铁氧体法等。此类方法处理成本较低，药剂来源广，适应水量变化，操作管理比较简单，国内采用较为普遍。

第二类，将污水中的重金属在不改变其化学形态的条件下，进行浓缩和分离，具体方法有反渗透法、电渗析法、蒸发浓缩法、离子交换法等。此类方法处理成本高，难以适应水量变化，国内采用较少。

各种重金属处理技术方案的比较见表6.1。

表6.1　重金属处理技术方案的比较

序号	方案名称	方案原理性简述	主要优点	主要缺陷	投资情况	综合利用、节能及环保特点
1	硫化法	根据金属离子与硫离子的反应，生成难溶的金属硫化物沉淀，将金属离子分离出去	1. 易脱水 2. 可回收90%以上的重金属 3. 渣量少	1. 工艺流程长，处理成本高 2. 操作过程中，易造成二次污染 3. 排水中硫离子含量超标，需进一步用石灰法中和，但难以沉降 4.不能形成单一的处理体系	投资高	主要回收重金属

续表

序号	方案名称	方案原理性简述	主要优点	主要缺陷	投资情况	综合利用、节能及环保特点
2	石灰法或铁盐石灰法	根据各种重金属形成氢氧化物的最佳pH，向重金属污水投加碱性中和剂，使金属离子与羟基反应，生成难溶的金属氢氧化物沉淀，将金属离子从水中分离出去。添加铁盐主要是起重金属还原作用和凝聚作用	1. 流程简单，处理效果好 2. 操作管理便利 3. 处理成本低	1. 渣量大，含水率高 2. 渣中金属含量低，不宜回收 3. 渣堆存易造成二次污染 4. 石灰乳制备过程中，易造成二次污染 5. 处理后的水含钙镁离子高	投资低	渣中含重金属，保管不善，易造成二次污染
3	铁氧体法	在含重金属离子的污水中加入铁盐和碱混合，利用共沉淀法从污水中制取铁氧体粉末	1. 投资低 2. 适合各种重金属离子 3. 沉渣易于脱水，化学性质稳定	1. 处理成本太高 2. 较难控制 3. 国内实际使用少，缺少试验数据	投资低	渣没有二次污染
4	特种工业膜分离技术	只用于废水的回收利用	1. 在常温下进行 2. 无相态变化 3. 无化学变化 4. 选择性好 5. 适应性强	1. 能将产品浓缩成干物质 2. 同分异构体无法实现分离	投资低	能耗低
5	电絮凝污水处理技术	类似铁氧体法，通过电解铁板获得铁离子与重金属离子发生碰撞反应，形成固体颗粒，从水中沉淀出来	1. 自动化程度高，处理效果好 2. 操作管理便利 3. 不添加化学药剂 4. 处理成本较低	要求进水pH偏高，预处理费用高	投资高	可回收重金属 目前处于生产性实验和推广阶段

3. 采矿用水

采矿用水主要为矿井设备冷却水、湿式凿岩用水和降尘用水等，这些用水对水质要求不高，主要指标是悬浮物。为了充分利用水资源，减少新水用量，采用二次利用水系统，提高废水重复利用率。矿井涌水经收集系统中的水仓集中，沉淀池沉淀后，废水中悬浮物含量降到100mg/L，满足采矿工艺对用水指标要求，用于凿岩用水、喷水降尘等采矿工艺用水。

矿区厕所为旱厕所，粪便均清理用作肥料。矿部的生活污水主要为洗手等产生，收集沉降后可用于矿区绿化和地面洒水降尘，不会进入地表水体。

4. 矿井水处理方法与综合利用

矿床开采破坏了地下水的原始赋存状态并产生了裂隙，密切了大气降水、地表水、地下水和生活用水之间的水力联系，使各种水沿着原有的和新的裂隙渗入井下采掘空间形成矿井水。矿井水是矿井生产过程中排放量最多的废水。长期以来，由于技术所限和认识不足，矿井水被当作水害加以预防和治理，矿井水被白白排掉而未加以综合利用和保护。随着科学的发展和人们环境保护意识的提高，人们对矿井水也已有了新的认识，开始将矿井水作为一种水资源加以处理利用，即矿井水资源化。

1）矿井水利用的必要性

矿区采矿抽排大量的地下水，破坏、疏干矿区和周边地区地下水资源，使地下水水位下降，造成矿区水资源的枯竭，引起隐伏矿区的地面下降，诱发岩溶矿区岩溶地面塌陷。大量的矿井地下水若直接外排则会引起水质恶化，造成水环境污染。由于这些地下水初始流入井筒和巷道时比较清洁，如果将矿井地下水资源净化成饮用水，不仅可以满足生产和生活用水，还可以节省大量钻探深水源井的资金，创造较好的经济效益和环境效益。目前大部分煤矿缺水很严重，因此有必要对矿井水加以利用。

2）矿井水的处理技术

目前我国按照对环境的影响程度及作为生活饮用水水源的可行性，习惯上将矿井水按水质类型特征分为洁净矿井水、含悬浮物矿井水、高矿化度矿井水、酸性矿井水和含有毒有害元素或放射性元素矿井水五类。不同的矿井水采取不同的处理方法。

A. 洁净矿井水

洁净矿井水多指奥灰水、砂岩裂隙水、第四系冲积层水及老空积水。这种水质中性、低浊度、低矿化度、有毒有害元素含量很低，基本符合生活饮用水的标准，可设专用输水管道给予利用。作为生活饮用水时需进行消毒处理。

B. 含悬浮物矿井水

含悬浮物矿井水中含有较多煤粒、岩、粉等悬浮物，一般呈黑色，但其总硬度和矿化度并不高。悬浮物的主要特性是在动水中呈悬浮状态，但在静水中可以分离出来，轻的上浮，重的下沉。根据悬浮物的特性，对工业用水净化处理常用的主要方法有混凝、沉淀。混凝是水处理工艺中十分重要的环节。选用混凝剂的原则是产生大、重、强的矾花，净水效果好，对水质没有不良影响，价格便宜，货源充足。常用的混凝剂为铝盐和铁盐混凝剂。混合过程是让药剂迅速而均匀地分散到水中，应在尽量短的时间内与原水均匀混合，使水中的全部胶体杂质都能和药剂发生作用。原水加混凝剂后，经过混合作用，水中胶体杂质凝聚成较大的矾花颗粒，在沉淀池中去除。在经过快滤和消毒处理后也可达到饮用水标准。

C. 高矿化度矿井水

高矿化度矿井水是指矿化度无机盐总含量大于1000mg／L的矿井水。主要含有SO_i^{2-}、Cl^-、Ca^{2+}、K^+、Na^+等离子。硬度相应较高，水质多数呈中性或偏碱性，带苦涩味，少数有酸性。高矿化度矿井水不利于作物生长，会使土壤盐渍化。用作锅炉用水，容易结垢。用作建筑用水，会影响混凝土质量。人们长期饮用，将引起腹泻和消化不良，对心脏和肾脏病患者影响更严重。我国北方缺水矿区的矿井水往往属于高矿化度矿井水，有必要通过净化和淡化工艺处理成饮用水和生产用水。

D. 酸性矿井水

酸性矿井水是指pH小于5.5的矿井水，一般为3～3.5，个别小于3，总酸度高。当开采含硫煤层时，硫受到氧化与生化作用产生硫酸，酸性水易溶解煤及其围岩中的金属元素，故铁、锰重金属及无机盐类增加，使矿化度、硬度升高。酸性水在我国南方高硫矿区比较常见。酸性水容易腐蚀矿井设备与排水管路，并且危害工人健康。如果抽排至地面，会影响土壤酸碱度，导致土壤板结和作物枯萎，而且使地表水酸度上升，间接地影响了水生生物的生存。对环境与生态会造成重大的损害，因此必须经治理达标后外排。

E. 含有毒有害元素或放射性元素矿井水

含有毒有害元素或放射性元素矿井水主要指含有氟、铁、锰、铜、锌、铅及铀、镭等元素的水。含氟矿井水主要来源于含氟较高的地下水区域或煤与围岩中含有氟矿物萤石（CaF_2）或氟磷灰石的地区。饮用高氟水，容易产生骨质疏松，氟斑牙等病症。我国北方一些煤矿矿井水含氟超过1mg/L。含铁、锰矿井水一般是在地下水还原条件下形成的，大多呈现二价铁和二价锰的低价状态，有铁腥味，容易变混浊，可使地表水的溶解氧降低，这类水需要经过处理才能使用或外排。含重金属矿井水主要指含有铜、锌、铅等元素的矿井水，这些元素浓度符合排放标准，但超过生活饮用水标准，所以不宜直接饮用。放射性元素水主要指含有超过生活饮用水标准的铀、镭等天然放射性核素及其衰变产物氡的矿井水。对于这类矿井水，首先应去除悬浮物，然后对其中不符合目标水质的污染物进行处理。

5. 矿井水处置率计算

处置率=处理并达标的矿井水（疏干水）量/矿井水（疏干水）总量×100%。

无论重复利用还是外排，都要按照相应的标准处理，处置率达到100%。矿井水、疏干水处理后可作为选矿用水循环利用水、除尘用水、绿化养护灌溉用水等。

6.矿井水处置率要求

（1）煤炭行业要求矿井水、疏干水处置率达到100%。

（2）黄金行业要求矿井水处置率达到100%。

（3）化工行业要求西北缺水地区尾矿水、老卤利用（或处置）率不低于95%。

现场评价或支撑材料：

开采废水处理设计方案或者生产报表中矿井水处理量。

41 生产废水的处置与综合利用

标准分：15

评分说明：①建立选矿废水等生产废水的循环处理系统得7分；②生产废水实现循环利用8分。

考核方法：查资料、查现场

依据或标准：生产报表（调度报表）或其他证明材料

【解读】本条是对生产废水的处置与综合利用的要求。

1. 生产废水的来源

1）碎矿收尘排水和地面冲洗排水

这部分排水水量不大，但收集面广、点多。主要成分是悬浮物，其含量高，易造成管道堵塞，设计中一般采用水泵加压输送。

其处理方法如下：

（1）就地设置沉淀池。沉淀后的清水就地回用或集中送到回水泵站，沉泥人工清理由泵送到球磨机磨矿口。其优点是管道行程短，不易堵塞，但增加车间人工管理成本。

（2）设置浓密机。将各处排水集中排入浓密机处理。浓密机上清液送到回水泵站集中回用，沉泥由泵抽送到球磨机磨矿口。其优点是便于水的集中管理，但需增加管道和设备投资，因各点排水需用泵送到浓密机，不宜采用重力流。

以上方法因地制宜地采用，都能取得好的效果。

2）精矿浓密机排水

在有色选矿、黑色选矿中，精矿浓密机排水绝大部分是可以直接回用的，不需处理。但有色选矿中，为提高少数金属回收率，添加各种选矿药剂，有些药剂在达到一定浓度后，影响选矿指标，多余水就排出选矿流程，由生产新水补充，排出的污水需进行处理达标后排放。

3）尾矿浓密机排水

尾矿浓密机排水（又称厂前回水）水量大，一般都能直接回用，只是在选金矿采用氰化法时，需将尾矿浆+水一起处理后，达到氰化物排放标准才能排放。采用碱性氯化法处理比较经济。

4）尾矿库排水

在矿山工程中，尾矿库是整个工程的最后排出口，它的排水水质好坏，将直接影响当地的江、河、湖泊的水质，与当地生态系统密切相关。

在早期的选矿生产中，尾矿库是最大的回用水储水池，将尾矿浆运送到尾矿库自然澄清后，大量水回用；在近些年绝大部分尾矿回水改为厂前浓缩机回水，极大减小尾矿库的库容，尾矿库不具备储存回用水的能力。库内污染物的溶解达不到排放标准，需要处理达标后排放。

（1）尾矿库排水口的污染物与选矿所选矿物质有关：其主要表现有pH、重金属、氟化物、氰化物等超标，有时达不到地方或国家及行业的排放标准。

（2）该部分废水处理工艺与前面介绍处理工艺一样，只是处理水量大小的问题。

（3）尾矿库澄清水及尾矿坝渗水经回水池收集后应全部回用于选厂，坝下应设事故水收集池、物资储备库，配备备用电源、回水设施等，确保事故时尾矿水不外排。

2. 选矿废水处理及综合利用

选矿废水包括选矿工艺排水、尾矿池溢流水和矿场排水。选矿工艺排水一般是与尾矿浆一起输送到尾矿池，统称为尾矿水；因此选矿废水处理也称为尾矿水处理。

我国选矿厂废水的特点之一是废水排放量大。选矿废水具有水量大、悬浮物含量高、含有害物质种类较多而浓度较低等特点。每吨矿石的选矿用水量为5～10t。1973年中国选矿废水排放量达10亿m^3。我国选矿厂废水的特点之二是废水成分较复杂，有毒有害成分较多，但浓度较低。

1）选矿废水的危害

选矿废水中的污染物主要有悬浮物、黄药、黑药、松油醇、氰化物、硫化物、化学耗氧物及其他污染物，如油类、酚、铵、膦等。重金属如铜、铅、锌、铬、汞及砷等离子及其化合物的危害，已是众所周知，此处不再赘述。

其他污染物的主要危害如下：

（1）悬浮物：水中的悬浮物可以阻塞鱼鳃、影响藻类的光合作用等，从而干扰水生物生活条件，如果悬浮物浓度过高，还可能使河道淤积，用其灌溉又会使土壤板结。如果作为生活用水，悬浮物是感观上使人不舒服的一种物质，又是细菌、病毒的载体，对人体存在潜在的危害。更严重的是，当悬浮物中存在重金属化合物时，在一定条件下（水体的pH下降、离子强度、有机螯合剂浓度变化等），会将其释放到水中。

（2）黄药：即黄原酸盐，为淡黄色粉状物，有刺激性臭味，易分解，嗅味阈为0.005mg/L。被黄药污染的水体中的鱼虾等有难闻的黄药味。黄药易溶于水，在水中不稳定，尤其是在酸性条件下易分解，其分解物一硫化碳（CS）可以是硫污染物。因此，我国地面水中丁基黄原酸盐的最高容许浓度为0.005mg/L。

（3）黑药：以二羟基二硫化磷酸盐为主要成分，所含杂质包括甲酸、磷酸、硫甲酚和硫化氢等。呈现黑褐色油状液体，微溶于水，有硫化氢臭味。它也是选矿废水中酚、磷等污染的来源。

（4）松醇油：即2#浮选油，主要成分为萜烯醇。黄棕色油状透明液体，不溶于水，属无毒选矿药剂，但具有松香味，因此能引起水体感观性能的变化。松醇油是一种起泡剂，易使水面产生令人不快的泡沫。

（5）氰化物：剧毒物质，其进入人体后，在胃酸的作用下被水解成氢氰酸而被肠胃吸收，然后进入血液。血液中的氢氰酸能与细胞色素氧化酶中的铁离子结合，生成氧化高铁细胞色素酸化酶，从而血液失去传递氧的能力，使组织缺氧导致中毒。但氰化物可以通过水体的自净作用而去除，因此，如果利用这一特性延长选矿废水在尾矿库中的停留时间，可以使之达到排放标准。

（6）硫化物：一般情况下，S、HS^-在水中会影响水体的卫生状况，在酸性条件下生成硫化氢。当水中硫化氢含量超过0.5mg/L时，对鱼类有毒害作用，并可觉察其散发出的臭气；大气中硫化氢嗅觉阈为10mg/m^3。此外，低浓度CS，在水中易挥发，通过呼吸和皮肤进入人体，长期接触会引起中毒，导致神经性疾病夏科氏（Charcote）二硫化碳瘾症。

（7）化学耗氧物：化学需氧量是水中的耗氧有机物的量化替代性指标，在选矿废水中的耗氧物，主要是残存于水中的选矿药

2）污染处理方法

针对上述废水中的污染，可以采用的处理单元如下。

悬浮物：主要采用预沉淀、混凝/沉淀法。

酸碱性废水：废水相互中和法、尾矿碱度中和酸性。

重金属离子：调节原水pH共沉淀或浮选技术、硫化物沉淀、石灰-絮凝沉淀、吸附技术（包括生物吸附）、螯合树脂法、离子交换法、人工湿地技术。

黄药、黑药：铁盐混凝/沉淀法、漂白粉氧化、Fenton氧化降解法、人工湿地技术。

氰化物：自然净化法、次氯酸盐/液氯氧化、过氧化氢氧化法、铁络合物结合法、难溶盐沉淀法、酸化-挥发再中和法、硫酸锌-硫酸法、二氧化硫空气氧化法、电解氧化法、臭氧氧化法、离子交换法、生物降解法、人工湿地。

硫化物：与含重金属废水互相沉淀、吹脱法、空气氧化法、化学沉淀法、化学氧化法、生化氧化法。

化学耗氧物：混凝/沉淀、生物降解、高级氧化、吸附法。

3）综合利用

A. 混凝斜管沉淀法处理选矿废水

来自车间的废水，首先通过沉砂池进行固液分离，沉砂池沉砂通过卸砂门排入尾矿砂场。沉砂池溢流出的上清液，通过投药混合后进入反应器充分混凝反应，然后流入斜管沉淀器，使细粒悬浮物、有害物进一步去除，斜管沉淀器的沉泥，通过阀门排至尾矿砂场。通过此工艺后，废水即达国家允许排放标准。根据环保

的要求，斜管沉淀器出水进入清水池，用清水泵打回车间回用，节约用水，并使废水闭路循环，实现零排放。

B. 混凝沉淀-活性炭吸附-回用工艺

此法是国内选厂采用较多的选矿废水回用方法，对不同矿山的选矿废水试验研究发现，对同一选矿废水投入不同药剂或同一药剂投入不同的量，其结果也不一样。但其共同点如下。

（1）凝剂效果比较试验：分别采用聚合硫酸铁（PFS）、混合氯化铝（PAC）、明矾作混凝沉淀剂，结果表明，采用明矾作为混凝剂较为经济合理，其最佳用量一般可控制在 30mg/L 左右。

（2）聚丙烯酰胺（PAM）对混凝效果的影响：PAM 的加入，进一步提高了废水的混凝处理效果，但其是有机高分子，会造成水中 COD 值上升。在实践中，将混凝处理效果的变化和 COD 值的增加结合考虑，一般 PAM 的投入量设为 0.2mg/L 即可。

（3）沉降时间对废水的影响：确立混凝后的静置时间为 30min。

（4）吸附试验：粉末活性炭的用量比颗粒活性炭的用量少，基本在其一半的情况下，即可达到相同的效果。同时，由于粉末活性炭易进入精矿，不会在水循环中积累，故选用其作为吸附剂。其最佳用量一般为 50～100mg/L。

（5）浮选试验：废水经混凝沉淀、活性炭吸附后，可全部回用，且对选矿指标无任何影响。经过明矾（30mg/L）、PAM（0.2mg/L）混凝沉淀，然后用粉末活性炭（50～100rag/L）工艺净化后，出水水质不但达到国家矿山废水排放标准，而且回用结果表明，经该工艺处理后的废水，不仅可以全部回用，不影响选矿指标，在选矿过程中还减少了浮选药剂用量，给企业带来了相当的经济效益。同时，由于废水的回用，每天的新鲜水用量减少，这对于水资源短缺的我国来说，更具有减少污染、净化环境的社会意义。该法流程简单，效果好，具有广泛的工业应用前景。

C. 选矿废水资源化利用综合方法

专业人士经过大量的水处理试验和选矿对比试验综合研究，总结出一条解决矿山选矿废水的较好方案。

由于各种废水水质不同，在回用处理过程中，调节池起着调节水质、水量的作用。混凝沉淀池可加强混凝剂与废水的混合，使微细粒子成长，使之变成可通过沉淀除去的悬浮物。反应池用于废水进一步深化处理，利用消泡剂把废水中多余的起泡剂反应掉，削弱对浮选指标的影响。

现场评价或支撑材料：

开采废水处理设计方案或者生产报表中的选矿废水处理量。

42 生活污水处置

标准分：10

评分说明：①配备生活污水处理系统得 4 分；②生活污水得到有效处置得 6 分。

考核方法：查资料、查现场

依据或标准：生产报表（调度报表）或其他证明材料

【解读】本条是对生产废水的处置与综合利用的要求。

矿山工程中生活污水主要来自食堂、浴室、办公楼。由于排水点分散，生活污水处理能集中就集中处理，不宜集中时，就分散建设生活污水处理设施。其主要去除污染物为生化需氧量（BOD_5）、化学需氧量（COD）、悬浮物、氨氮等指标。处理后水质达到地方排放标准，或国家排放标准《污水综合排放标准》（GB 8978—1996）中的一级标准。

1. 处理的途径

（1）生活区、职工餐饮污水经隔油池处理后和洗漱废水一起进入收集池，最后用于工业场地、道路抑尘洒水。

（2）设有旱厕的，应定期清理、收集粪便水用于周边农田施肥。办公、生活区设有水冲厕所的，生活污水应经化粪池处理，并定期清理、收集后用于周边农田施肥；或经一体化生活污水处理设施处理后，用于工业场地、道路抑尘洒水或达标外排。

2. 处理方法

生活污水处理方法：目前国内对于生活污水处理都有较成熟的方法，并都有国家标准图集，污水处理设备都有较成熟的生产厂家。生活污水处理方法主要有如下几种：

1）物理处理法

物理处理法是指通过物理作用分离、回收废水中不溶解的呈悬浮状态的污染物（包括油膜和油珠）的废水处理法，可分为重力分离法、离心分离法和筛滤截留法等。以热交换原理为基础的处理法也属于物理处理法。

2）化学处理法

化学处理法是指通过化学反应和传质作用来分离、去除废水中呈溶解、胶体状态的污染物或将其转化为无害物质的废水处理法。在化学处理法中，以投加药剂产生化学反应为基础的处理单元是混凝、中和、氧化还原等；而以传质作用为基础的处理单元则有萃取、汽提、吹脱、吸附、离子交换及电渗析和反渗透等。后两种处理单元又合称为膜分离技术。其中运用传质作用的处理单元既具有化学作用，又具有与之相关的物理作用，所以也可从化学处理法中分出来，成为另一类处理方法，称为物理化学处理法。

3）生物处理法

生物处理法是指微生物的代谢作用使废水中呈溶液、胶体及微细悬浮状态的有机污染物，转化为稳定、无害的物质的废水处理法。根据作用微生物的不同，生物处理法又可分为需氧生物处理和厌氧生物处理两种类型。废水生物处理广泛使用的是需氧生物处理法。需氧生物处理法又分为活性污泥法和生物膜法两类。活性污泥法本身就是一种处理单元，它有多种运行方式。属于生物膜法的处理设备有生物滤池、生物转盘、生物接触氧化池及生物流化床等。生物氧化塘法又称为自然生物处理法。厌氧生物处理法，又称为生物还原处理法，主要用于处理高浓度有机废水和污泥。使用的处理设备主要为消化池。

4）生物接触氧化法

生物接触氧化法是指用生物接触氧化法处理废水，即用生物接触氧化工艺在生物反应池内充填填料，已经充氧的污水浸没全部填料，并以一定的流速流经填料。在填料上布满生物膜，污水与生物膜广泛接触，在生物膜上微生物的新陈代谢的作用下，污水中的有机污染物得到去除，污水得到净化。最后，处理过的废水排入生物接触氧化处理系统与生活污水混合后进行处理，氯消毒后达标排放。生物接触氧化法是一种介于活性污泥法与生物滤池之间的生物膜法工艺，其特点是在池内设置填料，池底曝气对污水进行充氧，并使池体内的污水处于流动状态，以保证污水同浸没在污水中的填料充分接触，避免生物接触氧化池中存在污水与填料接触不均的缺陷，这种曝气装置称为鼓风曝气。

3. 生活污水处理工艺

矿区生活污水经排水管网进入生活污水处理站，先经粗格栅去除大块的杂物，然后进入调节池内进行水质和水量调节。调节池内配置提升泵，将污水提升经细格栅（去除细小悬浮物、漂浮物）至旋流沉砂池，干砂收集外用，出水进入厌氧池。

在厌氧池里，在聚磷菌的作用下，较好的进行磷的释放，同时转化易降解有机物，部分含氮有机物进行氨化，出水自流进入缺氧池。在缺氧池里，有机物继续进行水解、酸化，将部分的大分子有机污染物降解为小分子物质，同时微生物进行脱氮，出水自流进入好氧池。在好氧池里，进一步对有机物进行降解，大量的磷被吸收，部分混合液回流至缺氧池，出水自流进入辐流式沉淀池。

在辐流式沉淀池，沉淀后的污泥部分回流至厌氧池，剩余污泥排入污泥池（压滤脱水后外运至铝镁合金配套电厂焚烧），上清液进入中间清水池。清水池的出水经泵提升后进入多滤层过滤器过滤，过滤器使污水得到高度净化，出水利用余压进入消毒池，在消毒池进行消毒后溢流至清水池进行复用。

生活污水处理工艺如图 6.1 所示。

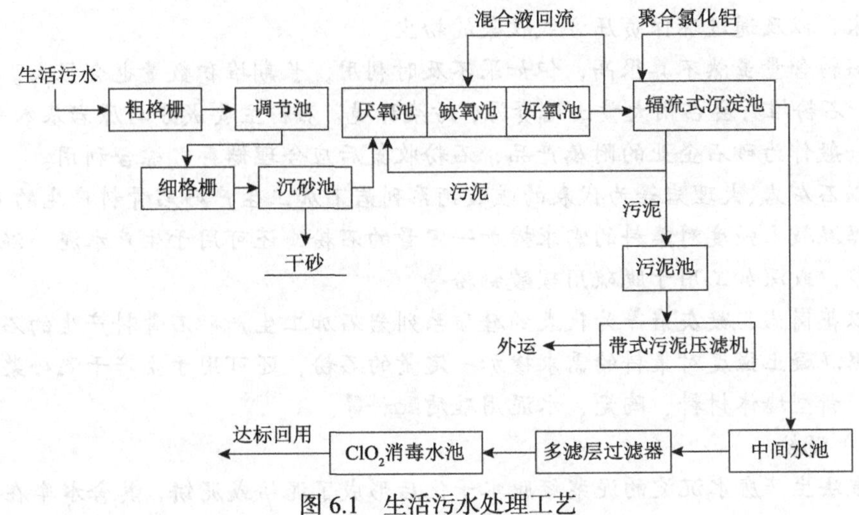

图 6.1　生活污水处理工艺

现场评价或支撑材料：

开采废水处理设计方案或者生产报表生活污水处理量。

第四节　矿石资源综合利用

本节适用于砂石和水泥灰岩等行业。

43 矿石的综合利用

标准分：40

评分说明：★适用于砂石、建筑石材行业：充分利用石粉、泥粉等矿石资源加工副产品，用于新型建筑材料、土地复垦和土壤改良等，得 40 分。

★适用于水泥灰岩行业：结合水泥生产线多种原料配料的特点，实现资源分级利用、优质优用，实现高品位矿石与低品位矿石、夹层、顶底板围岩等综合利用得 40 分。

考核方法：查资料、查现场

依据或标准：生产报表（调度报表）或其他证明材料

【解读】本条是对水泥、砂石行业废弃物综合利用的要求。

1. 砂石、建筑石材行业

1）石粉

石粉是在原矿加工成机制砂石骨料生产过程中产生的粒径小于 0.75mm 的颗

粒粉末，以及通过环保负压方式收集的粉尘。

石粉含量虽然不算很高，但如果不及时利用，长期堆积数量也会很大。含泥石屑、石粉堆存会占用大量土地资源，污染环境。石粉主要成分与原岩基本一致。石粉一般作为砂石企业的附属产品，石粉收集后应合理储存、综合利用。

以石灰岩、大理岩等为代表的碳酸钙系列岩石加工生产砂石骨料产生的石粉，可根据混凝土强度对集料的需求掺加一定量的石粉，还可用于生产水泥、混凝土和砂浆，或深加工用于脱硫用碳酸钙粉等。

以花岗岩、凝灰岩等为代表的硅质系列岩石加工生产砂石骨料产生的石粉，可根据混凝土强度对集料的需求掺加一定量的石粉，还可用于生产干混砂浆、环保砖、新型墙体材料、陶瓷、水泥用硅质配料等。

2）泥粉

湿法生产废水沉淀的泥浆经脱水干化后形成了泥粉或泥饼，其含水率在30%以下，颗粒细密均匀，可用于生产新型墙体材料、土地复垦和土壤改良等；还可根据泥粉或泥饼的化学成分特性用作水泥配料。

2. 水泥灰岩

1）资源分级利用、优质优用、综合利用

资源分级利用、优质优用、综合利用是指根据水泥灰岩的属性和特性不同，参考市场需求，通过对不同原料的分级，采用不同的利用方式，将优质原料加工为品质更高的产品，提升产品附加值，实现优质优用，充分利用矿产资源。

矿山应合理确定采矿范围，处理好近期生产与远期生产，高品位矿石与低品位矿石、优质原料与劣质原料之间的关系，做到统一规划、合理开采、综合利用。

矿山宜利用计算机相关软件系统对多品级矿山建立矿床模型，确定最优的搭配开采方案，提高矿产资源利用率。

矿山应研究废石的开采条件及化学成分、研判其是否能与矿石搭配利用，或能够作为硅铝质原料利用，制定废石综合利用方案。

矿山应研究废石的赋存状态、数量，研判是否能够单独剔除，或与矿石混采，或单独剥离后先堆存后利用等。

2）资源搭配综合利用

低品位石灰石（夹层岩石）可以与高品位石灰石合理搭配，混合后出矿，最终符合水泥原料要求，实现矿产资源的综合利用。

土质剥离物用作硅铝质原料或用于复垦；其他剥离物可用作水泥配料、砂石骨料或其他工程用料，最大限度地综合利用资源，减少固废的排放。

现场评价或支撑材料：

资源开发利用方案或资源利用图片。

第五节　固废处置与综合利用

本节适用于砂石和水泥灰岩等行业。

44 土质剥离物的综合利用

标准分：40

评分说明：★适用于砂石、建筑石材行业：排土场堆放的剥离表土或筛分后的碴土、废石等，用于生产新型建筑材料、环境治理、土地复垦、生态修复等资源化利用方式得 40 分。

★适用于水泥灰岩行业：将符合要求的土质剥离物用作硅铝质原料或用于复垦得 20 分，其他剥离物用作水泥配料、砂石骨料或其他工程用料得 20 分。

考核方法：查资料、查现场

依据或标准：生产报表（调度报表）或其他证明材料

【解读】本条是对水泥、砂石行业废弃物综合利用的要求。

1. 砂石行业

表土是泥土的最高层，一般将覆盖于基岩之上的第四系冲积层和岩石风化带统称为表土层。由于表土层土质松软、稳定性差、变化大，含水量一般比较丰富，通常在顶部 20～30cm。表土中含有丰富的有机质和微生物。

表土剥离是指露天开采中将覆盖在矿体上部及周围的表土剥离的过程。

碴土是覆盖在岩石上的泥土和石碴碎块混合组成的松散覆盖层。

1）总体要求

如果剥离土含碎石较多，可通过筛分，充分利用资源；不需进行筛分的则送到专用的排土场集中堆存。表土剥离后先保存，用于后期的土地复垦。剥离后的表土可以用于土壤改良，提升覆土区土壤质量。

2）合理规划

按照“谁开发、谁保护；谁破坏、谁治理”的原则，应合理规划并设置排土场，用于堆存生产过程中的剥离表土和筛分后的碴土。在开采前，应根据矿区土地利用状况与质量、矿山开采对水土损害影响程度等合理预计各损毁类型土地的范围、数量、程度，制定《矿山生态环境保护与土地复垦方案》，明确矿山剥离表土及筛分后的碴土的估算量、去向及用途。

3）综合利用

充分利用堆存的剥离表土和筛分后的碴土进行环境治理和修复。剥离的表土用于复垦可有效保护地表熟土资源不流失、不浪费，减少复垦造地时外调土产生的额外资金投入。利用剥离的表土进行造地复垦，土壤肥力充足，作物产量高，减少造地外调土的熟化费用和时间，能有效地减少水土流失。

2. 水泥灰岩

应将符合要求的土质剥离物用作硅铝质原料或用于复垦；其他剥离物可用作水泥配料、砂石骨料或其他工程用料，最大限度地综合利用资源，减少固废的排放。

水泥生产需使用石灰质原料、硅铝质原料、铁质原料等多种原料配料，可在生产过程中搭配利用高低品位矿石和各种剥离物，最大限度地节省矿产资源，提高资源综合利用率。

1）土质剥离物

土质剥离物指矿山采剥出来的表层土状物料，一般包括第四系和岩石强风化层。其利用方向有：

（1）符合要求的土质剥离物，如黏土，也是水泥生产的一种原料，矿山生产时的土质剥离物可作水泥原料搭配使用。

（2）相对集中的覆盖土可排弃至废石场或表土堆放场所，后期矿山复垦时使用。

2）其他剥离物（岩石）

其他剥离物（岩石）可根据其化学成分选择资源化利用途径，如用作水泥配料、砂石骨料或其他工程用料。

各种剥离物的综合利用，既减少了固废的排放，从而减少占用土地空间，又最大限度地综合利用资源，实现了物尽其用。

现场评价或支撑材料：

资源开发利用方案或资源利用图片。

第六节　废水处置与综合利用

本节适用于砂石和水泥灰岩等行业。

45 生产废水处置与利用

标准分：30

评分说明：①配备完善的生产废水处理系统得 10 分；②废水经固液分离处理，清水得到有效循环利用得 20 分。

考核方法：查资料、查现场

依据或标准：生产报表（调度报表）或其他证明材料

【解读】本条是对废水处置与综合利用的要求。

固液分离：从废水中除去固体一般采用过滤或沉淀方法。

水循环利用率是指对水重复利用量占总用水量的百分比。

1. 砂石

1）砂石生产废水来源

砂石生产过程中产生的废水主要来自生产喷淋除尘、水雾抑尘，其次来自对原料和成品的清洗除泥。砂石加工厂采用干法工艺，采用高效袋式除尘，基本无废水产生，但若对砂石骨料产品要求进行筛洗的话，冲洗过程中会产生废水。若采用湿法生产工艺，在主要工艺流程中均会产生废水。废水中的悬浮物主要为石粉、泥渣。

2）废水处理系统

（1）生产废水处理系统应设置固液分离装置，将废水中的颗粒物通过多级物理、化学方法进行有效分离。

（2）对废水进行多级沉淀，细砂回收利用，提高资源利用率；然后进一步对废水加药沉淀，降低废水浊度，溢流的清水可以循环利用。

（3）沉淀的污泥通过机械脱水干化，固液分离，清水循环利用，实现清水100%利用、废水零排放。

2. 水泥厂

水泥厂除了耗能高外，耗水量也是巨大的。水泥厂生产用水往往是冷却降温使用，所以生产用水对水质的要求并不高，这些处理后的中水往往回用到循环水池，用于工业生产。

1）生产废水来源

水泥厂工业生产用水主要用于以下几个方面：

（1）机械设备冷却用水。水泥厂需要循环冷却水的机械设备一般有回转窑拖轮、篦冷机油站、润滑油站、减速机稀油站等，用水量较大，对水质要求较小，只要满足水温低于32℃即可，一般处理后的中水可以满足。

（2）电气设备冷却用水。电气设备所需循环冷却水水量较少，随着科技的进步，大部分的电气仪表已采用油冷或者风冷的形式，只有窑头的看火电视和少量的气体分析仪仍需要循环冷却水，水量不超过 $1m^3/h$，对水质要求不高，水温要求在32℃以下，一般处理后的中水可以满足。

（3）石灰石，石膏等破碎卸车坑除尘喷淋用水。石灰石和石膏破碎等车间的卸车坑除尘喷淋用水主要是利用水的喷淋降低卸车时粉尘的污染，对水质基本无要求，只要水中无泥沙等颗粒物堵塞喷头即可。

（4）实验室、化验室试验用水。实验室和化验室试验用水要求较高，一般中水以至于工业用水难以满足实验用水的要求，在水泥厂中，实验化验楼用水通常为生活水池供水，水体满足饮用水标准，在这无需考虑中水对其的影响。

2）生产废水处理

（1）循环水池排污水。由于循环冷却水在冷却过程中不断地蒸发，水中含盐浓度不断增高，易结水垢。为确保冷却水质合格，延缓凝汽器铜管结水垢的时间，提高真空度，需不断向水池内补充新鲜水，长时间循环使用必然会产生一部分外排废水。

（2）水处理排污水、锅炉连续排污水和化验室废水。这部分废水量比较少，酸碱中和处理合格（pH 控制在 6.8～8.2）后，直接用作生料立磨磨内喷水、增湿塔喷水或石灰石破碎机卸料坑降尘喷水，不再循环使用。

现场评价或支撑材料：

生产废水处理方案。

46 生活污水处置

标准分：10

评分说明：①配备生活污水处理系统得 4 分；②生活污水得到有效处置得 6 分。

考核方法：查资料、查现场

依据或标准：生产报表（调度报表）或其他证明材料

【解读】本条是对废水处置与综合利用的要求。

矿山须建立污水处理站，集中处理生活污水，污水处理站具有完备的污水处理功能。详见第 42 项。

现场评价或支撑材料：

生活污水处理方案。

第七章 节能减排

节能减排是指节约物质资源和能量资源，减少三废、粉尘、噪声的排放。减排重在加强节能技术的应用，避免因片面追求减排结果而造成的能耗激增，实现经济效益、社会效益和环境效益的均衡。

节能的评估重点体现能源管理水平和装备的先进程度。减排的评估重点体现对污染物的控制能力。

第一节 节能降耗

47 全过程能耗核算体系
标准分：5
评分说明：建立全过程能耗管理体系得 5 分。
考核方法：查资料
依据或标准：全过程能耗核算体系文件或台账

【解读】本条是对矿山企业建立全过程能耗管理体系的要求。

全过程能耗核算体系指由器械装备、定期监测、管理制度、责任落实、计算和考核办法等组成的生产全过程能耗控制系统。综合能耗是指原矿石从露天或地下开采开始，到出场的整个生产过程所消耗的电力、汽柴油等各种能源折算的标准煤量。

1. 全过程能耗体系的要求

（1）矿山企业要建立一个完整有效的、形成文件的能源管理体系，对生产全过程进行能耗核算，并在实施中持续改进，达到预期的能源消耗或使用目标。贯彻落实建设工程和生产运营中节电、节气、节水、节材和保护环境的技术经济政策，建设资源节约型、环境友好型社会，通过采用先进的技术措施和管理，最大程度地节约资源，提高能源利用率。

（2）全过程能耗核算体系的建立应符合《综合能耗计算通则》（GB/T 2589—2008）的相关规定。

（3）全过程能耗核算体系将节能减排年度任务目标进行分解，层层落实，并配套各项响应机制，监督各项工作认真实施。矿产资源开采能耗及产品综合能耗相关指标要符合矿山设计或清洁生产报告，当地产业政策及行业准入条件等规定。

（4）单位产品能耗是指单位产品产量或单位产品产值所消耗的某种能源量。通过单位产品能耗比较，可以找出能源管理的差距，查明原因，分析潜力，明确方向，提出对策。

（5）节能降耗、节能减排工作符合节能评估报告的要求。

（6）能源管理办法。对于没有建立能源管理体系企业，需建设能源管理办法，能源管理办法一般包含能源管理、能源统计、能源计量等方面的内容。

2. 节能设计原则

节能要从设计开始，从设计上要考虑以下几点。

（1）选用高效率、低能耗的工艺技术和装备，多用大型化、自动化电液驱动设备和散装物料连续运输设备。

（2）优化开采、运输、加工、堆存等工艺流程和设备配置，简化工艺线路，缩短工艺链长度。

（3）优化开采、运输、加工、堆存等工艺布置，充分利用布置空间及其天然优势，缩短石料运输距离，避免倒运。

（4）充分回收利用矿山开采和矿物加工过程中产生的废水、废渣、粉尘，提高资源综合利用率，尽量做到“吃干榨尽”。

（5）针对不同的用电设备负荷及其重要程度，选用合适的供电方案和供电设备，降低供电过程的电耗，功率因数应在0.9以上。

建立全过程能耗核算体系，确定节能目标和考核体系，实施全过程能耗核算。

现场评价或支撑材料：

全过程能耗核算体系文件

48 能源管理计划

标准分：10

评分说明：①有年度能源管理计划得5分；②节能指标分解到下属单位、部门或车间得5分。

考核方法：查资料

依据或标准：能源分析报表

【解读】本条要求矿山企业编制能源管理计划。

1. 能源管理计划

能源管理计划是结合矿山自身工作的需要，本着节能减排和降本增效管理要求而制定的，主要包含工作目标、指导思想、总体思路、主要节能措施及要求等方面的内容。

2. 节能管理的主要措施

一是强化目标责任。综合考虑矿属各单位生产职能，差别化地将节能减排目标分解落实到各污染源单位，定期进行检查，根据考核结果进行通报。

二是优化产业结构。根据各单位能耗情况，淘汰了一批污染严重、耗能大的亏损二级单位。

三是推广节能减排设备。更新和采购焊烟、VOCs 收集等设备。

四是推动重点领域节能减排。

五是高瓦斯煤矿坚持瓦斯治理先抽后采的方针，加强瓦斯综合利用，先后建成瓦斯抽放泵站和瓦斯发电厂，减少温室气体排放，提高企业效益。

六是编写能源统计分析报告。能源统计分析报告是能源统计分析结果用文字报告表述出来的一种重要表达方式。其结构一般可分为基本情况、成绩和经验、问题及原因、变化和规律、发展和展望、建议和措施等部分。

现场评价或支撑材料：

能源统计分析报告。

49 矿山单位产品能耗

标准分：15

评分说明：单位产品能耗、物耗、水耗指标未达到规定要求的，每项扣 5 分。

煤矿、铁矿、金矿、有色金属矿有国家标准的，执行国家标准。其他矿种暂无国家标准、行业标准的，以企业近 3 年能耗等指标均值为依据进行考核，要体现节能降耗进步要求。

考核方法：查资料

依据或标准：能耗台账、各行业单位产品能源消耗限额

【解读】本条要求矿山单位产品能耗达到相关要求。

单位产品能耗统计指标是反映平均完成单位产品（工作量）所消耗的能源量，简单地说，就是能源消耗量与产品产量（工作量）的比值，或者说是产品（工作量）与能源消耗的一种数量关系，根据这种数量关系，可以了解各种产品的能耗水平，也可以估算某种产品数量需要多少能源。

1. 煤炭

1）现有煤炭开采单位产品能耗限额

（1）现有煤炭井工开采单位产品能耗限额应符合《煤炭井工开采单位产品能源消耗限额》（GB 29444—2012）中 4.1 的要求：电力折标准煤系数采用当量值时，现有煤炭井工开采企业单位产品能耗限定值应不大于 11.8kgce/t。

（2）现有煤炭露天开采单位产品能耗限额应符合《煤炭露天开采单位产品能

源消耗限额》（GB 29445—2012）中 4.1 的要求：电力折标准煤系数采用当量值时，现有煤炭露天开采企业单位产品能耗限定值应不大于 8.2kgce/t。

2）新建煤炭开采单位产品能耗准入值

（1）新建煤炭井工开采单位产品能耗准入值应符合《煤炭井工开采单位产品能源消耗限额》（GB 29444—2012）中 4.2 的要求：电力折标准煤系数采用当量值时，新建煤炭井工开采企业单位产品能耗准入值应不大于 7.0kgce/t。

（2）新建煤炭露天开采单位产品能耗准入值应符合《煤炭露天开采单位产品能源消耗限额》（GB 29445—2012）中 4.2 的要求：电力折标准煤系数采用当量值时，新建煤炭露天开采企业单位产品能耗准入值应不大于 6.5kgce/t。

3）煤炭开采单位产品能耗先进值

（1）煤炭井工开采单位产品能耗先进值应符合《煤炭井工开采单位产品能源消耗限额》（GB 29444—2012）中 4.3 的要求：电力折标准煤系数采用当量值时，煤炭井工开采企业应通过节能技术改造和加强节能管理，单位产品能耗先进值应不大于 3.0kgce/t。

（2）煤炭露天开采单位产品能耗先进值应符合《煤炭露天开采单位产品能源消耗限额》（GB 29445—2012）中 4.3 的要求：电力折标准煤系数采用当量值时，煤炭露天开采企业应通过节能技术改造和加强节能管理，单位产品能耗先进值应不大于 5.0kgce/t。

2. 金矿

金矿开采单位产品能源消耗限额应符合《金矿开采单位产品能源消耗限额》（GB 32032—2015）、金矿选冶单位产品能源消耗限额要符合《金矿选冶单位产品能源消耗限额》（GB 32033—2015）规定的准入值。

3. 铁矿

1）铁矿采矿单位产品能耗限定值

铁矿采矿单位产品能耗限定值见表 7.1。

表 7.1　铁矿采矿单位产品能耗限定值

开采方式	开采类型	矿山规模	单位产品可比综合能耗/（kgce/t）
露天开采	现有矿山	中型以上（含中型）	≤0.80
		小型	≤1.04
	新建、改扩建矿山	中型以上（含中型）	≤0.49
		小型	≤0.64
地下开采	现有矿山	中型以上（含中型）	≤3.60
		小型	≤4.68
	新建、改扩建矿山	中型以上（含中型）	≤2.60
		小型	≤3.38

2）铁矿选矿单位产品能耗限定值

铁矿选矿单位产品能耗限定值见表 7.2。

表 7.2 铁矿选矿单位产品能耗限定值

开采方式	选矿工艺类型		单位产品可比综合能耗/（kgce/t）
现有矿山	弱磁选		≤4.1
	联合选别		≤5.7
	焙烧选别	竖炉	≤48.5
		回转窑	≤54.3
新建、改扩建矿山	弱磁选		≤3.3
	联合选别		≤4.2
	焙烧选别	竖炉	≤45.6
		回转窑	≤51.8

随着铁矿品位的降低，选矿难度的增加，表 7.2 的数据可能逐渐不适应行业发展需要，此处仅供参考。

4. 有色金属矿

1）采矿综合能耗指标要求

露天开采基准（可比）综合能耗指标 $P_{0露天}$见表 7.3。

表 7.3 露天开采基准（可比）综合能耗指标 $P_{0露天}$

设计规模	$P_{0露天}$/[kg 标准煤/t$_{矿}$（kW·h/t$_{矿}$）]		
	一级	二级	三级
大型	0.95（7.73）	1.05（8.54）	1.15（9.36）
中型	1.25（10.17）	1.35（10.98）	1.50（12.21）
小型	1.63（13.26）	1.75（14.24）	1.95（15.87）

地下开采基准（可比）综合能耗指标 $P_{0地下}$见表 7.4。

表 7.4 地下开采基准（可比）综合能耗指标 $P_{0地下}$

设计规模	$P_{0地下}$/[kg 标准煤/t$_{矿}$（kW·h/t$_{矿}$）]		
	一级	二级	三级
大型	1.84（15）	2.21（18）	2.70（22）
中型	2.21（18）	2.70（22）	3.20（26）
小型	2.70（22）	3.20（26）	3.81（31）

2）选矿厂工艺综合能耗指标

选矿厂工艺综合能耗指标见表 7.5。

表 7.5　选矿厂工艺综合能耗指标

金属种类	矿石类型	选矿工艺综合能耗（kW·h/t$_{原矿}$）		
		一级	二级	三级
铜	硫化矿	≤22	＜22～27	＜27～34
	混合矿 氧化矿	≤26	＜26～32	＜32～41
钼	硫化矿	≤20	＜20～25	＜25～31
镍	硫化矿	≤42	＜42～48	＜48～55
铅锌	硫化矿	≤29	＜29～37	＜37～46
	混合矿 氧化矿	≤35	＜35～44	＜44～55
锑	硫化矿	≤17	＜17～21	＜21～26
汞	辰砂矿	≤26	＜26～31	＜31～37
钨	黑钨矿	≤8	＜8～11	＜11～15
	白钨矿 混合矿	≤23	＜23～30	＜30～39
锡	硫化矿	≤38	＜38～48	＜48～60
	氧化矿	≤24	＜24～30	＜30～38
	砂矿	≤13	＜13～16	＜16～20

注：选矿工艺综合能耗包括破碎筛分、磨矿、选别、精矿脱水等生产工艺，不包括尾矿、供水、供热等辅助工序能耗。

5. 其他矿种暂无国家标准、行业标准的，以企业近 3 年能耗等指标的均值为依据进行考核，要体现节能降耗的进步要求。

现场评价或支撑材料：

（1）节能降耗报表或节能减排报表。

（2）查看矿山全过程能耗、物耗、水耗原始台账。

50 能源管理体系认证

标准分：5

评分说明：企业取得能源管理体系认证得 5 分。

考核方法：查证书

依据或标准：能源管理体系证书

【解读】本条鼓励矿山企业获得能源管理体系认证。

能源管理体系[《能源管理体系 要求》（GB/T 23331—2012）]就是从体系的全过程出发，遵循系统管理原理，通过实施一套完整的标准、规范，在组织内建立起一个完整有效的、形成文件的能源管理体系，注重建立和实施过程的控制，使组织的活动、过程及其要素不断优化，通过例行节能监测、能源审计、能效对标、内部审核、组织能耗计量与测试、组织能量平衡统计、管理评审、自我评价、节能技术改造、节能考核等措施，不断提高能源管理体系持续改进的有效性，实现能源管理方针和承诺并达到预期的能源消耗或使用目标。

能源管理体系按照PDCA管理模式，即基于策划（plan）—实施（do）—检查（check）—改进（action）的持续改进模式，进行推进能源管理。策划：实施能源评审，明确能源基准和能源绩效参数，制定能源目标、指标和能源管理实施方案，从而确保组织依据其能源方针改进能源绩效。实施：履行能源管理实施方案。检查：对运行的关键特性和过程进行监视和测量，对照能源方针和目标评估确定实现的能源绩效，并报告结果。改进：采取措施，持续改进能源绩效和能源管理体系。

建立、实施并保持环境管理体系，是通过持续改进环境管理水平，从源头削减污染物的产生，减少或者避免生产、服务和产品使用过程中污染物的产生和排放，以降低或者消除对人类健康和环境的危害。

现场评价或支撑材料：

能源管理体系认证证书。

第二节 废气排放

51 主要产尘点清单

标准分：5

评分说明：矿山有明确开采、运输、选矿（加工）等主要产生粉尘的作业场所及其岗位粉尘浓度清单。

考核方法：查现场

依据或标准：企业防尘相关措施

【解读】本条要求企业梳理产尘点及其岗位粉尘浓度。

本条从砂石骨料矿生产线粉尘治理点、有色金属矿生产线粉尘治理点、黑色金属矿生产线粉尘治理点三个方面简单介绍矿山的产尘点。

1. 砂石骨料矿生产线粉尘治理点

1）原矿仓除尘治理点

原矿仓入料口。

2）粗碎除尘治理点

（1）给料机上部受料点。

（2）破碎机上部入料口。

（3）破碎机出料落料至皮带落料点。

3）半成品库除尘治理点

（1）来料皮带机头。

（2）来料皮带机头返回带托辊点。

（3）半成品库皮带落料点。

（4）半成品库底部出料给料机。

（5）给料机卸料至出料皮带落料点。

4）除土筛分除尘治理点

（1）来料皮带机头返回带托辊点。

（2）除土筛筛面。

（3）除土筛筛上料落料至输送皮带。

（4）除土筛筛下渣土落料至输送皮带。

5）渣土堆除尘治理点

（1）来料皮带机头返回带托辊点。

（2）渣土来料皮带机头卸料。

（3）渣土堆棚皮带落料点。

6）中碎除尘治理点

（1）中碎上部调节料仓入料口。

（2）给料机面。

（3）中碎破碎机上部入料口。

（4）中碎破碎机下部出料落料至输送皮带落料点。

7）细碎除尘治理点

（1）细碎上部调节料仓入料口。

（2）给料机面产尘点。

（3）细碎破碎机上部入料口。

（4）细碎破碎机下部出料落料至输送皮带落料点。

8）一级筛分除尘治理点

（1）来料皮带机头。

（2）一级筛分上部调节料仓入料口。

（3）给料机面产尘点。

（4）一级振筛（多层筛）筛面。

（5）一级振筛筛上料落料至输送皮带。

（6）一级振筛筛中料落料至输送皮带。

（7）一级振筛筛下料落料至输送皮带。

9）二级筛分除尘治理点

（1）来料皮带机头。

（2）二级筛分上部调节料仓入料口。

（3）给料机面。

（4）二级振筛（多层筛）筛面。

（5）二级振筛筛上料落料至输送皮带。

（6）二级振筛筛中料落料至输送皮带。

（7）二级振筛筛下料落料至输送皮带。

10）整形除尘治理点

（1）整形机上部调节料仓入料口。

（2）给料机面产尘点。

（3）整形机（立轴冲击破）上部入料口。

（4）整形机（立轴冲击破）下部出料落料至输送皮带落料点。

11）整形工段筛分除尘治理点

（1）来料皮带机头。

（2）整形筛分上部调节料仓入料口。

（3）给料机面产尘点。

（4）振筛筛面。

（5）振筛筛中料落料至皮带。

（6）振筛筛下料落料至输送皮带。

12）成品骨料库除尘治理点

（1）成品库顶部入料口。

（2）库顶部皮带转运点。

（3）成品料皮带机头返回带。

（4）成品料库底部卸料装车。

13）石粉罐除尘治理点

（1）石粉罐顶部排气。

（2）粉罐底部卸粉装车。

2. 有色金属矿生产线粉尘治理点

1）原矿仓除尘治理点

原矿仓入料口。

2）粗碎除尘治理点

（1）给料机上部受料点。

（2）破碎机上部入料口。

（3）破碎机出料落料至皮带落料点。

3）中碎除尘治理点

（1）中碎上部缓存料仓入料口。

（2）给料机面。

（3）中碎破碎机上部入料口。

（4）中碎破碎机下部出料落料至输送皮带落料点。

4）细碎除尘治理点

（1）细碎上部缓存料仓入料口。

（2）给料机面产尘点。

（3）细碎破碎机上部入料口。

（4）细碎破碎机下部出料落料至输送皮带落料点。

5）检查筛分除尘治理点

（1）来料皮带机头。

（2）筛分上部缓存料仓入料口。

（3）给料机面。

（4）振筛筛面。

（5）振筛筛上不合格料落料至输送皮带。

（6）振筛筛下成品料落料至输送皮带。

6）转运站除尘治理点

（1）来料皮带机头。

（2）来料皮带转运卸料至下游皮带落料点。

7）成品料库顶部除尘治理点

（1）来料皮带机头。

（2）来料皮带落料至移动布料皮带落料点。

（3）移动皮带落料至成品料库。

8）成品料库底部除尘治理点

（1）给料机面。

（2）给料机卸料至转运皮带。

（3）转运皮带卸料至输出长皮带。

（4）转运皮带机头。

（5）输出长皮带机头。

3.黑色金属矿生产线粉尘治理点

1）原矿仓除尘治理点

原矿仓入料口。

2）粗碎除尘治理点

（1）给料机上面受料点。

（2）破碎机上部入料口。

（3）破碎机出料落料至皮带落料点。

3）中碎除尘治理点

（1）中碎上部缓存料仓入料口。

（2）给料机面产尘点。

（3）中碎破碎机上部入料口。

（4）中碎破碎机下部出料落料至输送皮带落料点。

4）细碎除尘治理点

（1）细碎上部缓存料仓入料口。

（2）给料机面。

（3）细碎破碎机上部入料口。

（4）细碎破碎机下部出料落料至输送皮带落料点。

5）检查筛分除尘治理点

（1）来料皮带机头。

（2）筛分上部缓存料仓入料口。

（3）给料机面。

（4）振筛筛面。

（5）振筛筛上不合格料落料至输送皮带。

（6）振筛筛下成品料落料至输送皮带。

6）干磁选除尘治理点

（1）干磁选机入料口。

（2）干磁选机落料至精矿皮带落料点。

（3）干磁选机落料至废矿皮带落料点。

（4）废矿皮带落料至扫选（干磁选机）入料口。

（5）扫选（干磁选机）落料至精矿皮带落料点。

（6）扫选（干磁选机）落料至废矿皮带落料点。

7）转运站除尘治理点

（1）来料皮带机头。

（2）来料皮带转运卸料至下游皮带落料点。

8）精矿仓顶部除尘治理点

（1）精矿皮带机头。

（2）精矿皮带机头回带。

（3）精矿来料皮带落料至移动布料皮带落料点。

（4）移动皮带落料至精矿库。

9）成品料库底部除尘治理点

（1）给料机面。

（2）给料机卸料至转运皮带。

（3）转运皮带卸料至输出长皮带。

（4）转运皮带机头。

（5）输出长皮带机头。

10）废矿堆棚除尘治理点

（1）废矿皮带机头。

（2）废矿皮带机头回带。

（3）废矿皮带落料至废矿堆棚。

4. 常见矿山岗位粉尘浓度要求

常见矿山岗位粉尘浓度要求参照《工作场所有害因素职业接触限值第 1 部分：化学有害因素》（GBZ 2.1—2007），详见表 7.6。

表 7.6　常见矿山岗位粉尘浓度要求

序号	中文名	化学文摘号（CASNo.）	时间加权平均容许浓度（PC-TWA）/（mg/m^3）		临界不良健康效应	备注
			总粉尘	呼吸性粉尘		
1	白云石	—	8	4	尘肺病	—
2	大理石	1317-65-3	8	4	眼、皮肤刺激；尘肺病	—
3	硅灰石	13983-17-0	5	—	—	—
4	硅藻土（游离二氧化硅含量＜10%）	61790-53-2	6	—	尘肺病	—
5	石灰石	1317-65-3	8	4	眼、皮肤刺激；尘肺病	—
6	10%≤游离二氧化硅含量≤50%	14808-60-7	1	0.7	硅肺	G1 结晶型
	50%＜游离二氧化硅含量≤80%		0.7	0.3		
	游离二氧化硅含量＞80%		0.5	0.2		

续表

序号	中文名	化学文摘号（CASNo.）	时间加权平均容许浓度（PC-TWA）/（mg/m³）		临界不良健康效应	备注
			总粉尘	呼吸性粉尘		
7	稀土（游离二氧化硅含量＜10%）	—	2.5	—	稀土尘肺；皮肤刺激	—
8	萤石混合性	—	1	0.7	硅肺	—
9	云母	12001-26-2	2	1.5	云母尘肺	—
10	珍珠岩	93763-70-3	8	4	眼、皮肤、上呼吸道刺激	—
11	蛭石	—	3	—	眼、上呼吸道刺激	—
12	重晶石	7727-43-7	5	—	眼刺激；尘肺病	—
13	其他粉	—	8	—	—	—

对表 7.6 做以下说明。

（1）总粉尘简称为总尘，呼吸性粉尘简称为呼尘。

（2）总尘为所有可进入整个呼吸道（鼻、咽、喉、胸腔支气管、细支气管和肺泡）的粉尘；为从技术上用总粉尘采样器按标准方法在呼吸带测得的所有粉尘；为用直径为 40mm 滤膜，按标准粉尘测定方法采样所得到的粉尘。

（3）呼尘为能进入人体肺泡区的颗粒物；为只按呼吸性粉尘标准测定方法所采集的可进入肺泡的粉尘粒子。其空气动力学直径在 7.07μm 以下，空气动力学直径 5μm 的粉尘粒子的采样效率为 50%。

5. 粉尘清单

粉尘清单示例见表 7.7。

表 7.7 粉尘清单示例

工作场所（岗位）	主要设备	总尘/（mg/m³）	呼尘/（mg/m³）
凿岩岗位及周边作业场所	潜孔钻	8	4
挖掘机	装载机	8	4
破碎加工车间	破碎机、振动筛	8	8

现场评价或支撑材料：

产尘点岗位浓度清单。

52 生产过程的粉尘排放

标准分：15

评分说明：①凿岩作业中通过采用凿岩收尘一体钻机收尘或湿式凿岩工艺等措施降尘；②爆破作业中通过喷雾洒水降尘；③固定产尘点加设除尘捕尘装备并保持足够的负压与生产设备同步运行等措施，实现抑制和处理采选加工过程中产生的粉尘。在凿岩、爆破、岩（矿）石破（粉）碎、筛分、输送、配料等关键环节或位置，发现一处不合格扣3分。

考核方法：查现场、抽查员工了解

依据或标准：涉及爆破的要有专项降尘方案，其它爆破的松散岩层露天煤矿应不涉及此项

【解读】本条要求生产过程中采取防尘措施。

地下矿山的粉尘浓度合格率只有40%～60%，露天矿粉尘浓度合格率只有70%～80%。只有采取相应的措施变无组织排放为有组织排放，才能达到相关要求。

1. 生产性粉尘的主要来源

（1）固体物料经机械性撞击、研磨、碾轧而形成，经气流扬散而悬浮于空气中的固体微粒，如金属研磨、切削、钻孔、爆破、破碎、磨粉、农林产品加工等。

（2）物质加热时生产的蒸气在空气中凝结或被氧化形成的烟尘，如金属熔炼，焊接、浇铸等。

（3）有机物质不完全燃烧形成的烟，如木材、油、煤类等燃烧时所产生的烟尘等。

2. 采矿产尘的环节

采矿场在穿孔、爆破和二次破碎、铲装、汽车运输、汽车卸载、破碎、装载机平整工作面及排土场等生产过程中都会产生大量的粉尘。露天采矿场具有产尘点多、产尘量大、空气含尘浓度高等特点，此外，露天采矿场粉尘还具有分散度高的特点。

（1）钻机穿孔作业产尘

穿孔过程中，岩石破碎成粉末，如不采取措施，将产生较多粉尘。

（2）爆破作业产尘

爆破作业时，矿岩由于受到药包爆破的巨大压力作用而粉碎，随后形成粉尘。爆破瞬间产生的粉尘量最大，但形成的高浓度粉尘在空气中的维持时间较短。

（3）铲装作业产尘

一部分粉尘是沉落在矿岩表面上的，另一部分是摩擦、碰撞产生的粉尘因振动而扬起形成二次粉尘；另外，铲斗在向汽车卸料时由于落差也会产生大量粉尘。

（4）破碎过程中产尘

矿石在破碎过程中产生大量粉尘，如果在此过程中不采取有力措施，其粉尘危害相当大，不但给从业人员的身体造成极大影响，而且会造成严重的粉尘污染。

3. 采取的措施

对矿山采矿无组织扬尘，应对铲、装、运各产尘点采取湿式作业；对矿山露采工作面、废石场等起尘面源采取洒水、覆盖抑尘等措施，并最终覆土，种植适宜植被以恢复生态。

（1）凿岩防尘。优先采用除尘效率高的湿式凿岩。当不具备湿式凿岩条件时，可采用干式捕尘凿岩。干式捕尘凿岩分为在凿岩口以捕尘罩抽尘或在孔底抽尘两种形式。在不宜大量用水的情况下，可用泡沫除尘，即将泡沫压入孔底或喷在孔口，或将含尘空气引入泡沫除尘器净化。

（2）爆破防尘。爆破矿石时产尘量最大，产尘时间集中。主要的防尘措施有喷雾洒水和水封爆破。喷雾洒水常采用爆破波启动喷雾器、净化水幕和水风引射器等。

（3）装运防尘。矿石堆放、装岩机、装运机、铲运机、矿车、皮带机及溜井放矿、装车等作业均会产生大量粉尘，可采用喷雾洒水、密闭抽风等措施防止粉尘散发。

（4）破碎防尘。对各式破碎设备工作时所产生的粉尘，在设备密闭的基础上，可采用湿法防尘与机械除尘联合除尘措施。机械除尘的净化设备采用袋式除尘器或湿式除尘器。地下破碎硐室除尘应选用湿式除尘器，当除尘系统的排风不能排至回风巷道或地面，只能就地排放时，排风需经高效过滤器处理。

4. 生产系统安装高效除尘装置

（1）破碎、筛分、给料系统均应设置在全密封车间内。采用袋式除尘器收尘、洒水降尘、集中负压除尘等设备设施进行综合治理。

（2）在破（粉）碎、筛分、输送、配料等工艺过程中，连续产生粉尘的部位应安装高效除尘装置，主要有高效袋式除尘器负压收尘、抑尘机、导料槽等。砂石生产加工高效除尘设备配置具体参照表 7.8。

表 7.8 砂石生产加工高效除尘设备配置

产尘工序	粉尘点及处理措施	配置设备
粗碎	卡车卸料口四面封闭，加装袋式收尘器负压收尘，加水雾和干雾；给料机、破碎机进料口加装布袋收尘器，加水雾	抑尘机、袋式除尘器
筛分	局部封闭加装袋式收尘器，辅以水雾抑尘	封闭、袋式除尘器
中细碎	局部封闭加装袋式收尘器，辅以水雾抑尘	封闭、抑尘机
转运站及皮带转接处	皮带转接处、皮带机进料口加导料槽，机尾加干雾，局部封闭加装袋收尘器	封闭、导料槽
堆场	全封闭，加装感应式高效水雾抑尘系统	封闭、雾尘封

（3）生产中的物料运输应采用密闭皮带、密闭通廊，物料堆存于封闭式场所。

5. 贮存和运输过程防尘要求

针对采、选运输扬尘，应在出厂（场）处设车辆冲洗设施对出厂车辆冲洗除泥；矿石装载不高于车厢、加盖帆布，以控制矿石运输的扬尘与抛洒污染。在所经村庄处应配置专人及时清扫路面，并定时洒水防尘。在通过村庄时应谨慎慢行，减少车辆颠簸，矿石抛洒。

针对煤矿：①储煤场应全封闭，场内设洒水抑尘设施。②矸石临时周转场宜设围挡、棚顶，形成半封闭场区；并采取洒水等抑尘措施。③风选系统应配备袋式除尘器，其排气筒出口粉尘浓度、去除效率应满足《煤炭工业污染物排放标准》（GB 20426—2006）相关要求。④汽车运输扬尘。原煤装车应覆盖密闭，车辆进出应清洗泥尘。

6. 大气污染物排放浓度限值

最新大气污染物排放限值见表 7.9。

表 7.9　最新大气污染物排放限值

序号	污染物	最高允许排放浓度/（mg/m^3）	分析方法	方法来源
1	二氧化硫	500	甲醛吸收-副玫瑰苯胺分光光度法	（HJ 482—2009）
			碘量法	HJ/T 56
			定电位电解法	HJ/T 57
2	氮氧化物	120	Saltzman 法	GB/T 15436
			紫外分光光度法	HJ/T 42
			盐酸萘乙二胺分光光度法	HJ/T 43
			定电位电解法	A
3	氯化氢	100	离子色谱法	A
			硫氰酸汞分光光度法	HJ/T 27
4	氯气	65	甲基橙分光光度法	HJ/T 30
5	甲醇	190	气相色谱法	HJ/T 33
6	一氧化碳	1000	非分散红外吸收法	GB 9801
			定电位电解法	A
			非分散红外吸收法	HJ/T 44

有一些地方制定了地方标准，以地方标准为准，如山东省《区域性大气污染物综合排放标准》(DB37_ 2376—2019)的大气污染物排放浓度限值，见表 7.10。

表 7.10　大气污染物排放浓度限值

污染物	核心控制区	重点控制区	一般控制区
颗粒物	5	10	20
二氧化碳	35	50	100
氮氧化物（以二氧化氮计）	50	100	200

煤层气排放应符合《煤层气（煤矿瓦斯）排放标准（暂行）》（GB 21522—

2008）瓦斯排放标准限值要求。

现场评价或支撑材料：

凿岩、爆破、岩（矿）石破（粉）碎、筛分、输送、配料等关键环节或位置的除尘措施。

53 地面运输过程的粉尘排放

标准分：15

评分说明：运输道路沿途设置喷水或感应式喷雾设施或配置洒水车定时洒水降尘、地面运输车辆及运输设备采取喷雾降尘或洒水降尘、外运产品采用密封车辆，实现避免沿路粉尘飞扬。发现一处不合格扣3分。

考核方法：查现场

【解读】本条是对地面运输过程中产生粉尘的要求。

生产运输工作是将露天采场的矿、岩分别运送到卸载点（或选矿厂）和排土场，同时把生产人员、设备和材料运送到采矿场。

1. 运输作业产尘的原因

汽车运输时，路面行车产生扬尘，它是生产矿山的一个重要尘源；汽车运输路面沉积的粉尘受到汽车经过所产生的挤压、振动和气流的影响，无规则运动，形成二次扬尘。自翻车排土时，岩石碰撞摩擦产生粉尘。

2. 降尘措施

车辆冲洗，装车前洒水，卸矿处喷雾；增强路面保护，外运车密封，道路安装喷雾降尘或洒水降尘设施等。

现场评价或支撑材料：

运输过程中采取措施。

54 贮存场所粉尘排放

标准分：10

评分说明：①废石或矿石周转场地、贮存场所具有配套的防扬尘设施得5分；②达到防扬尘效果得5分。

考核方法：查资料、查现场

依据或标准：企业防尘相关措施

【解读】本条是对贮存场所粉尘排放的要求。

1. 废石或矿石临时堆放场对大气环境的影响

露天矿剥离表层岩石及井工开采的工业广场建设、矿区道路建设、建井及采矿等工程均排弃废石。废石数量大，多在采矿现场就地堆放，废石临时堆放不仅直接占用土地，污染土壤和水体，易导致滑坡、泥石流等灾害，同时也会对周围大气环境产生影响。

废石堆放对大气的污染主要表现在粉尘污染和废气污染两个方面。

1）粉尘污染

进入人肺部的微小粉尘可长期赋存并对呼吸作用产生慢性影响；粉尘落到植被和作物表面，可妨碍其光合作用；粉尘浓度高时可影响人和动物的呼吸。矿区大量堆存的尾粉、尾砂、废石是最重要的粉尘污染源，尤其是干燥多风季节更严重，尾粉尾砂和细石的细小颗粒在风力作用下随风起尘，加重了矿区的污染。

2）煤矸石堆自燃引起的废弃气污染

在煤矿区，经日晒雨淋、风化剥蚀，煤矸石中所含的黄铁矿被空气氧化，放出的热量促使煤矸石中所含煤炭风化以致自燃。煤矸石自燃时可释放出硫化氢，二氧化硫、一氧化碳、二氧化碳等。

2. 废石或矿石临时堆放场大气污染防治措施

1）废石场的防尘措施

废石场的扬尘量与矿石的密度、粒度、湿度、风速等条件有关，防尘主要采用洒水抑尘的方法，一般对于硬岩、大块的废石，采用水枪冲洗比较合适，对于软质、易扬尘的岩土，采用水器比较合适。

此外，在废石堆物料表面喷洒覆盖剂也是一种效果不错的抑尘方法，由于覆盖剂和废石间具有黏结力，互相渗透扩散，在化学键力和物理吸附作用下，废石表面形成薄层硬壳，可防止风吹、雨淋、日晒引起的扬尘。覆盖剂的物料组成主要是焦油、酸焦油、防腐油、聚乙酸乙烯、乳化剂和水等。

2）煤矸石山自燃的防治措施

煤矸石山自燃的预防主要是从煤矸石的不同堆放方法研究入手，许多国家通过采用分层压实方法堆放煤矸石，边堆边压实，同时对边坡进行绿化，通过控制煤矸石的压实程度隔绝空气，解决煤矸石山的自燃问题。对于含硫量高的煤矸石堆，应采用石灰浆、黏土浆等灌注其空隙以隔绝空气，抑制自燃。对于含碳量高的煤矸石，应采用分选回收煤炭或作为沸腾炉燃料燃烧。然而避免或减少煤矸石自燃的根本途径是加快煤矸石的资源化利用。

3）其他

其他企业也常采用加盖塑料防尘网的方法抑制露天扬尘。

现场评价或支撑材料：

（1）防尘措施。

（2）相关照片。

55 其他废气排放

标准分：10

评分说明：针对采、选过程中产生的，含有除粉尘外其他有毒有害物质（如 SO_2、NO_x 等）的工业废气，有废气净化系统且达标排放得 10 分。

考核方法：查资料

依据或标准：监测报告或检测数据

【解读】本条是对废气排放的要求。

矿山废气污染是指在矿山开采过程中由废气造成的污染。矿山废气包括岩矿爆破产生的炮烟和粉尘，硫化矿石氧化、自燃、水解产生的气体，以及含铀矿床放射性元素蜕变过程中转化成的有害气体等。

企业需提供具有资质的检测部门出具的检测报告和检测部门相关检测项目的资质认证。

1. 废气（粉尘）浓度检测要求

（1）参照《工作场所有害因素职业接触限值 第 1 部分：化学有害因素》（GBZ 2.1—2007）表 1“工作场所空气中化学物质容许浓度”限值。

（2）非金属矿山没有行业污染排放标准的，废气（粉尘）排放浓度要求执行《大气污染物综合排放标准》（GB 16297—1996）表 2 二级标准。煤矿、建筑石料石灰岩矿废气（粉尘）分别执行《煤炭工业污染物排放标准》（GB 20426—2006）、《水泥工业大气污染物排放标准》（GB 4915—2013）。

（3）铁矿采选废气排放执行《铁矿采选工业污染物排放标准》（GB 28661—2012）。

（4）有色金属矿山没有行业污染排放标准的，其废气（粉尘）排放浓度要求执行《大气污染物综合排放标准》（GB 16297—1996）表 2 二级标准。

（5）有色金属矿具有行业污染物排放标准，废气排放执行业污染物排放标准。具体为《铝工业污染物排放标准》（GB 25465—2010）、《铅、锌工业污染物排放标准》（GB 25466—2010）、《铜、钴、镍工业污染物排放标准》（GB 25467—2010）、《锡、锑、汞工业污染物排放标准》（GB 30770—2014）、《钒工业污染物排放标准》（GB 26452—2011）、《镁、钛工业污染物排放标准》（GB 25468—2010）。

2. 废气达标排放

（1）在厂区适宜的地方安装废气污染物检测告知牌、检测结果显示屏。

（2）运输车辆尾气应提供检测报告，尾气应达标排放。

现场评价或支撑材料：

企业提供具有资质的检测部门的检测报告。

第三节　废 水 排 放

56 生活污水排放

标准分：10

评分说明：生活污水经处理后水质达标排放，或污水直接排入市政污水管网的得 10 分。

考核方法：查资料、查现场

依据或标准：污水站等环保设施验收资料

【解读】本条是对生活污水排放的要求。

建立污水处理站，集中处理生活污水。污水处理站应具有完备的污水处理功能。

1. 污水处理标准分类

工业废水根据水质分析可分为重金属离子不超标的排水和重金属离子超标的排水两种。是否需要进行排水处理的判断标准有地方政府对于当地河流、水系的污染物排放标准和国家《污水综合排放标准》（GB 8978—1996）两种。一般情况下，地方排放标准的某些排水指标要求要高于国家《污水综合排放标准》（GB 8978—1996）的指标；在没有地方排放标准的情况下，严格执行国家《污水综合排放标准》（GB 8978—1996）。在《污水综合排放标准》（GB 8978—1996）中，排入水体的污染物按其性质及控制方式分为两类。

《污水综合排放标准》（GB 8978—1996）第 4.2.1.1 款规定：第一类污染物，不分行业和污水排放方式，也不分受纳水体的功能类别，一律在车间或车间处理设施排放口采样，其最高允许排放浓度必须达到标准要求（采矿行业的尾矿坝出水口不得视为车间排放口）。

第一类污染物共 13 项指标，其最高允许排放浓度见表 7.11。

表 7.11　第一类污染物

序号	污染物	最高允许排放浓度
1	总汞	0.05mg/L
2	烷基汞	不得检出
3	总镉	0.1mg/L
4	总铬	1.5mg/L
5	六价铬	0.5mg/L
6	总砷	0.5mg/L
7	总铅	1.0mg/L

续表

序号	污染物	最高允许排放浓度
8	总镍	1.0mg/L
9	苯并（a）芘	0.00003mg/L
10	总铍	0.005mg/L
11	总银	0.5mg/L
12	总α放射性	1Bq/L
13	总β放射性	10Bq/L

《污水综合排放标准》（GB 8978—1996）第4.2.1.2款规定：第二类污染物，在排污单位排放口采样，其最高允许排放浓度必须达到标准要求。

第二类污染物共有26类，涉及56项指标（表7.12），排放物质的标准与所在地区排放的水域所执行的标准有关，在有色矿山应特别关注的排放指标有pH、悬浮物、五日生化需氧量、化学需氧量、总氰化物、氨氮、氟化物、总铜、总锌等。

表7.12 第二类污染物

序号	污染物	适用范围	一级标准	二级标准	三级标准
1	pH	一切排污单位	6～9	6～9	6～9
2	色度（稀释倍数）	染料工业	50	180	—
		其他排污单位	50	80	—
3	悬浮物（SS）	采矿、选矿、选煤工业	100	300	—
		脉金选矿	100	500	—
		边远地区砂金选矿	100	800	—
		城镇二级污水处理厂	20	30	—
		其他排污单位	70	200	400
4	五日生化需氧量（BOD_5）	甘蔗制糖、苎麻脱胶、湿法纤维板工业	30	100	600
		甜菜制糖、酒精、味精、皮革、化纤浆粕工业	30	150	600
		城镇二级污水处理厂	20	30	—
		其他排污单位	30	60	300
5	化学需氧量（COD）	甜菜制糖、焦化、合成脂肪酸、湿法纤维板、染料、洗毛、有机磷农药工业	100	200	1000
		味精、酒精、医药原料药、生物制药、苎麻脱胶、皮革、化纤浆粕工业	100	300	1000
		石油化工工业（包括石油炼制）	100	150	500
		城镇二级污水处理厂	60	120	—
		其他排污单位	100	150	500

续表

序号	污染物	适用范围	一级标准	二级标准	三级标准
6	石油类	一切排污单位	10	10	30
7	动植物油	一切排污单位	20	20	100
8	挥发酚	一切排污单位	0.5	0.5	2.0
9	总氰化物	电影洗片（铁氰化合物）	0.5	5.0	5.0
		其他排污单位	0.5	0.5	1.0
10	硫化物	一切排污单位	1.0	1.0	2.0
11	氨氮	医药原料药、染料、石油化工工业	15	50	—
		其他排污单位	15	25	—
12	氟化物	黄磷工业	10	20	20
		低氟地区（水体含氟量＜0.5mg/L）	10	20	30
		其他排污单位	10	10	20
13	磷酸盐（以磷计）	一切排污单位	0.5	1.0	—
14	甲醛	一切排污单位	1.0	2.0	5.0
15	苯胺类	一切排污单位	1.0	2.0	5.0
16	硝基苯类	一切排污单位	2.0	3.0	5.0
17	阴离子表面活性剂（LAS）	合成洗涤剂工业	5.0	15	20
		其他排污单位	5.0	10	20
18	总铜	一切排污单位	0.5	1.0	2.0
19	总锌	一切排污单位	2.0	5.0	5.0
20	总锰	合成脂肪酸工业	2.0	5.0	5.0
		其他排污单位	2.0	2.0	5.0
21	彩色显影剂	电影洗片	2.0	3.0	5.0
22	显影剂及氧化物总量	电影洗片	3.0	6.0	6.0
23	元素磷	一切排污单位	0.1	0.3	0.3
24	有机磷农药（以磷计）	一切排污单位	不得检出	0.5	0.5
25	粪大肠菌群数	医院*、兽医院及医疗机构含病原体污水	500个/L	1000个/L	5000个/L
		传染病、结核病医院污水	100个/L	500个/L	1000个/L
26	总余氯（采用氯化消毒的医院污水）	医院*、兽医院及医疗机构含病原体污水	＜0.5**	＞3（接触时间≥1h）	＞2（接触时间≥1h）
		传染病、结核病医院污水	＜0.5**	＞6.5（接触时间≥1.5h	＞5（接触时间≥1.5h）

* 50个以上床位的医院。

** 加氯消毒后须进行脱氮处理，以达到本标准。

2. 污水处理标准分级

《污水综合排放标准》（GB 8978—1996）中有如下规定。

4.1.1 排入《地表水环境质量标准》（GB 3838—2002）中Ⅲ类水域（划定的保护区和游泳区除外）和排入《海水水质标准》（GB 3097—1997）中二类海域的污水，执行一级标准。

4.1.2 排入《地表水环境质量标准》（GB 3838—2002）中Ⅳ、Ⅴ类水域和排入《海水水质标准》（GB 3097—1997）中三类海域的污水，执行二级标准。

4.1.3 排入设置二级污水处理厂的城镇排水系统的污水，执行三级标准。

4.1.4 排入未设置二级污水处理厂的城镇排水系统的污水，必须根据排水系统出水受纳水域的功能要求，分别执行4.1.1和4.1.2的规定。

4.1.5 在《地表水环境质量标准》（GB 3838—2002）中Ⅰ、Ⅱ类水域和Ⅲ类水域中划定的保护区和《海水水质标准》（GB 3097—1997）中的一类海域，禁止新建排污口，现有排污口应按水体功能要求，实行污染物总量控制，以保证受纳水体水质符合规定用途的水质标准。

3. 污水处理厂污染物排放标准

《城镇污水处理厂污染物排放标准》（GB 18918—2002）规定：根据城镇污水处理厂排入的地表水域环境功能和保护目标，以及污水处理厂的处理工艺，将基本控制项目的常规污染物标准分为一级标准、二级标准、三级标准。一级标准分为A标准和B标准。

（1）一级标准的A标准是城镇污水处理厂出水作为回用水的基本要求。当污水处理厂出水引入稀释能力较小的河湖作为城镇景观用水和一般回用水等用途时，执行一级标准的A标准。

（2）城镇污水处理厂出水排入《地表水环境质量标准》（GB 3838—2002）地表水Ⅱ类功能水域（划定的饮用水水源保护区和游泳区除外）或《海水水质标准》（GB 3097—1997）海水二类功能水域和湖、库等封闭或半封闭水域时，执行一级标准的B类标准。

（3）城镇污水处理厂出水排入《地表水环境质量标准》（GB 3838—2002）地表水Ⅳ、Ⅴ类功能水域或《海水水质标准》（GB 3097—1997）海水三、四类功能海域时，执行二级标准。

（4）非重点控制流域和非水源保护区的建制镇的污水处理厂，根据当地经济条件和水污染控制要求，采用一级强化处理工艺时，执行三级标准，但必须预留二级处理设施的位置，分期达到二级标准。

城镇污水处理厂水污染物排放基本控制项目最高允许排放浓度（日均值）见表7.13。

表 7.13 基本控制项目最高允许排放浓度（日均值） 单位：mg/L

序号	基本控制项目		一级标准		二级标准	三级标准
			A 标准	B 标准		
1	化学需氧量（COD）		50	60	100	120*
2	五日生化需氧量（BOD_5）		10	20	30	60*
3	悬浮物（SS）		10	20	30	50
4	动植物油		1	3	5	20
5	石油类		1	3	5	15
6	阴离子表面活性剂		0.5	1	2	5
7	总氮（以氮计）		15	20	—	—
8	氨氮（以氮计）**		5（8）	8（15）	25（30）	—
9	总磷（以磷计）	2005 年 12 月 31 日前建设的	1	1.5	3	5
		2006 年 1 月 1 日起建设的	0.5	1	3	5
10	色度（稀释倍数）		30	30	40	50
11	pH		6～9			
12	粪大肠菌群数/（个/L）		10^3	10^4	10^4	—

*：下列情况下按去除率指标执行：当进水 COD＞350mg/L 时，去除率应＞60%；BOD＞160mg/L 时，去除率应＞50%。

**：括号外数值为水温＞12℃时的控制指标，括号内数值为水温≤12℃时的控制指标。

现场评价或支撑材料：

检测报告、台账等。

57 工业废水排放

标准分：15

评分说明：工业废水鼓励零排放。有排放的，经处理后水质达标排放得 15 分。

考核方法：查资料、查现场

依据或标准：环保部门的检验资料

参见 56 项。

现场评价或支撑材料：

检测报告、台账等。

58 排水管道设置

标准分：10

评分说明：清污管路分别铺设、雨水与污水管群分开设置得 10 分。

考核方法：查现场

【解读】本条是对排水管理清污分流的要求。

本条根据《城镇排水与污水处理条例》设置。

《城镇排水与污水处理条例》第十九条规定：除干旱地区外，新区建设应当实行雨水、污水分流；对实行雨水、污水合流的地区，应当按照城镇排水与污水处理规划要求，进行雨水、污水分流改造。雨水、污水分流改造可以结合旧城区改建和道路建设同时进行。

在雨水、污水分流地区，新区建设和旧城区改建不得将雨水管网、污水管网相互混接。

在有条件的地区，应当逐步推进初期雨水收集与处理，合理确定截流倍数，通过设置初期雨水贮存池、建设截流干管等方式，加强对初期雨水的排放调控和污染防治。

1. 清污分流、雨污分流

矿山废水收集、处理、利用系统完善，功能齐全；清污管路分别铺设，雨水与污水管群分开设置；露天采场等建有地表径流水汇集利用系统。

雨污分流是指将雨水和生活污水分开，各用一条管道输送，进行排放或后续处理的排污方式。雨污分流便于雨水收集利用和集中管理排放，减少污水处理量。

清污分流是将高污染水和未污染或低污染水分开，分质处理，减少外排污染物量，降低水处理成本。在沿山的主要运输道路可考虑设置雨污双水沟，使雨水与道路污水分开。

矿区及厂区的生产排水、雨水和生活污水，应实现雨污分流、清污分流。

2. 相关要求

（1）实行清污分流，清污管路分别铺设；实行雨污分流，雨水沟与污水管群分开设置；雨污分流、清污分流能够节省污水处理成本。

（2）雨污水通过管道排放，在雨天实现雨污分流，雨水经路面下水道流入河流或被利用，污水被输送到污水处理厂。

（3）矿井水实现清污分流有利于矿井水的综合利用。工作场所的排水受污染较重，但水量小，容易集中处理，可设井下沉淀池，出水单独排放。井下大量清洁涌水可直接应用，酸性矿区污水处理要根据水质特点单独处理。

现场评价或支撑材料：

查看矿井排水系统设计方案。

59 地表径流水、淋溶水排放要求

标准分：15

评分说明：①矿区建有雨水截（排）水沟，并建设沉淀池及取水设备，将汇集的地表径流水、淋溶水等经沉淀后达标排放或处理回用，符合要求得 10 分；②排土场和矸石山设置截（排）水沟，符合要求得 5 分。

考核方法：查现场
依据或标准：矿区总体设计

【解读】本条是对地表径流水、淋溶水排放的要求。

矿区应建有雨水截（排）水沟，并建设沉淀池，将汇集的地表径流水、淋溶水等经沉淀后达标排放或处理回用。在生产区低地势处建设初期雨水收集池，初期雨水经收集池沉淀、澄清后用于工业场地、道路抑尘洒水。

矿区及贮存场（矿石堆放场）按《水土保持综合治理 技术规范 小型蓄排引水工程》（GB/T 16453.4—2008）建设雨水截（排）水沟及沉淀池，汇集的地表淋溶水经沉淀池沉淀后达标排放，地表水环境质量达到《地表水环境质量标准》（GB 3838—2002）相应的水质要求。

1. 概述

1）排水沟

排水沟指的是将边沟（路基边缘的排水沟，主要用以汇集和排除路基范围内及流向路基的少量地面水）、截水沟和路基附近、庄稼地里、住宅附近低洼处汇集的水引向路基、桥涵处、庄稼地、住宅地以外的水沟。一般设在填方路基下，用来排路面水。

自然排水沟利用施工现场的自然条件挖掘而成，具有省时、省工的特点，在沟底铺设卵石或碎石，不仅可以免于水流的冲刷，有利于保护沟底，同时还能沉淀水中的污物。自然排水沟在规模较小的、施工工期较短的，或者在施工期间用水或雨水不是很大的施工工程中经常采用。

明露排水沟通常结合现场硬化地面做成，它的优点是省工、省料和经济，排水沟功能也十分明确，不足的是断面不宜很大，特别是施工场地较小时，深度尺寸受到限制，排水显得吃力，同时，也容易影响或妨碍施工期间施工人员和施工机械的行走。但是对于施工工期较短、建筑规模较小、少雨季节施工及冬期施工的工程，有一定的适宜性。

2）截水沟

一般设置在挖方段路基边坡上，用来拦截地表水侵蚀路基。主要拦截山坡上流向路基的水，在路堑坡顶以外设置。

挖方路基的堑顶截水沟应设置在坡口 5m 以外，填方路基上侧的路堤截水沟距填方坡脚的距离不应小于 2m。在多雨地区，视实际情况可设一道或多道截水沟，其作用是拦截路基上方流向路基的地表水，保护挖方边坡和填方坡脚不受水流冲刷。

截水沟设置时主要考虑位置。在无弃土堆的情况下，截水沟的边缘离开挖方路基坡顶的距离视土质而定，以不影响边坡稳定为原则；路基上方有弃土堆时，截水沟应离开弃土堆 1～5m，弃土堆坡脚离开路基挖方坡顶不应小于 10m，弃土堆顶部应设坡度为 2%倾向截水沟的横坡；山坡上路堤的截水沟离开路堤坡脚至少 2m，并用挖截水沟的土填在路堤与截水沟之间，修筑向沟倾斜坡度为 2%的护坡道或土台，使路堤内侧地面水流入截水沟排出。

2. 截水沟的布设原则

（1）当无措施坡面的坡长太长时，应在此坡面增设几道截水沟。增设截水沟的间距一般为 20～30m，应根据地面坡度、土质和暴雨径流情况，通过设计计算具体确定。

（2）蓄水型截水沟基本沿等高线布设，排水型截水沟应与等高线取 1%～2%的比降（又称为坡降、坡度，指任意两端点间的高程差与两点间的水平距离之比）。

（3）当截水沟不水平时，应在沟中每 5～10m 修一高 20～30cm 的小土挡，防止冲刷。

（4）排水型截水沟的排水一端应与坡面排水沟相接，并在连接外做好防冲措施。

3. 排水沟的布设原则

（1）排水沟一般布设在坡面截水沟的两端或较低一端，用以排除截水沟不能容纳的地表径流。排水沟的终端连接蓄水池或天然排水道。

（2）排水沟在坡面上的比降，根据其排水去处（蓄水池或天然排水道）的位置而定，当排水出口的位置在坡脚时，排水沟大致与坡面等高线正交布设；当排水出口的位置在坡面时，排水沟可基本沿等高线布设或与等高线斜交布设。各种布设都必须做好防冲措施（铺草皮或石方衬砌）。

4. 蓄水池与沉沙池的布设原则

（1）蓄水池一般布设在坡脚或坡面局部低凹处，与排水沟（或排水型截水沟）的终端相连，以容蓄坡面排水。

（2）蓄水池的分布与容量根据坡面径流总量、蓄排关系和修建省工、使用方便等原则，因地制宜具体确定。一个坡面的蓄排工程系统可集中布设一个蓄水池，也可分散布设若干蓄水池。单池容量从数百立方米到数万立方米不等。

（3）蓄水池的位置，应根据地形有利、岩性良好（无裂缝暗穴、砂砾层等）、蓄水容量大、工程量小、施工方便等条件具体确定。

（4）沉沙池一般布设在蓄水池进水口的上游附近。排水沟（或排水型截水沟）排出的水量先进入沉沙池，泥沙沉淀后，再将清水排入池中。

（5）沉沙池的具体位置根据当地地形和工程条件确定，可以紧靠蓄水池，也可以与蓄水池保持一定距离。

5. 矿区截（排）水沟的设置

矿区截（排）水沟的设置要根据矿区总体设置和水土保持方案来设计。在绿色矿山评估时要考虑废弃物堆放场的截（排）水沟及道路两侧的截（排）水沟是否合适设置。同时，对于废弃物堆放场地还要考虑：

（1）废石场、废渣场下游设挡渣墙。

（2）露天采场、废石场、废渣场、尾矿库上游及两侧，应根据实际地形情况设置适宜的截排洪设施。

现场评价或支撑材料：

（1）雨水截（排）水沟设计。

（2）查看现场雨水截排情况，以及蓄水池和沉沙池建设情况。

第四节　固 废 排 放

60 固废排放要求

标准分：30

评分说明：对无法实现综合利用的固体废弃物：①划分危险废物、一般废物和生活垃圾不同类别，实现分级分类得 10 分；②按照国家标准规定自行对固体废弃物进行处置，或委托第三方有资质的单位进行处置得 20 分。

考核方法：查资料、查现场

依据或标准：一般工业固体废物贮存、处置场污染控制标准（GB18599）、危险废物焚烧、贮存、填埋污染控制标准（GB18484、18597、18598）、生活垃圾焚烧、填埋污染控制标准（GB18485、16889）等

【解读】本条是对固废排放的要求。

1. 固废的分类处理

（1）办公楼、生活场所、试验室等处的固废，统一放入设置的垃圾箱内，由环保专车运到垃圾站，进行处理。其处理结果符合国家、地方标准。

（2）施工现场各作业面的固废，用垃圾箱进行可利用与不可利用分类集中收集，最后运往垃圾站或进行统一处理。

（3）对钢渣、锅炉渣、粉煤灰、煤矸石、工业粉尘、废渣、污泥、生活垃圾、危险废物等固废要进行分类管理、处理。

2. 固废的污染

未经处理的工厂废物和生活垃圾简单露天堆放，占用土地，破坏景观，而且废物中的有害成分通过刮风进行空气传播，经过下雨进入土壤、河流或地下水源，这个过程就是固废污染。

（1）污染水体。固废未经无害化处理随意堆放，将随天然降水或地表径流进

入河流、湖泊，长期淤积，使水面缩小，其有害成分的危害更大。固废的有害成分，如汞（来自红塑料、霓虹灯管、电池、朱红印泥等）、镉（来自印刷、墨水、纤维、搪瓷、玻璃、镉颜料、涂料、着色陶瓷等）、铅（来自黄色聚乙烯、铅制自来水管、防锈涂料等）等微量有害元素，如处理不当，能随淋溶水进入土壤，从而污染地下水，同时也可能随雨水渗入水网，流入水井、河流以至附近海域，被植物摄入，再通过食物链进入人体，影响人体健康。我国个别城市的垃圾填埋场周围地下水的浓度、色度、总细菌数、重金属含量等污染指标严重超标。

（2）污染大气。固废中的干物质或轻质随风飘扬，会对大气造成污染。焚烧法是目前处理固废较为流行的方式，但是焚烧将产生大量的有害气体和粉尘，一些有机固废长期堆放，在适宜的温度和湿度下会被微生物分解，同时释放出有害气体。

（3）污染土壤。土壤是许多细菌、真菌等微生物聚居的场所，这些微生物在土壤功能的体现中起着重要的作用，他们与土壤本身构成了一个平衡的生态系统，而未经处理的有害固废，经过风化、雨淋、地表径流等作用，其有毒液体将渗入土壤，进而杀死土壤中的微生物，破坏土壤的生态平衡，污染严重的地方甚至寸草不生。

（4）侵占土地。固废的产生量增长相当迅速，许多城市利用大片城郊边缘的农田来堆放它们。科学家从卫星拍回的地球照片上，围绕着城市的大片白色垃圾那么显眼。

3. 固废的处理

固废的处理通常是指用物理、化学、生物、物化及生化方法把固废转化到适于运输、贮存、利用或处置的过程，固废处理的目标是无害化、减量化、资源化。目前主要采用的方法包括压实、破碎、分选、固化、焚烧、生物处理等。

（1）压实技术。压实是一种通过对废物实行减容化，从而降低运输成本、延长填埋寿命的预处理技术。压实是一种普遍采用的固废的预处理方法，汽车、易拉罐、塑料瓶等适于压实减少体积处理的固废通常采用压实处理；某些可能引起操作问题的废弃物，如焦油、污泥或液体物料，一般不宜采用压实处理。

（2）破碎技术。为了使进入焚烧炉、填埋场、堆肥系统等的固废的外形减小，必须预先对固废进行破碎处理，经过破碎处理的废物，由于消除了大的空隙，不仅尺寸大小均匀，而且质地也均匀，在填埋过程中压实。固废的破碎方法很多，主要有冲击破碎、剪切破碎、挤压破碎、摩擦破碎等，此外还有专有的低温破碎和混式破碎等。

（3）分选技术。固废分选是实现固废资源化、减量化的重要手段，一种方式是通过分选将有用的充分选出来加以利用，将有害的充分分离出来；另一种方式是将不同粒度级别的废弃物加以分离，分选的基本原理是利用物料的某些方面的差异，将其分离开。例如，利用废弃物中的磁性和非磁性差别进行分离；利用粒径尺寸差别进行分离；利用密度差别进行分离等。

（4）固化处理技术。固化技术是向废弃物中添加固化基材，使有害固废固定或包容在惰性固化基材中的一种无害化处理过程，经过处理的固化产物应具有良好的抗渗透性、良好的机械性，以及抗浸出性、抗干湿、抗冻融特性，固化处理根据固化基材的不同可分为沉固化、沥青固化、玻璃固化及胶质固化等。

（5）焚烧和热解技术。焚烧法是固废高温分解和深度氧化的综合处理过程，好处是大量有害的废料通过分解而变成无害的物质。但是焚烧法也有缺点，如投资较大、焚烧过程排烟造成二次污染、设备锈蚀现象严重等。热解是将有机物在无氧或缺氧条件下高温（500℃～1000℃）加热，使之分解为气、液、固三类产物，与焚烧法相比，热解法是更有前途的处理方法，它最显著的优点是基建投资少。

（6）生物处理技术。生物处理技术是利用微生物对有机固废的分解作用使其无害化，可以使有机固废转化为能源、食品、饲料和肥料，还可以用来从废品和废渣中提取金属，是固废资源化的有效的技术方法，目前应用比较广泛的有堆肥化、沼气化、废纤维素糖化、废纤维饲料化、生物浸出等。

4. 危废物管理

与有资质的回收单位签订回收处置合同，定期对废油桶、废油漆桶等固废及其他危废物统一回收处置。暂存间按照环保要求，设置各种标识及防渗、通风措施。

现场评价或支撑材料：

固废减排措施。

第五节 噪声排放

61 主要噪声点清单

标准分：5

评分说明：矿山有主要产生噪音[声]场所及其岗位的清单，必要时可进行现场检测，符合要求得5分。

考核方法：查现场

【解读】本条要求矿山企业整理噪声场所清单。

噪声是一种环境污染，它被认为是仅次于大气污染和水污染的第三大公害。噪声污染是指所产生的环境噪声超过国家规定的环境噪声排放标准，并干扰他人正常工作、学习、生活的现象。日常生活中的噪声强度虽然不会致人或动物于死地，却能危害人的健康。世界各国都很重视噪声问题，把噪声污染列为主要的环境污染公害之一。

1. 矿山噪声源分类

（1）按噪声产生的地点，分为地表噪声源和井下噪声源。

（2）按噪声产生的原因，分为设备噪声源和非设备噪声源：①设备噪声源包括扇风机、空气压缩机（简称空压机）、凿岩设备、装卸设备、运输设备和破碎设备等；②非设备噪声源包括爆破，压气管线中压气的排放和泄漏，片帮、冒顶和放顶，以及矿石倾卸到矿仓、溜井、溜槽中的滚动和撞击噪声等。

2. 高噪声设备

噪声主要包括矿石挖掘、破碎、装运、矿石加工过程中各种机械设备产生的噪声，以及运输车辆的交通噪声和爆破过程中产生的爆破噪声。

高噪声设备主要包括凿岩、破碎设备、筛分设备、风机、空压机、排水泵、运输设备等。

矿山企业应将高噪声设备所在的工作场列出清单，并逐步改进。

3. 岗位噪声要求

《工业企业噪声卫生标准（试行草案）》第五条要求，工业企业的生产车间和作业场所的工作地点的噪声标准为85dB，现有工业企业经过努力暂时达不到标准时，可适当放宽，但不得超过90dB。《工作场所有害因素职业接触限值 第2部分：物理因素》（GBZ 2.2—2007）所规定的工作场所噪声接触限值如下：日接触时间8小时接触限值为85dB，日接触时间4小时接触限值为88dB，日接触时间2小时接触限值为91dB，日接触时间1小时接触限值为94dB。

《工业企业噪声卫生标准（试行草案）》第十条要求，在现有工业企业中，凡噪声超本标准规定的生产车间和作业场所，必须采取行之有效的控制措施，限期达到本标准要求。在未达到标准前，厂矿企业必须发放个人防护用品，以保障工人健康。

4. 噪声点清单

噪声点清单示例见表7.14。

表7.14 噪声点清单示例

工作场所	主要设备	岗位接触时间/h	接触限值/dB（A）
凿岩岗位及周边作业场所	潜孔钻	8	85
挖掘机	装载机	8	85
破碎加工车间	破碎机、振动筛	8	85

现场评价或支撑材料：

主要噪声点清单。

62 噪声处置要求

标准分：15

评分说明：对矿区凿岩、破碎和空压等高噪声设备进行降噪处理，配备消声、减振和隔振等措施得 15 分。

考核方法：查相关监测报告

【解读】本条是对噪声处置的要求。

主要采用吸声、隔声、减振、隔振等技术措施，对高噪声设备进行降噪处理，具体有以下几种。

（1）高噪声设备宜相对集中地布置在远离管理区和生活区的地段。

（2）产生高噪声的车间应与低噪声的车间分开布置。

（3）产生高噪声的生产设施周围宜布置对噪声较不敏感、高大、朝向有利于隔声的建筑物、构筑物等。

（4）根据实际情况因地制宜地采用下沉式设计，加装减震、消声装置进行降噪。

（5）在噪声明显的关键部位或厂界附近，对高噪声设备采用部分或整体封装，在隔声屏罩、隔声围护结构内加装吸音材料等。

（6）控制风机噪声的常用方法是在风机的进、出口处安装阻性消声器。对于有更高降噪要求的场合采用消声隔声箱，并在机组与地基之间安置减震器。

（7）降低空压机的噪声的措施是因地制宜地设计安装隔声罩，以及在进出风口安装消声器等。

（8）控制电机噪声的措施有安装隔声罩；改变电机冷却风扇结构，如改变叶片和风叶直径、减少叶片数量；安装消声器等。

（9）控制凿岩设备噪声的措施有在凿岩机排气口安装轻型消声器、用泡沫氯丁橡胶制成钎杆套、用隔噪外罩封闭凿岩机机体外壳、在台车上设置隔声操作间。

（10）控制主排水泵噪声的措施有水泵房内墙壁四周及机房顶部装设吸隔音板并用轻钢龙骨固定；机房与其他室内相通孔洞严密堵塞，避免空气传声；保障机房门、窗的密闭性；水泵加隔音罩；水泵底部安装隔振平台。

现场评价或支撑材料：

查看相关的设计或措施。

63 噪声排放要求

标准分：10

评分说明：厂界噪声排放达标得 10 分。

考核方法：查资料

依据文件：《工业企业厂界环境噪声排放标准》（GB12348—2008）

【解读】本条是对噪声排放要求。

1. 排放要求

矿区噪声执行《工业企业厂界环境噪声排放标准》（GB 12348—2008）中2类声环境功能区标准，即昼间60dB、夜间50dB；《铁路边界噪声限值及其测量方法》（GB 12525—1990）中的标准限值，即昼间70dB、夜间70dB。

（1）工业企业厂界[①]环境噪声不得超过表7.15所示的排放限值。

表7.15 工业企业厂界环境噪声排放限值 单位：dB（A）

厂界外声环境功能区类别	昼间	夜间
0	50	40
1	55	45
2	60	50
3	65	55
4	70	55

（2）夜间频发噪声的最大声级超过限值的幅度不得高于10dB（A）。

（3）夜间偶发噪声的最大声级超过限值的幅度不得高于15dB（A）。

（4）工业企业若位于未划分声环境功能区的区域，当厂界外有噪声敏感建筑物时，由当地县级以上人民政府参照《声环境质量标准》（GB 3096—2008）和《声环境功能区划分技术规范》（GB/T 15190—2014）的规定确定厂界外区域的声环境质量要求，并执行相应的厂界环境噪声排放限值。

（5）当厂界与噪声敏感建筑物距离小于1m时，厂界环境噪声应在噪声敏感建筑物的室内测量，并将表7.16中相应的限值减10dB（A）作为评价依据。

声环境功能区的适用范围按区域的使用功能特点和环境质量要求，分为以下五种类型。

0类声环境功能区：指康复疗养区等特别需要安静的区域。

1类声环境功能区：指以居民住宅、医疗卫生、文化教育、科研设计、行政办公为主要功能，需要保持安静的区域。

2类声环境功能区：指以商业金融、集市贸易为主要功能，或者居住、商业、工业混杂，需要维护住宅安静的区域。

3类声环境功能区：指以工业生产、仓储物流为主要功能，需要防止工业噪声对周围环境产生严重影响的区域。

4类声环境功能区：指交通干线两侧一定距离之内，需要防止交通噪声对周

① 各种产生噪声的固定设备的厂界为其实际占地的边界。

围环境产生严重影响的区域，包括 4a 类和 4b 类两种类型。4a 类为高速公路、一级公路、二级公路、城市快速路、城市主干路、城市次干路、城市轨道交通（地面段）、内河航道两侧区域；4b 类为铁路干线两侧区域。

2. 检测要求

工业场地厂界噪声需满足《工业企业厂界环境噪声排放标准》（GB 12348—2008）相应厂界噪声限值。地下开采矿山在工业场地边界检测，露天矿山在矿区边界检测。

现场评价或支撑材料：

相关监测报告。

第八章 科技创新与智能矿山

科技创新从技术上保障了绿色矿山建设过程成本的降低和效率的提高，是绿色矿山建设的重要动力；智能矿山体现了如何使生产处于最佳状态和最优水平，如何维持资源开发与生态保护相协调的关系。

本章的评估重点是考虑企业科技创新能力和智能矿山建设水平。

第一节 科 技 创 新

64 技术研发队伍
标准分：3
评分说明：企业建设技术研发队伍，有专职技术人员得3分。
考核方法：查资料
依据或标准：科技管理制度

【解读】本条要求矿山企业建设技术研发队伍。

矿山企业科技创新的基本任务包含四个方面，即建立科技研发队伍、推广科技成果转化、加大技术改造、推动矿山企业绿色发展和产业转型升级。这四个方面的要求也体现出科技创新在绿色矿山建设中的定位，明确了科技创新在绿色矿山建设过程中动能作用。

建立科技研发队伍，配备专职管理人员是科技创新的基础。

现场评价或支撑材料：

查看企业的组织机构设置，企业应提供相关的文件。

65 技术研发管理制度
标准分：3
评分说明：有技术研发的奖励及管理制度得3分。
考核方法：查资料
依据或标准：科技管理制度

【解读】本条要求矿山企业建立科技管理制度。

矿山企业要建立科技创新的体系，开展支撑企业绿色发展的关键技术研究，改进工艺技术水平必须要有科技管理制度。

科技管理制度主要包含科技资金来源及使用程序、科研项目管理、科技成果鉴定、科技成果管理等。

现场评价或支撑材料：

查看企业的科技管理制度。

66 协同创新体系

标准分：6

评分说明：建立产学研用协同创新体系：

①与科研院所、高等院校等建立技术创新合作关系，签订合作协议建立企业技术平台，包括工程技术中心、企业技术中心、重点实验室、院士专家工作站、创新工作室等，得 2 分；②开展支撑企业主业发展的技术研究，有立项文件或项目台账材料得 2 分；③改进企业工艺技术水平，有证明材料得 2 分。

考核方法：查资料

依据或标准：主管部门公告文件，项目立项文件及项目台账

【解读】本条要求建立“产学研用”相结合的科技创新体系。

“产学研用”是指企业、大学、科研院所、用户相互配合，发挥各自的优势，形成强大的研究、开发、生产、应用一体化的先进系统。它是科研、教育、生产、市场不同社会分工在功能与资源优势上的高度协同与集成化，是科技与产业的无缝对接，是一种合作系统工程。它可以有效解决科技创新与经济社会发展脱节、高校学科方向与地方主导产业契合度不高、科研队伍与市场距离过远等问题。把高校掌握的方法论、科研院所掌握的阶段性领先技术、现场人员发现问题的能力和解决问题中的时间作用结合起来，充分利用各阶层人才的优势，直接获取实际经验，使实践能力为主的生产、科研实践有机结合。企业有动力、市场有魔力，院所有能力、现场有精力。“四力”拧成一股，发挥强劲的创造力。

建立“产学研用”相结合的技术创新体系，是提高自主创新能力的必由之路。其不仅能够加速产业结构的转型升级，而且将实现我国比较优势的革命性转移和升级，即从单纯依靠低成本和廉价劳动力，转向由巨大“产学研用”资源整合、凝练而形成的创新力。科技创新可以划分为科技研发类、技术改造类及培训交流类三种类型。

（1）科技研发类：是原创性科学研究和技术创新的总称，是创造和应用新知识、新技术、新工艺，采用新的生产方式和经营管理模式，开发新产品，提高产

品质量，提供新服务的过程。科技研发创新可以分为知识创新、技术创新和现代科技引领的管理创新三方面。

（2）技术改造类：采用国内外先进的、适用的新技术、新设备、新工艺、新材料，对现有设施、生产工艺条件及辅助设施进行的改造，都称为技术改造。技术改造是在坚持科技进步的前提下，把科技成果应用于企业生产的各个环节，采用先进的技术改造落后的技术，使用先进的工艺和装备代替落后的工艺和装备，实现扩大再生产，达到安全生产、环境保护、增加品种、提高质量、节约能源、降低原材料消耗、提高劳动生产率、提高经济效益的目的。

（3）培训交流类：矿山结合自身情况，邀请相关行业专家对矿山专业人员进行技术培训；对同行先进单位进行实地考察，学习先进技术成果，互相交流科技创新方面的经验；与专业技术团队联合，以技术协作形式合作，增强科技创新实力。

矿山企业与高校、科研院所的“产学研用”合作也重点从上述三类考虑。加强与高校、科研机构及科技型社团的合作，签订“产学研用”合作协议，建设“产学研用”协同创新体系。

现场评价或支撑材料：

（1）“产学研用”合作协议。

（2）企业技术平台，包括工程技术中心、企业技术中心、重点实验室、院士工作站等。

67 科技获奖情况

标准分：18

评分说明：企业研究项目或成果获得国家级奖励得 18 分，省部级奖励得 12 分，国家奖励办《社会科技奖励目录》中的得 10 分，各类奖项应促进绿色矿山建设、体现单位名称，总分不超过 18 分。

考核方法：查资料

依据或标准：主管部门公告文件，项目立项文件及项目台账

【解读】本条鼓励矿山企业将科技创新的成果申报有关奖项，得到社会或行业的认可。

1. 国家级奖励

国家自然科学奖、国家技术发明奖、国家科学技术进步奖由国务院颁发证书和奖金。中华人民共和国国际科学技术合作奖由国务院颁发证书。

2. 省部级奖励

此处省部级奖励是指中华人民共和国各省、自治区、直辖市党委或人民政府直接授予的科学技术奖、发明奖、自然科学奖等奖励，或教育部、文化部、公安

部、国家国防科技工业局等国家部委和中国人民解放军直接授予的奖励。

3.其他奖励

国家奖励办公布的《社会科技奖励目录》中的奖励。

上述三类奖必须是与绿色矿山建设有关的奖项方可采信。对于社会科技奖励需查看奖励管理办法，所颁奖项类型与该奖励管理办法必须一致。

现场评价或支撑材料：

奖励对象必须是本单位，上级单位、同级单位、下级单位均不可。

68 研发及技改投入

标准分：6

评分说明：研发及技改投入不低于上年度主营业务收入的 1.5%。达到 1.5%得 6 分，1-1.5%得 5 分，0.5-1%得 4 分，低于 0.5%且对企业员工开展技术创新项目投入奖励的得 2 分。

考核方法：查资料

依据或标准：查财务报表、明细账、辅助账或项目台账

【解读】本条要求研发及技术改造投入不低于主营业务收入的 15%。

1. 研发投入、技术改造投入、主营业务收入

研发投入是指企业在产品、技术、材料、工艺、标准的研究、开发过程中发生的各项费用投入。

技术改造投入是指企业为了技术进步，增加产品产量，提高产品质量，增加产品品种，促进产品升级换代，节约能源，降低消耗和成本，加强资源综合利用和“三废”治理及劳保安全等，采用新技术、新工艺、新设备、新材料等对现有设施、工艺条件等进行技术改造和更新，增加技术措施的投入。

主营业务收入是指企业从事本行业生产经营活动所取得的营业收入。矿山企业的主营业务收入指“产品销售收入”，企业在填报主营业务收入时，一般根据企业会计“损益表”中有关主营业务收入指标的上年累计数填写。只有充足的投入，才能保证研发和技术改造循序渐进，科研成果得以迅速转化，加快绿色矿山建设。

2. 相关规定

（1）《国家税务总局关于研发费用税前加计扣除归集范围有关问题的公告》（国家税务总局公告 2017 年第 40 号）明确了研发投入费用范围。《财政部 国家税务总局 科技部关于完善研究开发费用税前加计扣除政策的通知》（财税〔2015〕119 号）及《财政部 税务总局 科技部关于提高研究开发费用税前加计扣除比例的通知》（财税〔2018〕99 号）中规定了加计扣除适用范围。目前企业都可以享受 75%的税前加计扣除税收优惠政策。

（2）企业从事的研究开发活动的有关支出，应符合《国家重点支持的高新技术领域》和国家发展和改革委员会、科学技术部、工业和信息化部、商务部、国家知识产权局公布的《当前优先发展的高技术产业化重点领域指南》的规定项目。凡符合规定项目定义和范围的，可享受研发费用加计扣除；不符合定义和范围的，则不能享受研发费用加计扣除。

（3）矿山企业的主营业务收入指“产品销售收入”，企业在填报主营业务收入时，一般根据企业会计“损益表”中有关主营业务收入指标的上年累计数填写。

3. 研发及技术改造投入要求

（1）企业设置专门的研发及技术改造财务科目。

研发与技术改造财务科目参考见表8.1。

表8.1　研发与技术改造财务科目参考

<table>
<tr><th>一级科目</th><th>二级科目</th><th>三级科目</th><th>四级科目</th><th>五级科目</th><th>六级科目</th><th>归集内容</th></tr>
<tr><td rowspan="14">研发支出</td><td rowspan="14">研发项目</td><td rowspan="14">费用化支出与资本化支出</td><td rowspan="14">1. 自行开发
2. 合作开发
3. 集中开发</td><td rowspan="3">人员人工费</td><td>工资薪金</td><td>参与研发活动的本企业在职人员的工资、薪金及加班工资</td></tr>
<tr><td>奖金补贴</td><td>参与研发活动的本企业在职人员的津贴、补贴与奖金，年终加薪等</td></tr>
<tr><td>其他</td><td>其他相关的外聘研发人员的劳务费用及其他支出等</td></tr>
<tr><td rowspan="8">直接投入</td><td>材料燃料和动力</td><td>从事研发活动消耗的原材料、半成品、燃料和动力费用（水、煤气与电）</td></tr>
<tr><td>测试手段购置费</td><td>用于中间试验和产品试制达不到固定资产标准的模具、样品、样机及一般测试手段购置费</td></tr>
<tr><td>工装及检验费</td><td>工艺装备开发制造费，设备调整检验费，试制产品检验费等</td></tr>
<tr><td>仪器设备维护费</td><td>用于研发活动的仪器设备简单维护费</td></tr>
<tr><td>仪器设备租赁费</td><td>用于研发活动的仪器、设备等租赁费</td></tr>
<tr><td>设备购置费</td><td>主要是仅提供目前计划使用的研发设备</td></tr>
<tr><td>其他</td><td>实施研究开发项目而发生的其他相关支出及用于研发活动的房屋租赁费</td></tr>
<tr><td>仪器设备</td><td>用于研发活动的仪器、设备的折旧费</td></tr>
<tr><td rowspan="3">折旧费及长期待摊费用</td><td>仪器设备</td><td>用于研发活动的仪器、设备的折旧费</td></tr>
<tr><td>长期待摊费用</td><td>研发仪器，设备在改装、修理过程中发生的长期待摊费用</td></tr>
<tr><td>其他</td><td>研究开发项目在用建筑物的折旧费用，包括研发设施改建、改装、装修和修理过程中发生的长期待摊费用</td></tr>
</table>

续表

<table>
<tr><th>一级
科目</th><th>二级
科目</th><th>三级
科目</th><th>四级
科目</th><th>五级
科目</th><th>六级
科目</th><th>归集
内容</th></tr>
<tr><td rowspan="11">研发支出</td><td rowspan="11">研发项目</td><td rowspan="11">费用化支出与资本化支出</td><td rowspan="10">1. 自行开发
2. 合作开发
3. 集中开发</td><td>设计费</td><td></td><td>为新产品和新工艺的构思、开发和制造，进行工序、技术规范、操作特性方面的设计等发生的费用</td></tr>
<tr><td>装备调试费</td><td></td><td>工装准备过程中研发活动发生的费用，包括研究生产机器、模具和工具，改变生产和质量控制程序，或制定新方法及标准等</td></tr>
<tr><td rowspan="4">无形资产摊销</td><td>研发软件</td><td>因研究开发活动需要购入的研发软件所发生的费用摊销</td></tr>
<tr><td>专利权</td><td>因研究开发活动需要购入的专利权所发生的费用摊销</td></tr>
<tr><td>非专利发明（技术）</td><td>因研究开发活动需要购入的非专利发明（技术）所发生的费用摊销</td></tr>
<tr><td>其他无形资产摊销</td><td>因研究开发活动需要购入许可证、专有技术、设计和计算方法等专用技术所发生的费用摊销</td></tr>
<tr><td rowspan="4">其他费用</td><td>勘探现场试验费</td><td>勘探、开发技术的现场试验费</td></tr>
<tr><td>研发成果相关费用</td><td>研发成果的论证、鉴定、评审、验收、评估及知识产权的申请费、注册费、代理费用等</td></tr>
<tr><td>图书资料及翻译费</td><td>技术图书资料费、资料翻译费</td></tr>
<tr><td>其他</td><td>为研究开发活动所发生的会议费、差旅费、办公费、外事费、研发人员培训费、培养费、专家咨询费、高新科技研发保险费用等</td></tr>
<tr><td>4 委托开发</td><td></td><td></td><td></td></tr>
</table>

（2）宜开展科研或技术改造专项审计。

（3）研发及技术改造投入不低于上年度主营业务收入的1.5%。

（4）矿山研发及技术改造投入资金应按项目计划及时拨付，保证项目正常开展，推进科研成果转化和绿色矿山建设。

现场评价或支撑材料：

财务报表。

69 高新技术企业认证

标准分：3

评分说明：获得高新技术企业证书得3分。

考核方法：看证书

依据或标准：获得高新技术企业证书

【解读】本条鼓励企业申请高新技术企业。

高新技术企业是指在《国家重点支持的高新技术领域》内，持续进行研究开发与技术成果转化，形成企业核心自主知识产权，并以此为基础开展经营活动，在中国境内（不包括香港、澳门、台湾地区）注册一年以上的居民企业。

在《2018 年国家重点支持的高新技术领域目录》中，绿色矿山建设技术在“七、资源与环境—（八）资源勘查、高效开采与综合利用技术—7.绿色矿山建设技术”目录下，包含的技术为“绿色矿山设计与施工技术，资源绿色开采技术，资源高效选冶技术，矿区生态高效修复技术等”。

现场评价或支撑材料：

高新技术企业证书。

70 知识产权情况

标准分：6

评分说明：三年内，获得一项发明专利得 2 分，发表一篇核心期刊论文得 1 分，一个实用新型或软件著作权加 1 分，所有成果应体现单位名称，总分不超过 6 分。

考核方法：查资料

依据或标准：专利、软著或论文原件（或复印件加盖公章）

【解读】本条鼓励企业发表专利和论文。

1. 论文

外文期刊，尤其是英文期刊，基本划分为科学引文索引扩展版（SCIE）[①]、社会科学引文索引（SSCI）和艺术人文引文索引（AHCI）三类，三种期刊分类存在重合，此外还有工程索引（EI）。因为部分学科具有学科交叉的特性，要确定期刊属于哪个类别收录，最简单的方法是查询 Web of Science 网站（http://mjl.clarivate.com/#opennewwindow）。

中文期刊的级别比较简单，文科基本的标准《中文社会科学引文索引》（CSSCI）和《中文核心期刊要目总览》，理科基本的标准是中国科学引文数据库（CSCD），现在称为中国科技论文统计与分析系统（CSTPCD）。

核心期刊是某学科的主要期刊。一般是指所含专业情报信息量大、质量高，能够代表专业学科发展水平并受到本学科读者重视的专业期刊

2. 专利

专利从字面上是指专有的权利和利益。“专利”一词来源于拉丁语 litterae

① SCIE 涵盖科学引文索引（SCI）的全部内容，以及 2015 年 SCI 不再收录新期刊后增加的内容。现在人们习惯所称的 SCI，实际上也是指 SCIE。

patentes，意为公开的信件或公共文献，是中世纪的君主用来颁布某种特权的证明，后来指英国国王亲自签署的独占权利证书。

在现代，专利一般是由政府机关或者代表若干国家的区域性组织根据申请而颁发的一种文件，这种文件记载了发明创造的内容，并且在一定时期内产生这样一种法律状态，即获得专利的发明创造在一般情况下他人只有经专利权人许可才能予以实施。在我国，专利分为发明、实用新型和外观设计三种类型。

发明专利是指对产品、方法或者其改进所提出的新的技术方案，主要强调的是技术。

而实用新型是指对产品的形状、构造或者其结合所提出的适于实用的新的技术方案，强调专利的构造。

外观设计是指对产品的形状、图案或其结合，以及色彩与形状、图案的结合所作出的富有美感并适于工业应用的新设计。

3. 软件著作权

计算机软件著作权是指软件的开发者或者其他权利人依据有关著作权法律的规定，对于软件作品所享有的各项专有权利。

计算机软件著作权的取得无需经过个别确认，这就是人们常说的“自动保护”原则。软件经过登记后，软件著作权人享有发表权、开发者身份权、使用权、使用许可权和获得报酬权。

现场评价或支撑材料：

（1）专利或计算机软件著作权证书。

（2）发表的论文。

71 先进技术和装备

标准分：20

评分说明：选用国家鼓励、支持和推广的采选工艺、技术和装备，采选工艺、技术或装备入选《国家鼓励发展的环境保护技术目录》、《矿产资源节约与综合利用先进适用技术推广目录》、《国家先进污染防治示范技术名录》、《安全生产先进适用技术、工艺、装备和材料推广目录》、《国家重点节能技术推广目录》、《节能机电设备（产品）推荐目录》等，能提供应用证明。每一项技术、工艺或装备得10分，总分不超过20分。

考核方法：查资料、查现场

依据或标准：相关产业政策目录、设计规范以及相关证明材料

【解读】本条是对矿山企业选用的工艺、技术和装备的要求。

国家鼓励、支持和推广的技术和工艺是指国家相关部门发布的先进适用技术、

工艺、装备和材料目录中的技术和工艺。国家有关部门发布的先进适用技术目录有《矿产资源节约和综合利用先进适用技术目录》《国家鼓励发展的环境保护技术目录》《国家先进污染防治示范技术名录》《安全生产先进适用技术、工艺、装备和材料推广目录》《国家重点节能技术推广目录》《节能机电设备（产品）推荐目录》《产业结构调整指导目录》等。

1. 先进技术和装备发布单位和建设意义

先进技术和装备发布单位和建设意义见表 8.2。

表 8.2　先进技术和装备发布单位和建设意义

内容	单位	意义
《矿产资源节约和综合利用先进适用技术目录》	自然资源部	推广矿产资源节约和综合利用先进适用技术
《国家鼓励发展的环境保护技术目录》	生态环境部	加快节能减排技术产业化示范和推广，引导环保产业发展
《国家先进污染防治示范技术名录》	生态环境部	加快环保先进污染防治技术示范、应用和推广
《安全生产先进适用技术、工艺、装备和材料推广目录》	应急管理部	推广安全生产先进适用的技术、工艺、装备和材料
《国家重点节能技术推广目录》	国家发展和改革委员会	重点节能技术的推广普及，引导用能单位采用先进的节能新工艺、新技术和新设备，提高能源利用效率
《节能机电设备（产品）推荐目录》	工业和信息化部	引领节能机电设备（产品）转型升级
《产业结构调整指导目录》	国家发展和改革委员会	引导产业结构调整方向

2. 先进适用技术装备证明材料

（1）先进技术和装备目录中的申报单位，并提供相关文件或在相关政府网站名录里能够查询到的。

（2）使用了先进技术和装备目录中的技术，有技术申报单位提供证明（同时技术提供单位也要提供相关证明）。

（3）先进技术和装备目录中的列出的参数型号与企业使用的参数型号完全一致，从现场可以验证的。

现场评价或支撑材料：

相关证明材料

第二节　智能矿山

72 智能矿山建设计划

标准分：5

评分说明：企业年度计划中有智能矿山建设内容得2分，按计划实施得3分。

考核方法：查资料、查现场

依据或标准：企业年度计划

【解读】本条是对矿山企业制定智能矿山建设计划的要求。

矿山企业应有智能矿山建设规划。它包含网络平台、数据存储、集控平台、自动化子系统、信息化管理系统等子系统的建设、集成及建设计划、投资预算、设备选型等内容。

现场评价或支撑材料：

企业年度计划中关于智能矿山建设的计划。

73 矿山自动化集中管控平台

标准分：10

评分说明：构建矿山自动化集中管控平台，能够将自动控制系统、远程监控系统、储量管理系统、各种监测系统等集中统一显示，符合要求得10分。

考核方法：查现场

依据或标准：矿山自动化集中管控系统平台建设方案

【解读】本条要求矿山企业建设数字化矿山集中管控平台。

矿山自动化集中管控系统由一体化综合监控、一体化通信联络、一体化信息管控三部分组成。各子系统实时数据统一存储、智能管理、实时分析、集中监控、集中发布、统一管控、统一调度，从而实现矿山开发与运行的科学预测、规划、控制和决策指挥，有助于提高矿山企业的运作效率、安全生产水平，增强矿山企业的竞争力，实现可持续发展。

1. 一体化综合监控平台

（1）实现全矿井运输、供电、排水、通风、压风等主要生产系统的远程监测监控功能，达到无人值守、减人增效的目的。

（2）通过对全矿井生产系统数据的集成，实现相关系统之间的智能联动、智能报警、智能应急预案管理。

2. 一体化通信联络系统平台

实现全矿井有线、无线数据传输，调度通信，应急广播，人员定位，工业电视等系统的一体化，达到语音、视频、人员管理的高效集成和应急联动，大大提升应急调度指挥的能力。

3. 一体化信息管控系统平台

（1）实现以设备为对象的全系统的预警、检测、故障分析及运行报告等功能的分析应用系统，降低故障发生率，缩短故障维修时间。

（2）通过集成生产执行过程相关的各类实时信息，及时反映生产运行状态，实现对生产全过程的优化管理，实现管控一体。

（3）以安全生产管理为主线，以提升矿山安全生产信息综合应用价值为目标，覆盖矿山主要生产职能部门业务，为矿山各级管理者提供信息共享、业务协同。

现场评价或支撑材料：

数字化矿山的规划方案、集中管控软件、调度中心。

74 矿山生产自动化系统

标准分：10

评分说明：①建立中央变电所、水泵房、风机站、空压机房、皮带运输巷等场所固定设施无人值守自动化系统，得 4 分；②建立开采及生产过程主要设备远程控制系统得 3 分；③建立废石场、废渣场等堆场、边坡建设、工作环境等安全监测系统平台得 3 分。

考核方法：查现场

依据或标准：矿山自动化各子系统建设方案

【解读】本条要求建设矿山生产自动化系统。

建设矿山生产自动化系统，实现生产、监测监控等子系统的集中管控和信息联动。通过实现设备的机械化和系统的自动化达到减人换人的目的，提高工作效率，将矿山生产维持在最佳状态和最优水平。

矿山自动化的基本要素是全矿范围的信息与数据采集系统、高速大容量双向全矿通信和信息系统网络、计算机化信息管理和自动化矿山计划及其控制和维护、与全矿信息系统网络相接的自动化和遥控的机械设备。矿山自动化的基本条件是实时自动化的控制能力，根据企业内外条件变化，改变矿山内部因素，连续优化，从而使产值达到最高水平。矿井综合自动化系统实现对全矿安全生产的远程集中监测与控制，做到井下无人值守。矿山自动化系统重点考虑如下两个因素。

（1）构建矿山自动化集中管控系统，重点包含如下的自动化系统：①中央变电所、水泵房、风机站、空压机房、皮带运输巷等场所固定设施无人值守自动化系统；②对废石场、废渣场等堆场、边坡建设安全监测系统平台，废气、废水污染控制系统在线监测平台等。

（2）安装远程监控系统，对远程的设备能够实现集中控制，远程操作。

现场评价或支撑材料：

矿山生产自动化系统的规划方案。

75 远程视频监控系统

标准分：10

评分说明：建立完善的远程视频监控系统。矿山工作面等生产场所，供电、排水、通风、运输、计量、销售等关键点，尾矿库、巷道等重要安全场所，安装远程视频监控系统，每安装一处且实现实时监控得 1 分，总分不超过 10 分。

考核方法：查资料、查现场

【解读】本条要求在矿区关键点安装视频监控系统。

能够利用远程监控系统监控有设备运行、人工作业或有不安全因素环境的场所、关键设备及人员情况，保证人员的安全，减少安全事故的发生。

重点工作场主要包含矿山工作面等生产场所，供电、排水、通风、运输、计量、销售等工艺环节中的关键点，尾矿库、巷道等重要安全场所。具体地讲，远程视频监控点主要安装地点应为硐口、车场、卸料口、绞车房、炸药库、水泵房、变电站、煤厂、尾矿库、排土场、过磅房、污水处理厂等。

现场评价或支撑材料：

在调度中心能看到主要远程视频监控信号。

76 资源储量管理系统

标准分：5

评分说明：开展三维储量管理实际工作得 5 分。

考核方法：查现场

【解读】本条要求企业建设资源储量 3D 模型和储量管理软件。

数字化资源储量模型主要通过建立地质数据库、利用三角网建模技术，创建矿区地层模型、矿体模型、构造模型或其他类型模型。按照国际矿业领域通用块体模型概念，运用地质统计学估值方法，完成品位模型的创建。以三维可视化平台为基础，应用各种方法所获得的地质数据，建立三维空间数据可视化分析模型，研究基于地质勘探数据的多指标地质体界线快速圈定技术、算法及三维地质体构模方法。

数字化资源经济模型是采用国际公认的“块段模型+地质统计”储量计算方法，结合国内储量分级标准和传统的储量计算方法，以及国内认可的矿产经济学原理和地质经济指标，开发出符合国家储量估算标准和经济评价规范，集原始样品编录、组合、概率分布模型、实验变异函数计算、理论变异函数拟合、变异函数模型可靠性交叉验证、块段建模、品位估值和储量计算于一体的高度集成的应用软件，实现不同技术经济指标条件下的矿床经济模型的快速圈定与经济评价。主要考虑如下几方面。

（1）建立资源储量3D模型，实现资源储量的动态管理。

（2）建立资源经济模型，实现资源的动态经济评价。

（3）建设资源储量软件管理系统。

现场评价或支撑材料：

（1）有储量管理3D系统。

（2）在调度中心或其他电脑上能操作。

77 智能工作面或无人驾驶矿车系统

标准分：5

评分说明：下面两项有一项得5分：①设正常生产的智能工作面；②建设有无人驾驶矿车系统。

考核方法：查资料、查现场

依据或标准：智能工作面或无人驾驶矿车设计方案

【解读】本条鼓励煤矿建设无人工作面。

1. 煤矿无人工作面开采

煤矿无人工作面开采是指工人不出现在回采工作面内，而是在回采工作面以外的地点操作和控制机电设备，完成工作面内的破煤、装煤、运煤、支护和处理采空区等各项工序。煤矿无人工作面开采是一种先进、高效的回采工艺。

煤矿无人工作面开采技术优点如下：

（1）煤矿无人工作面开采技术和地质条件之间有着重要的联系，将工作面完全系统作为基础，对信息的传递检测采用有线或者无线方式完成，并以此来控制关键的生产设备。整个工作过程涉及较多的专业和技术，如自主定位导航技术、煤岩自动识别技术及刮板传输机自动推移技术等，在各个分项技术之间的相互配合中，煤矿无人工作面开采技术自动化得以实现，完成了整个作业流程的动态优化。

（2）开采安全性高、开采技术水平高及煤层开采范围较广等都是煤矿无人工作面开采技术的优点。煤矿无人工作面开采技术能有效完成高瓦斯煤层瓦斯的预先释放，将工作面的瓦斯浓度控制在安全范围，这样就能使开采工作的安全性得到提高。因为煤矿无人工作面开采技术具有涉及面较广的优点，所以其能开采的范围有薄煤层、中煤层、厚煤层、特厚煤层。

（3）煤矿无人工作面开采技术还为传统煤层开采技术提供了重要依据，将先进生产技术进行了融合。从开采方式、开采设备及生产组织等各个方面进行深入研究，能利用自动控制技术、新型开采设备，实现智能化煤矿开采，有效提高煤矿生产效率。

2. 无人驾驶矿车

无人驾驶矿车是采用车辆线控技术，可在矿山现场流畅、精准、平稳地操作倒车入位、停靠、自动倾卸、轨迹运行、自主避障等各种功能。同时，随着数字化智慧矿山建设不断推进，通过为矿车配置环境感知系统、行为控制和决策系统、定位系统及高精度地图，实现自动按照矿山调度指令在无人操作的情况下装载、运输和卸载的循环作业。最终，结合车辆协同运作平台，可实现无人驾驶车队协同运转，一车感知、数据共享、全局可知，达到矿区作业高效、安全的目标。

现场评价或支撑材料：

煤矿无人工作面或无人驾驶矿车设计方案。

78 矿区环境在线监测系统

标准分：5

评分说明：建设矿区环境在线监测系统，对环境保护行政主管部门依法监管的污染物（矿井水、大气污染物、固废、噪声）排放指标具备按超标程度自动分级报警、分级通知功能，满足要求得 5 分。

考核方法：查资料、查现场

依据或标准：矿区环境在线监测系统建设方案

【解读】本条要求建设环境在线监测系统。

环境监测是通过对反映环境质量的指标进行监视和测定，以确定环境污染状况和环境质量的高低。环境监测的内容主要包括物理指标的监测、化学指标的监测和生态系统的监测。

（1）水质监测：分为水环境质量监测和废水监测，水环境质量监测包括地表水和地下水。监测项目包括理化污染指标和有关生物指标，还包括流速、流量等水文参数。

（2）空气检测：分为空气环境质量监测和污染源监测。空气监测时常需测定风向、风速、气温、气压、湿度等气象参数。

（3）土壤监测：重点监测项目是影响土壤生态平衡的重金属元素、有害非金属元素和残留的有机农药等。

（4）固废监测：包括工业废物、卫生保健机构废物、农业废物、放射性固废和城市生活垃圾等。主要监测项目是固废的危险特性和生活垃圾特性，也包括有毒有害物质的组成含量测定和毒理学实验。

（5）生物监测与生物污染监测：生物监测是利用生物对环境污染进行监测。生物污染监测则是利用各种检测手段对生物体内的有毒有害物质进行监测，监测项目主要为重金属元素、有害非金属元素、农药残留和其他有毒化合物。

（6）生态监测：观测和评价生态系统对自然及人为变化所做出的反应，是对各生态系统结构和功能时空格局的度量，着重于生物群落和种群的变化。

（7）物理污染监测：指对造成环境污染的物理因子，如噪声、振动、电磁辐射、放射性等进行监测。

这里主要是针对矿井水、大气污染物、固废、噪声等方面的监测。

现场评价或支撑材料：

系统体验自动分级报警、分级通知等功能。

第九章　企业管理与企业形象

企业管理和企业文化体现了企业的管理水平，从制度上保障了资源开发与生态保护相协调，保障了绿色矿山建设持续改进。

企业管理评估结果应体现在企业的管理体系对绿色矿山建设的保障能力。评估过程不但要考虑有没有制度、要求，还要充分了解这些制度和要求是否真正落实到位，是否与绿色矿山建设的持续改进原则相符合。

第一节　绿色矿山管理体系

绿色矿山管理体系是制定、实施、实现、评审和保持绿色矿山方针所需的组织机构、计划活动、职责、惯例、程序、过程和资源。

绿色矿山管理体系是一项内部管理工具，旨在帮助矿山企业实现自身设定的绿色矿山建设目标，不断地改进矿区环境、资源开发、综合利用、节能减排、智能矿山建设及科技创新等方面的水平，从而达到更优更新的高度。

绿色矿山管理体系服务于矿产资源开发与生态保护之间关系的改善，重点是发挥领导的作用，使全员参与绿色矿山管理工作，实施过程控制，达到持续改进的效果。

79 绿色矿山建设计划与目标

标准分：5

评分说明：企业年度计划中包含绿色矿山建设内容、目标、指标和相应措施等得5分。

考核方法：查资料

依据或标准：企业年度计划

【解读】本条要求企业计划绿色矿山的目标和指标。

组织应针对其内部每一个有关职能和层次，建立并保持绿色矿山目标和指标并形成文件。

组织在建立与评审绿色矿山目标时，应考虑法律法规与其他要求，它自身的重要绿色矿山因素、可选技术方案、财务、运行和经营要求，以及各相关方的观点。

目标和指标应符合绿色矿山方针，并包括对资源开发与生态保护相协调的承诺。同时，绿色矿山的目标、指标是对绿色矿山方针的分解和细化。

1. 绿色矿山目标、指标、措施

绿色矿山目标、指标、措施是整个绿色矿山建设的基础，只有梳理出目标、指标和措施，企业才能真正建设绿色矿山，绿色矿山管理体系关系如图9.1所示。

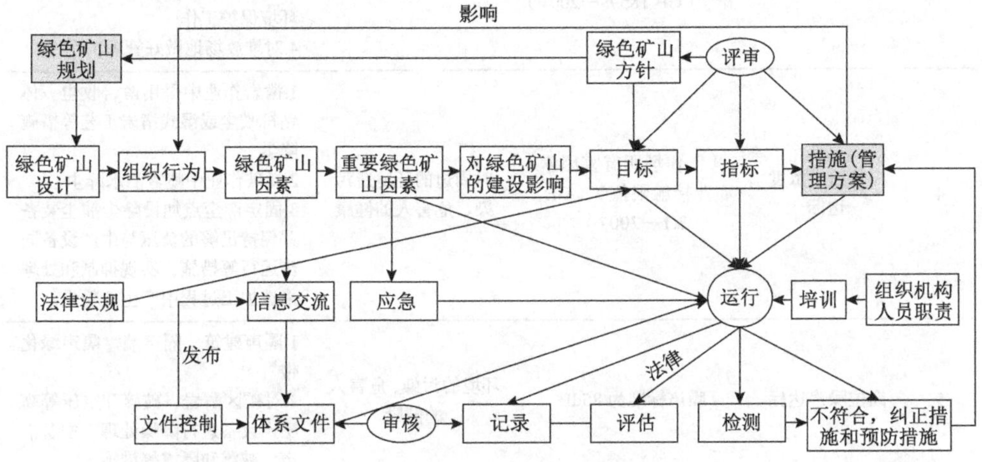

图9.1 绿色矿山管理体系关系图

首先要确定影响绿色矿山的因素，根据影响绿色矿山建设的因素，分解绿色矿山建设的目标和指标，根据目标和指标，制定绿色矿山管理方案。管理方案可以是采购一套设备、实施一个工程项目，也可以是一些具体的措施。

常见目标有水土保持达标、矿区绿化达标、资源开发和利用达标、科技投入达到要求、噪声排放达标、粉尘排放达标、矿区管理整洁美观等。

常见的指标有绿化覆盖率、扰动土地整治率、林草植被恢复率、土地复垦率、回采率、选矿回收率、资源综合利用率、贫化率、科技投入、粉尘浓度、噪声等。《绿色矿山评价指标》从广义上说是指标，从狭义上说是一种体验要求。

绿色矿山建设控制目标、控制指标、可能造成的影响和措施见表9.1。

表9.1 绿色矿山建设控制目标、控制指标、可能造成的影响和措施

序号	控制目标	控制指标	可能造成的影响	措施
1	不存在可绿化而没有绿化的区域	矿区绿化覆盖率达100%	不能为工作人员提供一个舒适的环境	1.建立绿化保障机制 2.建设绿化系统

续表

序号	控制目标	控制指标	可能造成的影响	措施
2	废水排放达标	《污水综合排放标准》（GB 8978—1996）	对周边的环境造污染	1.根据污染物的类别，建设污水处理系统 2.对污水循环利用
3	固废排放达标	《一般工业固体废物贮存、处置场污染控制标准》（GB 18599—2001）	对周边的环境造污染	1.根据污染物的排放情况确认堆放场地 2.按要求建设污染物堆放场地 3.对污染物堆放场地做好相应的环境保护工作 4.对堆放场地做好管理工作
4	岗位粉尘浓度达标	《工作场所有害因素职业接触限值》（GBZ 2.1—2007）	对周边的环境造污染、危害人的健康	1.凿岩作业中采用凿岩收尘一体钻机收尘或湿式凿岩工艺等措施降尘 2.爆破作业中喷雾洒水降尘 3.固定产尘点加设除尘捕尘装备并保持足够的负压与生产设备同步运行等措施，实现抑制和处理采选加工过程中产生的粉尘
5	岗位噪声达标	噪声标准为 85dB	环境的污染、危害人的健康	1.隔声建筑、隔声墙、隔声绿化带 2.对矿区凿岩、破碎和空压等高噪声设备进行降噪处理，配备消声、减震和隔震等措施
6	厂界噪声排放达标	昼间 60dB，夜间 50dB	环境的污染	1.根据工程实际合理制定，落实到位 2.建立健全环境管理责任制 3.按照文明工地的要求执行 4.执行预控措施 5.对分项工程实施安全/环保技术交底
7	生活污水排放达标	生活污水排放达到国家二级排放标准	环境的污染	设置沉淀池、污水处理池进行处理后排放
8	粉尘排放不合理	施工时目测 1.5m 以上无扬尘	环境的污染	执行粉尘污染的防治措施
9	地表沉降控制	地表无明显沉降	地质环境破坏	1.采用充填开采、保水开采等技术 2.预留矿柱或人工置换矿柱
10	工作面规范	台阶高度、宽度、坡面角等符合要求	造成地质灾害	1.采用微差爆破、预裂爆破、光面爆破等方式 2.根据矿石赋存情况和工程地质条件，科学选用机械设备和工作面推进方向 3.加强施工作业管理

2. 绿色矿山方针

绿色矿山方针指的是由组织的最高管理者正式发布的该组织总的绿色矿山宗旨和方向。通常绿色矿山方针与组织的总方针相一致并为制定建设绿色矿山目标提供框架。准确地说是企业对社会的承诺，响应企业的责任。

矿山企业最高管理者应确定本组织的绿色矿山方针并确保它在绿色矿山管理体系的覆盖范围内。绿色矿山方针应做到以下几点。

（1）适合于组织活动的性质、规模及对资源开发和生态保护的影响。

（2）包括对持续改进、最大限度地使资源节约和生态保护相协调的承诺。

（3）包括对遵守适用法律法规要求和与绿色矿山建设有关的其他要求的承诺。

（4）提供建立和评审绿色矿山建设目标和指标的框架。

（5）形成文件，付诸实施，并予以保持。

（6）传达到所有为组织工作或代表它工作的人员。

（7）可为公众所获取。

采信证明材料及得分补充：

能够包括绿色矿山主要标准条款的目标、指标和措施表格。

80 绿色矿山建设组织机构与职责

标准分：5

评分说明：有明确的绿色矿山建设组织机构和职责制度得5分。

考核方法：查资料

依据或标准：绿色矿山管理机构设置、职责的相关文件

【解读】本条要求企业建立绿色矿山建设的组织机构。

为便于有效的绿色矿山管理，应当对作用、职责和权限做出明确规定，形成文件，并予以传达。

管理者应为实施与控制绿色矿山管理体系提供必要的资源，包括人力资源和专项技能、技术及财力资源。

组织的最高管理者应指定专门的管理者代表（绿色矿山专员），除了其他职责以外，还应明确他（们）在下列方面的作用、职责和权限：

（1）确保按照标准建立、实施与保持绿色矿山管理体系要求。

（2）向最高管理者汇报绿色矿山管理体系的绩效，以便评审，并为改进绿色矿山管理体系提供依据。

企业要以正规的文件发布绿色矿山建设的组织机构和职责，责任落实到人。

现场评价或支撑材料：

企业正式的绿色矿山建设的组织机构和职责文件。必须是盖章文件，不盖章不生效。

81 绿色矿山考核

标准分：5

评分说明：建立绿色矿山考核机制，对照绿色矿山建设计划和目标，每年至少内部考核一次。符合要求得 5 分。

考核方法：查资料

【解读】本条是对绿色矿山目标、指标完成情况考核的要求。

通过对绿色矿山建设计划或目标完成情况的评估、考核，找出绿色矿山建设过程中存在的问题，从而达到持续改进的目的。在绿色矿山建设过程中要编写绿色矿山管理文件，从而使绿色矿山建设规范有序。

这里的绿色矿山考核是针对目标、指标的考核。有关目标、指标见 79 条的要求。

1. 考核方法

1）按相关要求进行自评估

根据要求，进行不少于一次的自评估（自查）。不包含申报绿色矿山的自评估。

2）针对目标、指标表单进行绿色矿山的建设的绩效进行评估

在绩效评估的表格中要体现每个指标完成和提升情况，并且要有相关说明。

2. 考核的依据文件

（1）绿色矿山管理体系文件。

（2）各种过程资料。

绿色矿山建设过程中保留相关材料，作为绩效考核的重要依据。这些材料包含：召开绿色矿山管理的相关会议通知，绿色矿山管理的相关会议记录，采购、工程等活动记录，归档的相关资料等。

3. 绿色矿山管理体系文件的构成

（1）绿色矿山建设手册。绿色矿山建设手册是企业内部绿色矿山管理的纲领性文件和行动准则，应阐明绿色矿山建设方针，并描述其绿色矿山管理体系的文件，它对绿色矿山管理体系做出了系统、具体而又纲领性的阐述。

（2）程序文件。绿色矿山建设手册的支持性文件，是实施绿色矿山管理体系要素的描述，它对所需要的各个职能部门的活动规定了所需要的方法，在绿色矿山建设手册和作业文件间起承上启下的作用。

（3）作业文件。程序文件的支持性文件，是对具体的作业活动给出的指示性文件。

（4）绿色矿山建设计划。针对某一项目或合同而规定专门的绿色矿山改进措施、资源和活动顺序的文件，在具体的采购、工程、生产、运输、科研等项目上，

矿山企业可以单独编制采购、工程、生产、运输、科研等的计划，也可以表现在绿色矿山规划或绿色矿山实施细则中。

（5）绿色矿山建设记录。用以记录活动的状态和所达到的结果的文件。在采购、工程、生产、运输、科研等绿色矿山项目上，绿色矿山建设项目记录将形成绿色矿山建设工作文件。

现场评价或支撑材料：

（1）绿色矿山绩效考核表格或者绿色矿山绩效评估内容。

（2）自评估报告（申报前一期的自评估报告）。

82 绿色矿山建设改进提升

标准分：5

评分说明：明确绿色矿山建设的改进内容、措施、负责人、完成时间、达到的效果等，符合要求得5分。

考核方法：查资料

【解读】本条是对改进的要求。

持续改进是强化绿色矿山管理体系的核心过程，目的是根据组织的绿色矿山方针，整体提升绿色矿山绩效，同时也是一种基于某一基线而做的计划。绿色矿山改进计划参见表9.2。

表9.2　绿色矿山改进计划

一级指标	二级指标	负责人	起止时间	措施内容	加分	费用/元
一、矿区环境	矿容矿貌	李×	2020-04-12～2020-05-14	完善定置化方案，加大日常考核力度，由企业管理部负责	2	10000
一、矿区环境	矿容矿貌	张××	2020-03-26～2020-03-28	老的运输队办公楼门口有一间违建房屋，无手续，需拆除	3	100
一、矿区环境	矿容矿貌	乔××	2020-04-12～2020-04-30	确定缺少标牌、边界牌的位置，找相关厂商制作	1	5000
一、矿区环境	矿区绿化	赵××	2020-04-16～2020-04-30	建设办公楼前绿化自动式喷灌	4	150000
一、矿区环境	矿区绿化	李××	2020-04-13～2020-04-20	机关服务队进行绿化补植工作	4	500
一、矿区环境	矿区绿化	赵××	2020-04-15～2020-05-15	安装绿色隔离带100m，从A点到B点	5	5000

续表

一级指标	二级指标	负责人	起止时间	措施内容	加分	费用/元
二、资源开发方式	矿山环境恢复治理与土地复垦	穆××	2020-04-13～2020-06-26	对边坡进行综合治理，消除安全隐患，减少生态修复的难度	10	50000
二、资源开发方式	环境管理与监测	张××	2020-04-10～2020-04-30	申请管理体系认证	5	500
三、资源综合利用	固废资源化利用	吴××	2020-04-06～2020-04-13	建立全尾砂充填系统，降低矿石贫化率	24	450000
三、资源综合利用	生活垃圾处理	李×	2020-04-10～2020-04-30	制定生活垃圾分类管理制度，并实施	4	500
四、节能减排	废气排放	刘××	2020-03-19～2020-03-27	增加集气罩收集设备，收集污染气体，统一处理	8	500
总计					70	672100

现场评价或支撑材料：

改进措施表格。

83 绿色矿山建设培训

标准分：8

评分说明：①有绿色矿山培训制度和计划1分；②组织管理人员和技术人员进行绿色矿山建设培训（学习）得3分；③定期组织绿色矿山专职人员参加绿色矿山建设系统性培训（学习），并有培训（学习）证明，得4分。

考核方法：查资料、抽查员工了解

依据或标准：培训制度、培训计划、培训签到、视频资料、培训通知、证书、照片

【解读】本条是对矿山企业有关人员进行绿色矿山培训的要求。

绿色矿山职工培训制度是指以规章制度的形式将企业的培训计划、要求、实施等方面加以规范化、严肃化。每个企业的具体情况不同，培训制度也各不相同。加强绿色矿山建设全员培训制度，建立培训台账，设立绿色矿山专业岗位，按照《绿色矿山建设培训大纲》有计划、分岗位、分层次、分阶段培训。

1. 管理体系中对培训的要求

应建立并保持一套程序，使处于每一有关职能与层次的人员都意识到：

（1）符合绿色矿山方针与程序和符合绿色矿山管理体系要求的重要性。

（2）他们工作活动中实际的或潜在的重大影响，以及个人工作的改进所带来的绿色矿山效益。

（3）他们在执行绿色矿山方针与程序，实现绿色矿山管理体系要求，包括应急准备与响应要求方面的作用与职责。

（4）偏离规定运行程序的潜在后果。

从事可能产生重大绿色矿山影响的工作人员应具备适当的教育、培训和（或）工作经验，以胜任他所担负的工作。

2. 培训组织

组织应确定培训的需求。应要求其工作可能对绿色矿山产生重大影响的所有人员都经过相应的培训。

1）制订绿色矿山建设培训计划

培训计划是按照一定的逻辑顺序排列的记录，它是从组织的战略出发，在全面、客观的培训需求分析的基础上做出的对培训内容、培训时间、培训地点、培训者、培训对象、培训方式和培训费用等的预先系统设定。

矿山企业根据各类人员的需求及实际岗位情况，依据《绿色矿山建设培训大纲》的相关要求和内容，制定绿色矿山建设培训计划，以保证各岗位的工作人员能有素质地适应相关岗位对绿色矿山建设的要求，有能力完成相关岗位在绿色矿山建设方面的任务。

2）组织或参加绿色矿山建设培训

组织培训是指组织为了提高劳动生产率和个人对职业的满意程度，直接有效地为组织生产经营服务，从而采取各种方法，对组织各类人员进行的教育培训投资活动。

矿山企业主要管理人员、绿色矿山建设专员要参加由自然资源部、各地方自资源厅/局认可的绿色矿山培训，达到理解绿色矿山内涵，清楚绿色矿山建设行业标准和绿色矿山评价指标中每一指标的含义，把握绿色矿山建设的方向的目标。同时由绿色矿山专员，或邀请参与行业标准编写（或解读）的专家，或地方标准编写（或解读）的专家为企业员工进行内部培训。

每年开展职工培训的次数，培训的地点、人数、人次、内容，培训记录清晰有效。

3）培训考核

为保证培训质量，建议参加相关权威部门组织的考核后能够获得有关部门颁发的培训证书。

现场评价或支撑材料：

培训证书、培训计划、培训通知、培训签到等。

第二节　企 业 文 化

企业文化建设就是从思想上凝聚人，从行为上规范人，从素质上提高人，从而在企业管理体系中营造出一种以人为本的管理理念和培育人才的发展战略，为企业在发展中解决“人”的问题。

84 职工满意度调查

标准分：3

评分说明：定期开展职工满意度问卷调查，合理设置问卷调查内容，做到客观公正。每年组织一次得 1 分，满意度高于 70%得 1 分，及时公示得 1 分。

考核方法：抽查员工了解

依据或标准：调查问卷原始记录

【解读】本条要求企业开展职工满意度调查。

标准要求：定期、不定期开展职工满意度问卷调查，合理设置问卷调查内容，做到客观公正，企业职工满意度不低于 70%

员工的满意度调查原则是由工会（标准原文：应健全企业工会组织，并切实发挥作用，丰富职工物质、体育、文化生活，企业职工满意度不低于 70%）联合人力资源部门开展的活动。

从企业的角度来看，进行员工满意度问卷调查不仅可以了解员工日常工作中的具体问题，也可以从另外的一个角度来认识企业的工作进展情况，以及平时无法发现的工作中的弊端。在员工满意度问卷调查里面，也能够发现员工平时不会表达出来的一些对于企业的看法及意见，因为调查一般都是匿名的，所以，员工在进行填写时可以完全放心地填写，尽情地表达自己的合理化的建议。

从员工的角度看，员工不仅可以从一张企业员工满意度问卷调查表里面看到企业对于员工工作的重视程度，也可以在表格里面抒发自己对于企业的意见，或者是一些平时无法表达的建议，当然也可以在回答问卷的时候表达自己对于公司的诉求，在员工福利方面，以及员工工资的方面，都可以提一些建议。因此，在进行企业员工满意度问卷调查的工作时，员工是可以得到很多的利益的，同时也可以看到企业对于自己工作的重视程度。

进行员工满意度调查是企业对于员工的负责任的态度，也是企业可以和员工进行沟通的一个平台，所以无论是在进行设计调查问卷还是进行回答问卷阶段，都是需要双方配合才可以达到最终的调研目的，制作企业员工满意度问卷调查的最终目的也是互利共赢。

1. 员工满意度调查的目的

（1）为不断提高员工满意度和员工忠诚度，应及时调查员工满意度和分析改进，持续进行公司的管理改善，促进企业永续发展。

（2）为掌握员工思想动态和心理需求，应采取针对性的应对措施，体现企业对员工的人性化关怀，预防人才的流失。

（3）建立正式的全员沟通机制，对反映出的影响员工满意度的问题及时处理，不断增强员工对企业的向心力、凝聚力。

（4）了解员工对公司的管理体制和流程、工作环境和氛围、工作效率、沟通与反馈、管理者领导能力、工作回报、人力资源、后勤保障等公司经营管理各个方面的意见和看法。

2. 员工满意度调查的具体方式

（1）建设员工满意度调查机构（可为临时），负责员工满意度调查。

（2）建立《员工满意度管理制度》。

（3）员工满意度的调查工作主要包括问卷的设计和分发，问卷的收取、分析和汇总。

（4）调查工作结束编制《员工满意度分析报告》，编制人员负责对员工满意度调查的各种信息进行归类、统计、分析、判断和讨论，形成具有集体意见的《员工满意度分析报告》。

（5）员工满意度信息发布方式包括邮件方式、书面形式、公告栏张贴、会议方式。

（6）员工满意度调查是全体员工的普查而不是少数员工的抽查，员工满意度调查结果的好与坏是衡量企业管理工作的一个重要指标。因此，问卷要精心设计，如此才能起到应有的作用。

现场评价或支撑材料：

（1）查看矿山企业提供的工会组织、《职代会制度》及相关记录，职工满意度调查表、汇总表、调查报告及回访台账等证明材料。

（2）复核文件或汇编，并对职工满意度调查表、召开职代会情况在职工座谈、问卷调查时咨询、了解。

85 职工文娱活动

标准分：4

评分说明：①有职工休闲、娱乐、文化体育设施得2分；②设施正常运行得2分。

考核方法：查资料，查现场

【解读】本条要求企业为职工提供休闲、娱乐、文化体育设施。

1. 职工文体活动的作用

（1）职工文体活动作为企业文化建设的一个重要组成部分，其对活跃职工工作环境氛围，全面提高职工综合素质有着独特的作用。由于广大基层员工的受教育水平不同，只通过文字介绍很难让全体职工理解企业文化建设的真正含义。文体活动能够把企业文化中呆板、机械、教条的部分通过书、画、歌、舞等以寓教于乐的方式传递给广大职工，使广大职工更容易理解和接受。

（2）开展职工文体活动有助于舒缓员工长期枯燥工作后疲乏的心态，同时能减少职工由于单一的操作环节所形成精神倦怠和行为惯性。随着物质和文化生活水平的提高，员工在工作之余已不满足于消极的休息，期望用集体的娱乐来消除一天工作的疲劳，缓解一天工作的紧张。员工还希望通过娱乐满足自身的兴趣，释放过盛的精力和不良的心绪。同时，随着员工文化素养的不断提高，他们把欣赏文艺作品，组织文艺活动，研究书法、绘画、摄影等作为美的追求和享受。丰富多彩的文体活动能为员工展示才艺创造空间，为员工培养才情提供条件；能够满足他们健康向上的精神需求，体现企业文化“以人为本”的理念。

（3）开展职工文体活动有助于将员工的个人意识行为转化为集体意识行为。在日常工作和行为中，每个人都是一个单独的个体，其思考问题和思维方式具有无序性和散乱性。而组织强调更多的是集体主义观念和行为，一个组织如果缺乏集体观念，那么必然处于松散、不稳定状态。文艺活动具有目的的统一性、动作的协调性、整体的合作性、信息的沟通性，能够有效地带动参与者走出个人的思维范畴，达成集体的共识。由于文体活动的集体性质，要求每个员工在参与活动的过程中必须放弃狭隘的个人偏见，树立集体主义思想，同时修改着每位员工的个人认识，规范员工的个人行为，使员工服从集体目标，达到统一和谐，从而达到加强员工凝聚力的作用。如篮球赛、大合唱、拔河比赛等活动在对职工提高集体荣誉意识、增强企业凝聚力方面的影响具有不可替代的作用。

（4）开展职工文体活动和加强企业文化建设有相辅相成的作用。文体活动是推广企业文化传播的重要媒介，间接推动企业文化的发展。同时企业文化拓宽了文体活动的空间，使其内容和形式表现出多样性和多元化，从而达到提升文体活动在广大职工心中的地位的作用。这样在影响员工的精神和行为的同时，既为企业文化建设提供了巨大的帮助，也加强了企业职工的凝聚力和企业在同行业中的竞争力。

2. 职工文体活动的设施

矿山企业为职工提供的休闲、娱乐、文化体育设施有按摩椅、桑拿、健身器材、棋牌、洗浴、KTV 大厅及包厢、羽毛球馆、篮球场等。

现场评价或支撑材料：

（1）有各种职工休闲、娱乐、文化体育设施，照片为准。

（2）各种职工休闲、娱乐、文化体育设施是否正常使用。

86 工会组织开展活动

标准分：3

评分说明：工会定期开展各项活动，推动职工及企业之间交流得 3 分。

考核方法：查资料

【解读】本条要求企业工会定期开展各项活动。

1. 工会

工会是企业联系广大职工群众的桥梁和纽带，它发挥着以下作用。

（1）维护职工合法权益，例如，组织召开职工大会或代表大会，就涉及职工切身利益的事项，如劳动报酬、休息休假、劳动安全卫生、福利待遇等，提交会议讨论，维护职工的知情权、表达权、监督权。

（2）提高职工素质。配合人事部开展各类技能培训，促进职工职业发展，提高企业生产效率。

（3）组织开展各类技术比武、劳动竞赛活动，推动企业生产任务的完成和技术升级。

（4）组织职工开展文体活动，如球赛、晚会、外出拓展训练等，丰富职工的业余生活，愉悦职工身心。

（5）困难帮扶，对遭遇困难的职工，如大病、自然灾害、突发事件等，拿出工会经费进行救助，组织员工募捐，帮助困难员工渡过难关。

总之，企业工会运作得好，不但不会给企业带来麻烦，反而会增强企业的凝聚力，提高员工队伍的稳定性、幸福感，形成企业增效、员工增收的双赢局面。

2. 工会活动

（1）定期或不定期开展职工满意度问卷调查，合理设置问卷调查内容，做到客观公正，通常企业职工满意度不应低于 70%。

（2）有职工休闲、娱乐、文化体育设施，保障正常运行。

（3）工会定期开展各项活动，推动职工及企业之间交流。

现场评价或支撑材料：

（1）活动计划、活动记录、活动报道等。

（2）每年组织球赛、晚会、外出拓展训练等活动的通知、视频、新闻、照片等。

87 绿色矿山文化建设

标准分：3

评分说明：有绿色矿山宣传片，基于对清晰度、解说词、时长等关键内容的考量，按制作效果酌情给分。

考核方法：看宣传片

【解读】本条要求企业制作宣传片对绿色矿山建设情况进行宣传。

与传统的宣传方式相比，企业宣传片的优势在于：宣传片包含的信息容量大，场面真实可信，视频传播使人印象深刻，在互联网中可以轻松传送。正因如此，越来越多的工业企业选择为企业定制宣传片，绿色矿山宣传片的作用主要有以下几点。

（1）绿色矿山宣传片能让目标客户更加直观地对企业综合实力、绿色矿山建设方针、绿色矿山建设目标、绿色矿山建设实践及企业精神面貌有所了解，视听结合的方式比传统的静态画面更富有表现力及感染力，可以使用客户用更加容易的方式对企业绿色矿山的建设情况有所了解。

（2）绿色矿山建设宣传片能够通过网络方便地传输，使更多的人了解本企业绿色矿山建设情况，也是“双随机、一公开”的一种展现形式。

现场评价或支撑材料：

企业提供宣传片视频，并且其中包含绿色矿山建设的相关内容。

第三节 企业管理

88 员工收入与企业业绩的联动机制

标准分：2

评分说明：建立企业职工收入随企业业绩同步增长机制，企业员工的总收入与企业经济效益增长有关联关系的得 2 分。

考核方法：查资料、抽查员工了解

依据或标准：考核制度

【解读】本条要求企业员工的总收入与企业经济效益增长联动。

《国务院关于改革国有企业工资决定机制的意见》（国发〔2018〕16 号）提出：改革工资总额确定办法。按照国家工资收入分配宏观政策要求，根据企业发展战略和薪酬策略、年度生产经营目标和经济效益，综合考虑劳动生产率提高和人工成本投入产出率、职工工资水平市场对标等情况，结合政府职能部门发布的工资指导线，合理确定年度工资总额。

企业要建立良性绩效薪酬分配方案，体现出企业职工收入随企业业绩同步增长机制，实现工资与效益联动。企业经济效益增长的，当年工资总额增长幅度可在不超过经济效益增长幅度范围内确定。其中，当年劳动生产率未提高、上年人工成本投入产出率低于行业平均水平，或者上年职工平均工资明显高于全国城镇单位就业人员平均工资的，当年工资总额增长幅度应低于同期经济效益增长幅度；对主业不处于充分竞争行业和领域的企业，上年职工平均工资达到政府职能部门规定的调控水平及以上的，当年工资总额增长幅度应低于同期经济效益增长幅度，且职工平均工资增长幅度不得超过政府职能部门规定的工资增长调控目标。

1. 建立“企业与职工共同增收制度”

企业应建立“企业与职工共同增收制度”或者通过召开年度工资专项集体合同会议并形成纪要。

2. 建立薪酬分配方案

企业要建立良性绩效薪酬分配方案，体现出企业职工收入随企业业绩同步增长机制。

3. 业绩与收入同步增长机制

（1）体现社会主义劳动分配制度，按劳分配，齐心协力创佳绩，企业员工的总收入与企业经济效益增长联动。

（2）合理设置企业考核目标和指标，绩效奖励和晋升机制完整。

采信证明材料及得分补充：

（1）能够体现企业员工的总收入与企业经济效益增长有关联关系的资料，如财务报表、纳税证明等。

（2）落实情况：相关落实文件（如考核、奖金发放）等证明材料。

89 功能区管理制度

标准分：2

评分说明：有与企业实际情况相符的生产、生活等管理制度，且明确责任单位或部门，得2分。

考核方法：查资料

依据或标准：查看矿山相关管理文件

【解读】对各功能区的管理要求。

各功能区有相应的管理制度，责任落实到相关单位或部门。

（1）各功能区的管理重点要包含：物品摆放、卫生、绿化、车辆停放、垃圾分类、废弃物堆放、宿舍、食堂、澡堂卫生、工作着装及相关纪律等方面的管理，也可以包含定置化管理和目视管理。

（2）墙壁上无乱画现象，无书写不文明内容以及与党和国家指导精神不符的内容。

功能区管理制度应将定置化管理、目视化管理等进行结合。

采信证明材料及得分补充：

管理制度是否完善并符合矿山实际情况。

90 采选装备管理

标准分：20

评分说明：①有核心装备清单，包含装备名称、型号、主要参数、能耗情况、购置时间、维保情况；②现场核验装备与清单相符合并能正常使用，无国家明令淘汰的落后生产工艺装备。符合一项得5分。

考核方法：查资料

依据或标准：查看矿山相关管理文件

【解读】本条是对采选核心装备管理的要求。

本条所指的核心设备重点是指在主要采选工艺环节上的能耗大、产生粉尘和噪声的设备对环境有影响的装备。矿山主要大型设备指挖掘机、装载机、抓岩机、装岩机、装运机、天井（竖井）钻机、掘进机、采煤机、刨煤机、综掘机、刮板运输机、液压支架、转载机、运输机、钻井机械、采油机械、修井机械、破碎机械、粉磨机械、筛分机械、分选（选别）机械、脱水机械、制砂机械等。

1. 露天矿主要采矿设备

（1）穿孔设备：冲击式钻机、潜孔钻机和牙轮钻机。

（2）采装设备：挖掘机（有多斗和单斗两类）、轮斗铲和前端式装载机，广泛采用的为单斗挖掘机。

（3）运输设备：汽车、输送机等。

（4）排土设备：推土犁、推土机、前装机、拖拉铲运机、索斗铲等。

2. 地下矿山主要采矿设备

（1）金属矿山：铲运机、凿岩台车、破碎机、钻机等。

（2）煤矿设备：综合采煤机、综合掘进机、凿岩台车、刮板运输机、液压支架、皮带运输机等。

3. 选矿加工设备

破碎机、除土筛、皮带机、整形机、给料机等。

4. 采选核心装备管理参考表格

采选核心装备管理参考表格见表9.3。

表 9.3　采选核心装备管理参考表格

序号	设备名称	型号	参数	购置时间	功率	维修情况	现使用地点
1	1#鄂式破碎机	C6X125	最大进料块度 900mm B=175mm，Q=540t/h	2018.9.6	320	日常维护	粗破车间
2	1#风机	4-72-No.5A（4）	Q=11054m^3/h，P=2962Pa n=2900rpm，N=15kW	2019.2.6	30	日常维护	粗破车间
3	掘进台车	DD311	电机总功率 70kW，打钻深度 4.2m	2019.4.5	70	日常维护	工作面
4	铲运机	ACY-2	铲斗容积 2m^3	2018.11.2	50	日常维护	工作面

5. 国家明令淘汰的落后生产工艺装备

国家明令淘汰的落后生产工艺装备主要是 2005 年、2011 年和 2013 年发布的《产业结构调整指导目录》。2019 年发布的《产业结构调整指导目录（2019 年本）》是最新目录，共涉及行业 48 个，条目 1477 条，其中鼓励类 821 条、限制类 215 条、淘汰类 441 条。

现场评价或支撑材料：

设备清单。

91 职业健康管理制度

标准分：3

评分说明：具备职业健康等管理制度得 3 分。

考核方法：查资料

依据或标准：查看矿山相关管理文件

【解读】本条是职业健康的管理。

职业健康管理制度包含职业健康管理目标、职业健康管理机构、职业健康管理设施、职业健康保障措施。

现场评价或支撑材料：

职业健康管理制度，制度文件应体现文件版本号、受控情况。

92 环境保护管理制度

标准分：3

评分说明：具备环境保护管理制度（包含污水、废水排放；固废的分类、堆放、控制；噪声控制；扬尘控制等）得 3 分。

考核方法：查资料

依据或标准：查看矿山相关管理文件

【解读】本条是对矿山企业建设环境保护制度方面的要求。

环境管理主要包含污水、废水排放管理，废弃物管理，噪声控制，扬尘控制，光污染控制等。

现场评价或支撑材料：

环境保护管理制度，制度文件应体现文件版本号、受控情况。

93 人员目视化管理

标准分：4

评分说明：①内部员工进入生产作业场所，统一着劳保服装，且穿戴符合安全要求；②外来人员，如参观、检查、学习人员、承包商员工等，进入生产作业场所，着装符合生产作业场所安全要求。

有一人一处达不到要求扣1分。

考核方法：查现场

依据或标准：人员目视化管理制度

【解读】本条是对矿山企业人员目视化管理的要求。

目视化管理是利用形象直观而又色彩适宜的各种视觉感知信息来组织现场生产活动，达到提高劳动生产率的一种管理手段，也是一种利用视觉来进行管理的科学方法。

目视化管理的特点包括：以视觉信号显示为基本手段，大家都能够看得见；要以公开化、透明化的基本原则，尽可能地将管理者的要求和意图让大家看见，借以推动自主管理，或称为自主控制；现场的作业人员可以通过目视的方式将自己的建议、成果、命令展示出来，与领导、同事及工友们相互交流。

（1）人员目视化管理：内部员工进入生产作业场所，统一着劳保服装，外来人员（参观、检查、学习人员、承包商员工等）进入生产作业场所，着装应符合生产作业场所安全要求，并与内部员工有所区别。

（2）工具目视化管理：压缩气瓶、脚手架、手持电动工具、电工工具等使用工具定期检查确认完好，并在明显位置粘贴检查合格标签。

（3）设备设施目视化管理：设备设施明显部位标注名称及编号，管线、阀门着色统一、规范，管线上标明介质名称和流向，仪表控制盘及指示装置上标注控制按钮、开关、显示仪名称等，危险的设备设施有警示信息，设置安全操作注意事项标牌，盛装危险化学品的器具分类摆放并设置标牌，标牌内容包括化学品名称、主要危害及安全注意事项等基本信息。标识、标牌保持整洁、清晰、完整，无遗漏、变色、褪色、脱落、残缺等情况。

（4）生产作业区域目视化管理：油气集输（场）站、油气储存库区、油气化工生产区域、天然气净化厂等易燃易爆、有毒有害生产区域入口悬挂“未经许可严禁入内”及红、黄、绿三色警示标识，以及关闭手机、严禁烟火、有毒危险等安全警示标志，在大门通道附近设置场内安全疏散示意图、职业危害（种类、理化性质、浓度或强度、危害性、防护措施等）及风险点源分布图、入场安全须知牌，在生产区域或敏感部位悬挂各类安全警示标志和职业危害警示标志。标志、标识保持整洁、清晰、完整，无遗漏、变色、褪色、脱落、残缺等情况。

目视化管理实施的意义在于造就高效、清爽的工作场所，消灭现场“三不”（不伤害自己，不伤害别人，不被别人伤害）导致的现场“三害”（工伤、不良、故障）所引发的损害，因此，要针对现场改善活动设定一系列的项目。

现场评价或支撑材料：

（1）目视化管理制度。

（2）制度执行记录，如处罚记录、照片、视频等。

94 绿色矿山宣传活动

标准分：6

评分说明：开展与绿色矿山建设相关的宣传活动，在媒体刊发正面报道文章、开展宣讲报告、举办竞赛、开展宣传周活动等，每一类可得 2 分，总分不超过 6 分。

考核方法：查资料、查现场

【解读】本条是对绿色矿山宣传活动的要求。

绿色矿山宣传活动包含媒体刊发正面宣传报道、开展宣讲报告、举办竞赛、开展宣传周活动等内容。

1. 正面宣传报道

正面宣传报道是凝聚人心、凝聚民族力量、营造积极向上氛围的一种有效的形式，能够激发活力，倡导精神文明建设，弘扬良好思想道德风尚，提高全民族文明素质，增强竞争力，加强社会公德，为我们的下一代健康成长创造良好的社会环境。

2. 宣讲报告

宣讲报告是指由矿山企业邀请行业专家、绿色矿山典型企业家、本单位领导组织职工进行与绿色矿山建设有关的宣讲活动。

3. 竞赛

竞赛包含绿色矿山网络知识竞赛、现场答题、绩效竞赛等多种形式的竞赛活动，有助于提升广大职工对绿色矿山的理解和认识。

4. 宣传周

宣传周是指一个固定时期，全方位、多角度开展绿色矿山宣传活动。

现场评价或支撑材料：

活动的证明材料、报纸等。

95 员工体检

标准分：4

评分说明：企业组织全体员工每年定期体检得 2 分，分类制定体检计划、体检项目，建立职业健康监护档案得 2 分。

考核方法：查资料

依据或标准：体检档案

【解读】本条是对员工体检的要求。

企业为员工所做的体检分为入职体检和健康体检。健康体检应根据职工的实际情况制定体检计划，确定体检项目和体检频率。如传统健康体检（一般人员，传统项目）、专业功能检测（如视力、听力、心脏、肺、内分泌等专业功能体检）、特殊医学问题检测（如高血压、慢性病、职业病等）等

1. 入职体检

旨在通过体检保证入职员工的身体状况适合从事该专业工作，在集体生活中不会造成传染病流行，不会因其个人身体原因影响他人。入职体检有相对固定的体检项目与体检标准，选择专业体检中心能保证体检质量。入职体检不仅是对公司负责，也是对自己的身体负责。

2. 健康体检

体检福利是最直接地让职工感受到被关怀的途径之一，同时也使职工对单位有“家”的感觉。

（1）提高员工工作效率：减少因生病缺勤等产生的工作不协调而影响工作进度的情况，对员工健康关心，提高员工企业归属感和工作热情，提高工作效率。

（2）减少人力资源损失：通过健康干预降低发病率，减少病假和健康事假，降低病假工时和事假工时，保证企业的正常运转。

（3）体现公司对员工的人性关怀：提供各种医疗保健咨询和服务，使员工享有专业的个性化健康指导；通过健康干预措施，降低员工发病率和亚健康状态，显示企业对员工的真正关心；为高层管理者提供各种特殊的健康管理计划，保护企业核心资源；定期的体检，则可作为鼓励员工的手段，将公司对员工的关怀落到实处。

（4）有效地控制和防患公司员工职业病：通过健康体检，及时发现员工及特殊工种员工的职业病，这样就可以进行有效的控制和防患。

（5）减少企业医疗保健相关支出：该服务对企业医疗保健相关支出做出了系

统综合考虑，统筹安排，降低企业总的医疗支出。

（6）按照员工的身体健康状况考量公司员工培养及晋升计划。

3. 建立矿山职业病体检制度

矿山企业要建立《矿山职业病体检制度》，规范对职业健康的管理。

4. 建立职业健康监护档案

职业健康监护档案是指以预防为目的，对接触职业病危害因素人员的健康状况进行系统的检查和分析，从而发现早期健康损害的重要措施。职业健康监护档案包含以下内容。

（1）个人基本信息。

（2）工作场所职业病危害因素检测结果。

（3）历次职业健康检查结果及处理情况。

（4）职业健康体检报告，职业病诊疗等健康资料。

（5）其他需要存入职业健康监护档案的有关资料。

现场评价或支撑材料：

（1）单位对员工进行入职体检的证明材料。

（2）单位对员工进行健康体检的证明材料。

（3）分类制定体检计划（含体检项目、体检频率等）。

（4）职业健康监护档案。

第四节　社 区 和 谐

96 矿地和谐情况

标准分：5

评分说明：与所在乡镇（街道）、村（社区）等建立良好关系，及时妥善处理好各种纠纷矛盾。

考核方法：抽查员工或走访社区群众

【解读】本条是对无矛盾冲突事件发生的要求。

随着经济社会发展和人们自主意识的不断提升，现实矛盾和利益纠纷客观存在。同一事件，人与人之间却出现不同的看法和意见，同时又对对方的看法持反对意见，因而形成了矛盾冲突。当这种矛盾冲突升级到上访、示威、游行时，就称为矛盾冲突事件。

矿山企业应与矿山所在乡镇（街道）、村（社区）等建立磋商和协商机制，及时妥善处理好各种利益纠纷。建立磋商和协商机制，将绿色矿山融入社会保障，及时解决利益纠纷，绿色建设才能顺利展开。利益相关者参与机制是获得反馈进行适当处理各类矛盾的保证。

矿山企业要积极化解矛盾，防止冲突升级：

（1）预防为主、防患未然的原则。要建立健全社会利益协调机制和社会稳定的预警工作机制，做到早发现、早报告、早控制、早解决，及时消除诱发群体性事件的各种因素。

（2）依法办事、按政策办事的原则。要严格执行国家政策，避免因贯彻不力、执行不当引发群体性事件。

（3）教育疏导、防止激化的原则。要针对不同的群体，引导群众以理性合法的方式表达利益要求，解决利益矛盾，防止矛盾激化和事态扩大。

现场评价或支撑材料：

（1）矿山企业出具近一年内无上访、示威、游行承诺书。评估人员现场走访群众。

（2）评估人员从网络等媒体没有检索到上访、示威、游行等事件发生。

97 扶贫或公益募捐活动

标准分：5

评分说明：企业定期或不定期开展扶贫或公益募捐活动。近两年内开展过扶贫或公益募捐活动的加 5 分。

考核方法：查资料、抽查员工了解

依据或标准：扶贫合同或捐赠合同或相关票据证明

【解读】本条是对矿山企业开展扶贫或公益募捐活动的规定。

1. 募捐是以慈善为目的募集捐款或捐物

《中华人民共和国公益事业捐赠法》明确规定只有依法成立的公益性社会团体和公益性非营利的事业单位才可以接收捐献。企业组织的公益募捐活动募集到的钱、物必须由公益性社会团体和公益性非营利的事业单位接收。

2. 扶贫是帮助贫困户获得合法权益，取消贫困负担。

（1）扶贫有近期、远期的规划和明确的目标，并有为实现规划要求而制定的具体计划、步骤和措施。把治标和治本有机地结合起来，以治本为主。

（2）扶贫不仅帮助贫困户通过发展生产解决生活困难，更重要的是帮助贫困地区开发经济，从根本上摆脱贫困，走勤劳致富的道路。

现场评价或支撑材料：

（1）募捐需要有接收单位开具的发票。

（2）扶贫需要有扶贫计划及相关费用支出发票。

第五节 企业诚信

98 企业依法纳税情况

标准分：4

评分说明：企业依法纳税、诚信纳税、主动纳税。若存在偷税漏税等行为，每发现一次扣2分，扣完4分为止。

考核方法：调查走访、查资料

依据或标准：税务部门证明

【解读】本条是对企业依法纳税的要求。

企业应坚持依法足额纳税，并按税法规定进行纳税登记，办理纳税手续。企业可以通过纳税信用级别来证明依法纳税情况。

纳税信用级别是指税务机关根据纳税人履行纳税义务情况，就纳税人在一定周期内的纳税信用所评定的级别。

2014年10月1日起，《纳税信用管理办法（试行）》施行，2003年7月17日国家税务总局发布的《纳税信用等级评定管理试行办法》（国税发〔2003〕92号）同时废止。

2018年，国家税务总局公告2018年第8号《关于纳税信用评价有关事项的公告》提出，增设M级纳税信用级别。2019年11月，国家税务总局发布《国家税务总局关于纳税信用修复有关事项的公告》（国家税务总局公告2019年第37号），自2020年1月1日起，对纳入纳税信用管理的企业纳税人，通过做出信用承诺、纠正失信行为等方式开展纳税信用修复，进一步鼓励和引导纳税人增强依法诚信纳税意识，积极构建以信用为基础的新型税收监管机制。各级信用等级说明如下。

1. A级信用

年度评价指标得分在90分以上的，为A级。但有下列情况之一的，不得认定为A级：

（一）实际生产经营期不满3年的；

（二）上一评价年度纳税信用评价结果为D级的；

（三）非正常原因一个评价年度内增值税或营业税连续3个月或者累计6个月零申报、负申报的；

（四）不能按照国家统一的会计制度规定设置账簿，并根据合法、有效凭证核算，向税务机关提供准确税务资料的。

2. B级信用

年度评价指标得分在70分以上，但不满90分的，为B级。

3. M 级信用

未发生《纳税信用管理办法试行》第二十条所列失信行为的下列企业适用 M 级纳税信用：

（1）新设立企业。

（2）评价年度内无生产经营业务收入且年度评价指标得分在 70 分以上的企业。

4. C 级信用

年度评价指标得分在 40 分以上，但不满 70 分的，为 C 级。

5. D 级信用

年度评价指标得分在 40 分以下的或者直接判级确定的，为 D 级。

若有下列情形之一的，不进行计分考评，一律定为 D 级：

（1）存在逃避缴纳税款、逃避追缴欠税、骗取出口退税、虚开增值税专用发票等行为，经判决构成涉税犯罪的；

（2）存在前项所列行为，未构成犯罪，但偷税（逃避缴纳税款）金额 10 万元以上且占各税种应纳税总额 10%以上，或者存在逃避追缴欠税、骗取出口退税、虚开增值税专用发票等税收违法行为，已缴纳税款、滞纳金、罚款的；

（3）在规定期限内未按税务机关处理结论缴纳或者足额缴纳税款、滞纳金和罚款的；

（4）以暴力、威胁方法拒不缴纳税款或者拒绝、阻挠税务机关依法实施税务稽查执法行为的；

（5）存在违反增值税发票管理规定或者违反其他发票管理规定的行为，导致其他单位或者个人未缴、少缴或者骗取税款的；

（6）提供虚假申报材料享受税收优惠政策的；

（7）骗取国家出口退税款，被停止出口退（免）税资格未到期的；

（8）有非正常户记录或者由非正常户直接责任人员注册登记或者负责经营的；

（9）由 D 级纳税人的直接责任人员注册登记或者负责经营的；

（10）存在税务机关依法认定的其他严重失信情形的。

采信证明材料及得分补充：

（1）依法纳税，在各省“企业税务信用等级查询”或“税务信息评价结果查询”系统上查询税务信用等级为 A、B、M 三级。

（2）与所有员工签订劳动合同，依法缴纳社会保险。参保单位可以到人力资源和社会保障网进行网上查询，打印本单位参保缴费证明。

注意：不能从“国家企业信用信息公示系统”查询，也不能从自然资源或其他相关单位开具证明；每一个月的纳税证明也不足以证明依法纳税。

99 企业履行相关义务情况

标准分：4

评分说明：①企业按要求汇交地质资料；②按时提交矿产资源统计基础表。每发现一项不符合要求扣2分。

考核方法：查资料

【解读】本条是对企业履行社会责任的规定。

企业履行相关义务包含社会责任、按行政管理部门要求报送相关信息及矿业权人勘查开采信息公示等。

1. 社会责任

矿山企业履行社会责任，坚持诚实守信主要从以下几个方面考虑。

（1）认真履行在业务往来中的合同制度。

（2）在财务管理上，严格执行国家财务管理制度，按照国家统一的会计制度规定进行会计核算，真正做到会计资料真实完整，无账外账，与银行结算往来正常，无不良记录。

（3）全面贯彻《中华人民共和国安全生产法》，安全生产无事故。

（4）严格遵守劳动保障法律法规，建立健全劳动合同制度

（5）加强公司社会责任与公司社会形象、品牌同等重要，坚持诚信守法，确保产品货真价实。

（6）坚持节约资源和可持续发展积极承担了保护职工健康和确保职工待遇的责任。

2. 按行政管理部门要求报送相关信息

1）地质资料汇交制度

国务院国土资源主管部门和省、自治区、直辖市人民政府国土资源主管部门依法行使国家所赋予的统一管理地质资料的行政职能。地质资料汇交依据《地质资料管理条例》进行。

2）矿产资源统计基础表

（1）法律法规有关条款摘录。

2004 年施行的《矿产资源登记统计管理办法》（国土资源部第 23 号令）第二十一条规定：采矿权人不依照本办法规定填报矿产资源统计基础表，虚报、瞒报、拒报、迟报矿产资源统计资料，拒绝接受检查、现场抽查或者弄虚作假的，依照《矿产资源开采登记管理办法》第十八条、《矿产资源补偿费征收管理规定》第十六条以及《中华人民共和国统计法》及其实施细则的有关规定进行处罚。

《中华人民共和国统计法》第四十一条规定：企业或事业单位或其他组织有下列情形之一的，可以并处五万元罚款予以处罚，情节严重的，并处五万元以上二

十万元以下的罚款；个体工商户可并处一万元以下罚款：（一）拒绝提供统计资料或者经催报后仍未按时提供统计资料的；（二）提供不真实或不完整统计资料的……

《统计违法违纪行为处分规定》第六条：……，有关部门及其工作人员在实施统计调查活动中，有下列行为之一的，对有关责任人员，给予警告、记过或者记大过处分；情节较重的，给予降级处分；情节严重的，给予撤职处分：（一）故意拖延或者拒报统计资料的；（二）明知统计数据不实，不履行职责调查核实，造成不良后果的。

（2）填报基本要求。

矿产资源统计基础表以采矿许可证划定的矿区范围为基本统计单元，由采矿权人填报。无论其生产规模大小都必须单独填报；一个采矿权人（矿山企业）开办一个以上矿山的（一人多权的），必须一（权）证（采矿许可证）一表分别进行填报。

矿山报送时间：每年1月底前。

采信证明材料及得分补充：

地质资料汇交和矿产资源统计基础表填报材料。

100 信息公示

标准分：2

评分说明：企业按规定进行矿业权人勘查开采信息公示得2分。

考核方法：查矿业权人勘查开采信息公示系统

【解读】本条是对企业履行矿业权人勘查开采信息公开公示义务的规定。

1. 相关规定

具体要求参见《矿业权人勘查开采信息公示办法（试行）》。

2. 查询网站

查询网站为自然资源部全国矿业权人勘查开采信息公示系统（http://kyqgs.mnr.gov.cn/）。矿业权人应登录勘查项目或矿山所在地的省级自然资源主管部门门户网站进行填报。

采信证明材料及得分补充：

在“矿业权人勘查开采信息公示系统”里输入矿业权人名称或许可证号即可查询矿业权人信息公示情况，同时核对公示的内容是否与《矿业权人勘查开采信息公示办法（试行）》有关要求相符。

第十章 相关知识

第一节 依据文件

一、关于加快建设绿色矿山的实施意见

国土资源部财政部环境保护部国家质量监督检验检疫总局
中国银行业监督管理委员会 中国证券监督管理委员会
关于加快建设绿色矿山的实施意见

国土资规〔2017〕4号

各省、自治区、直辖市国土资源、财政、环境保护主管部门、质量技术监督局（市场监督管理部门），各银监局，各证监局，各行业协会，中国地质调查局及国土资源部其他直属单位，国土资源部机关各司局：

为全面贯彻落实《中共中央国务院关于加快推进生态文明建设的意见》（中发〔2015〕12号）和《中华人民共和国国民经济和社会发展第十三个五年规划纲要》的决策部署，切实推进全国矿产资源规划实施，加强矿业领域生态文明建设，加快矿业转型与绿色发展，制定本实施意见。

一、总体要求

（一）指导思想。全面贯彻党的十八大和十八届三中、四中、五中、六中全会精神，深入贯彻落实习近平总书记系列重要讲话精神，按照统筹推进"五位一体"总体布局和协调推进"四个全面"战略布局的要求，牢固树立和贯彻落实创新、协调、绿色、开放、共享的发展理念，适应把握引领经济发展新常态，认真落实党中央、国务院关于生态文明建设的决策部署，坚持"尽职尽责保护国土资源、节约集约利用国土资源、尽心尽力维护群众权益"的工作定位，紧紧围绕生态文明建设总体要求，通过政府引导、企业主体，标准领跑、政策扶持，创新机制、强化监管，落实责任、激发活力，将绿色发展理念贯穿于矿产资源规划、勘查、开发利用与保护全过程，引领和带动传统矿业转型升级，提升矿业发展质量和效益。

（二）总体目标

构建部门协同、四级联创的工作机制，加大政策支持，加快绿色矿山建设进程，力争到2020年，形成符合生态文明建设要求的矿业发展新模式。

基本形成绿色矿山建设新格局。新建矿山全部达到绿色矿山建设要求，生产矿山加快改造升级，逐步达到要求。树立千家科技引领、创新驱动型绿色矿山典范，实施百个绿色勘查项目示范，建设 50 个以上绿色矿业发展示范区，形成一批可复制、能推广的新模式、新机制、新制度。

构建矿业发展方式转变新途径。坚持转方式与稳增长相协调，创新资源节约集约和循环利用的产业发展新模式和矿业经济增长的新途径，加快绿色环保技术工艺装备升级换代，加大矿山生态环境综合治理力度，大力推进矿区土地节约集约利用和耕地保护，引导形成有效的矿业投资，激发矿山企业绿色发展的内生动力，推动我国矿业持续健康发展。

建立绿色矿业发展工作新机制。坚持绿色转型与管理改革相互促进，研究建立国家、省、市、县四级联创、企业主建、第三方评估、社会监督的绿色矿山建设工作体系，健全绿色勘查和绿色矿山建设标准体系，完善配套激励政策体系，构建绿色矿业发展长效机制。

二、制定领跑标准，打造绿色矿山

（三）因地制宜，完善标准。各地要结合实际，按照绿色矿山建设要求（见附件），细化形成符合地区实际的绿色矿山地方标准，明确矿山环境面貌、开发利用方式、资源节约集约利用、现代化矿山建设、矿地和谐和企业文化形象等绿色矿山建设考核指标要求。建立国家标准、行业标准、地方标准、团体标准相互配合，主要行业全覆盖、有特色的绿色矿山标准体系。

（四）分类指导，逐步达标。新立采矿权出让过程中，应对照绿色矿山建设要求和相关标准，在出让合同中明确开发方式、资源利用、矿山地质环境保护与治理恢复、土地复垦等相关要求及违约责任，推动新建矿山按照绿色矿山标准要求进行规划、设计、建设和运营管理。对生产矿山，各地要结合实际，区别情况，作出全面部署和要求，积极推动矿山升级改造，逐步达到绿色矿山建设要求。

（五）示范引领，整体推进。选择绿色矿山建设进展成效显著的市或县，建设一批绿色矿业发展示范区。着力推进技术体系、标准体系、产业模式、管理方式和政策机制创新，探索解决布局优化、结构调整、资源保护、节约综合利用、地上地下统筹等重点问题，健全矿产资源规划、勘查、开发利用与保护的制度体系，完善绿色矿业发展激励政策体系，积极营造良好的投资发展环境，全域推进绿色矿山建设，打造形成布局合理、集约高效、环境优良、矿地和谐、区域经济良性发展的绿色矿业发展样板区。

（六）生态优先，绿色勘查。坚持生态保护第一，充分尊重群众意愿，调整优化找矿突破战略行动工作布局。树立绿色环保勘查理念，严格落实勘查施工生态环境保护措施，切实做到依法勘查、绿色勘查。大力发展和推广航空物探、遥感等新技术和新方法，加快修订地质勘查技术标准、规范，健全绿色勘查技术标准体系，适度调整或替代对地表环境影响大的槽探等勘查手段，减少地质勘查对生态环境的影响。

三、加大政策支持，加快建设进程

（七）实行矿产资源支持政策。对实行总量调控矿种的开采指标、矿业权投放，符合国家产业政策的，优先向绿色矿山和绿色矿业发展示范区安排。

符合协议出让情形的矿业权，允许优先以协议方式有偿出让给绿色矿山企业。

（八）保障绿色矿山建设用地。各地在土地利用总体规划调整完善中，要将绿色矿山建设所需项目用地纳入规划统筹安排，并在土地利用年度计划中优先保障新建、改扩建绿色矿山合理的新增建设用地需求。

对于采矿用地，依法办理建设用地手续后，可以采取协议方式出让、租赁或先租后让；采取出让方式供地的，用地者可依据矿山生产周期、开采年限等因素，在不高于法定最高出让年限的前提下，灵活选择土地使用权出让年期，实行弹性出让，并可在土地出让合同中约定分期缴纳土地出让价款。

支持绿色矿山企业及时复垦盘活存量工矿用地，并与新增建设用地相挂钩。将绿色矿业发展示范区建设与工矿废弃地复垦利用、矿山地质环境治理恢复、矿区土壤污染治理、土地整治等工作统筹推进，适用相关试点和支持政策；在符合规划和生态要求的前提下，允许将历史遗留工矿废弃地复垦增加的耕地用于耕地占补平衡。

对矿山依法开采造成的农用地或其他土地损毁且不可恢复的，按照土地变更调查工作要求和程序开展实地调查，经专报审查通过后纳入年度变更调查，其中涉及耕地的，据实核减耕地保有量，但不得突破各地控制数上限，涉及基本农田的要补划。

（九）加大财税政策支持力度。财政部、国土资源部在安排地质矿产调查评价资金时，在完善现行资金管理办法的基础上，研究对开展绿色矿业发展示范区的地区符合条件的项目适当倾斜。

地方在用好中央资金的同时，可统筹安排地质矿产、矿山生态环境治理、重金属污染防治、土地复垦等资金，优先支持绿色矿业发展示范区内符合条件的项目，发挥资金聚集作用，推动矿业发展方式转变和矿区环境改善，促进矿区经济社会可持续发展，并积极协调地方财政资金，建立奖励制度，对优秀绿色矿山企业进行奖励。

在《国家重点支持的高新技术领域》范围内，持续进行绿色矿山建设技术研究开发及成果转化的企业，符合条件经认定为高新技术企业的，可依法减按15%税率征收企业所得税。

（十）创新绿色金融扶持政策。鼓励银行业金融机构在强化对矿业领域投资项目环境、健康、安全和社会风险评估及管理的前提下，研发符合地区实际的绿色矿山特色信贷产品，在风险可控、商业可持续的原则下，加大对绿色矿山企业在环境恢复治理、重金属污染防治、资源循环利用等方面的资金支持力度。

对环境、健康、安全和社会风险管理体系健全，信息披露及时，与利益相关方互动良好，购买了环境污染责任保险，产品有竞争力、有市场、有效益的绿色矿山企业，鼓励金融机构积极做好金融服务和融资支持。

鼓励省级政府建立绿色矿山项目库，加强对绿色信贷的支持。将绿色矿山信息纳入企业征信系统，作为银行办理信贷业务和其他金融机构服务的重要参考。

支持政府性担保机构探索设立结构化绿色矿业担保基金，为绿色矿山企业和项目提供增信服务。鼓励社会资本成立各类绿色矿业产业基金，为绿色矿山项目提供资金支持。

推动符合条件的绿色矿山企业在境内中小板、创业板和主板上市以及到“新三板”和区域股权市场挂牌融资。

四、创新评价机制，强化监督管理

（十一）企业建设，达标入库。完成绿色矿山建设任务或达到绿色矿山建设要求和相关标准的矿山企业应进行自评估，并向市县级国土资源主管部门提交评估报告。市县国土资源、环境保护等有关部门以政府购买服务的形式，委托第三方开展现场核查，符合绿色矿山建设要求的，逐级上报省级有关主管部门，纳入全国绿色矿山名录，通过绿色矿业发展服务平台，向社会公开，接受监督。纳入名录的绿色矿山企业自动享受相关优惠政策。

（十二）社会监督，失信惩戒。绿色矿山企业应主动接受社会监督，建立重大环境、健康、安全和社会风险事件申诉—回应机制，及时受理并回应所在地民众、社会团体和其他利益相关者的诉求。省级国土资源、财政、环境保护等有关部门按照“双随机、一公开”的要求，不定期对纳入绿色矿山名录的矿山进行抽查，市县级有关部门做好日常监督管理。国土资源部会同财政、环境保护等有关部门定期对各省（区、市）绿色矿山建设情况进行评估。对不符合绿色矿山建设要求和相关标准的，从名录中除名，公开曝光，不得享受矿产资源、土地、财政等各类支持政策；对未履行采矿权出让合同中绿色矿山建设任务的，相关采矿权审批部门按规定及时追究相关违约责任。

五、落实责任分工，统筹协调推进

（十三）分工协作，共同推进。国土资源部、财政部、环境保护部、质检总局会同有关部门负责绿色矿业发展工作的统筹部署，明确发展方向、政策导向和建设目标要求，加强对各省（区、市）的工作指导、组织协调和监督检查。各级国土资源、财政、环境保护、质监、银监、证监等相关部门和机构要在同级人民政府的统一领导下，按照职责分工，密切协作，形成合力，加快推进绿色矿山建设。

省级国土资源主管部门要会同财政、环境保护、质监等有关部门负责本省（区、市）绿色矿业发展工作的组织推进，专门制定工作方案，确定绿色勘查示范项目，制定绿色矿山建设地方标准，健全主要行业绿色矿山技术标准体系，明确配套政策措施，组织市县两级加快推进绿色勘查、绿色矿山建设；根据国土资源部等部门的工作布局要求，优选绿色矿业发展示范区，指导相应的市县编制建设工作方案，做好组织推进和监督管理工作；每年 12 月底前向国土资源部等部门报告相关进展情况和成效，以及监督检查情况。

市县国土资源、财政、环境保护等有关部门在同级人民政府的领导下，负责具体落实，严格依据工作方案，提出具体工作措施，督促矿山企业实施绿色勘查，建设绿色矿山，做好日常监督管理。

加强标准化技术委员会的指导，鼓励中国矿业联合会等行业协会、企业参与绿色矿山标准的研究制定工作，逐步总结形成绿色矿山国家标准、行业标准。

（十四）奖补激励，示范引领。各级国土资源、财政主管部门应建立激励制度，对取得显著成效的绿色矿山择优进行奖励。国土资源部、财政部将会同有关部门每年从全国绿色矿山名录中遴选一定数量的优秀绿色矿山给予表扬奖励，发挥示范引领作用。

（十五）搭建平台，宣传推广。在国土资源部门户网站建设绿色矿业发展服务平台，公布绿色矿业政策信息、全国绿色矿山名录、绿色矿山和绿色勘查技术装备目录及标准规范，宣传各地绿色矿业进展和典型经验等。充分发挥中国矿业联合会等行业协会的桥梁纽带作用，强化行业自律。鼓励科研院所、咨询机构等共同参与绿色矿山建设，加强信息共享和宣传推广。

本实施意见自印发之日起施行，有效期五年。

国土资源部财政部环境保护部国家质量监督检验检疫总局
中国银行业监督管理委员会 中国证券监督管理委员会
2017 年 3 月 22 日

二、关于做好 2020 年度绿色矿山遴选工作的通知

自然资源部办公厅关于做好 2020 年度绿色矿山遴选工作的通知

各省、自治区、直辖市自然资源主管部门：

为持续有序推进绿色矿山建设，现就 2020 年度绿色矿山遴选工作有关事项通知如下：

一、遴选原则

（一）遴选依据。《关于加快建设绿色矿山的实施意见》（国土资规〔2017〕4 号）和《非金属矿行业绿色矿山建设规范》等 9 项行业标准。

（二）遴选范围。持有效采矿许可证且正常运营的独立矿山（含油气类），近三年内未受到自然资源和生态环境等部门的行政处罚或受到行政处罚但整改到位。遴选期间，未被列入矿业权人勘查开采信息公示系统异常名录。矿区范围未涉及各类自然保护地。矿山剩余储量可采年限应不少于三年。

（三）遴选数量。突出矿山企业的典型性和代表性，各省（区、市）遴选数量原则上不超过 10 个。

二、遴选程序

（一）网上申请。2020 年 6 月 1 日起组织矿山企业登录全国绿色矿山名录管理信息系统（以下简称名录系统），填报有关申请信息。

（二）矿山自评。组织通过网上申请的矿山企业，对照绿色矿山建设要求和行业标准开展自评，形成自评估报告，并在名录系统中填报。

（三）第三方评估。以政府购买服务方式，委托第三方评估机构对矿山开展实地评估，按照统一评价指标要求形成第三方评估报告。

（四）材料审核。审核自评估报告、第三方评估报告等材料。

（五）实地核查。采取明察暗访、查阅资料等多种方式对通过第三方评估的所有矿山开展实地核查。

（六）公示。通过网络、报纸等渠道，在本省（区、市）范围内公示遴选推荐结果。

三、工作要求

（一）精心组织。各地要加强组织领导和经费保障，统筹做好新冠肺炎疫情防控期间的遴选推荐工作，严格工作程序、统一评价标准，实事求是，做到公开、公平、公正。切实减轻企业负担，减少材料报送，自评估报告、第三方评估报告均在名录系统填报，无需报送纸质版。

（二）强化第三方评估机构的责任机制。各地要加强监管，推进评估工作标准化。评估机构应是具有独立法人资格的企事业单位、社会团体或经认定的相关专业评估机构等，评估机构和评估专家与矿山企业须保持独立，不得参与矿山自评估报告编写，评估工作开展前后一年内不得与矿山企业有关联业务往来。严禁以任何形式收取矿山企业费用和利用评估谋取不正当利益。对存在弄虚作假、徇私舞弊等严重违规行为的，予以通报，不予采信其评估报告。

（三）严格实地抽查。各地要做好日常监管，按照“双随机、一公开”的要求，对已纳入全国绿色矿山名录的矿山开展实地抽查，对不符合标准的矿山要及时上报，从名录系统中除名。相关工作可与矿业权人勘查开采信息公示实地核查工作同步开展，发挥社会监督的作用，逐步构建绿色矿山诚信体系。

请各省（区、市）于 9 月 30 日前完成遴选，并将遴选推荐名单及实地抽查情况函告部矿产资源保护监督司。部将根据疫情防控情况，采取实地抽查或网上核查、视频和照片核查等方式开展复核，对于符合相关标准的矿山，将向社会公告后纳入全国绿色矿山名录。

联系人及电话：孙永超 010—66558137

传真及电子邮箱：010—66558277

ycsun@mail.mnr.gov.cn

自然资源部办公厅

2020 年 5 月 14 日

三、绿色矿遴选第三方评估工作要求

绿色矿山遴选第三方评估工作要求

绿色矿山遴选第三方评估，是指政府管理部门以政府购买服务方式，委托相关评估机构，对矿山企业绿色矿山建设达标情况进行评估，形成第三方评估报告的行为。为确保绿色矿山遴选质量，规范第三方评估工作，根据《关于加快建设绿色矿山的实施意见》（国土资规〔2017〕4 号）、《关于 2020 年度绿色矿山遴选工作的通知》（自然资厅函〔2020〕839 号）要求，制定本要求。

一、评估机构

（一）第三方评估机构应是在中华人民共和国境内注册，具有独立法人资格的企事业单位、社会团体或经认定的专业评估机构。要具备开展绿色矿山建设评估的能力。

（二）自然资源主管部门向社会公开第三方评估的内容、流程等要求，结合当地政府购买服务有关工作实际，遴选第三方评估机构，通过合同、协议等形式明确第三方评估机构权利义务。

（三）第三方评估机构和评估专家与矿山企业必须保持独立，不得与矿山企业存在关联关系，不得参与矿山自评估报告编写，评估工作开展前后一年内不得与矿山企业有关联业务往来。严禁以任何形式收取矿山企业评估费用和利用评估谋取不正当利益。

（四）第三方评估机构和评估专家对评估工作中涉及的所有矿山企业隐私或商业秘密，必须严格保密，合理保存和使用矿山企业所提供的数据资料，未经允许，严禁挪作他用。

二、评估要求

（一）以《自然资源部办公厅关于2020年度绿色矿山遴选工作的通知》《非金属矿行业绿色矿山建设规范》等9项行业标准、《绿色矿山建设评价指标》等相关政策和技术标准为依据，科学、严谨、公平、公正的开展评估。

（二）第三方评估机构要按照规定组成评估组组长应由本单位专职人员担任，评估组不少于5人，评估专家应熟悉绿色矿山相关政策和标准，涵盖地质、采矿、选矿、生态环境等相关专业。

（三）第三方评估报告应包括评估依据、评估过程、评估综述和结论等。要详细叙述评估程序、查阅资料、查看现场情况，明确判定矿山企业是否符合标准要求的依据，对引用的关键内容给出证据文件来源，做到证据和信息可信、内容精要、判定准确。评估报告及相应记录/材料（复印件）等，应在评估机构保存12个月以上。

（四）第三方评估工作应规范严谨，其中实地核查基准人日数不少于 5 人日。相关工作接受各级自然资源主管部门、矿山企业和社会公众的监督。自然资源主管部门对经核实存在收受矿山企业财物、泄露矿山企业秘密、弄虚作假、徇私舞弊等严重违规行为的第三方评估机构，予以通报，并不予采信其评估报告。

三、工作程序

（一）确定第三方。遴选工作开始后，各省级自然资源主管部门在全国绿色矿山名录管理信息系统（网址：http://greenmine.mnr.gov.cn，以下简称名录系统）中，填写本行政区域内拟定的第三方评估机构名单，并建立与矿山企业的对应关系。

（二）内业评估。评估组登录名录系统，审核矿山企业提交的自评估报告等电子版资料，对评估指标先决条件进行审定。相关内容、材料缺失时，通知矿山企业补充或重新提交。经初步评估，讨论确定现场评估重点，告知矿山企业现场评估时间。

（三）现场评估。1.召开评估会议。评估组与矿山企业相关管理人员召开评估会议，由评估组组长介绍评估目的、评估计划，宣读评估工作承诺书。矿山企业绿色矿山建设相关工作负责人介绍建设情况。评估组就相关情况进行问询。2.开展实地核查。评估组赴生产区、办公区、生活区及重点能耗工序和设备、主要污染治理场所和设备、危险化学品放置场所、尾矿库等重点场所，根据评价指标体系逐项查看现场工作情况、规范程度，查阅相关生产运营管理记录，对相关指标开展问询，对关键位置拍摄照片，做好核查记录。

（四）编制报告。评估组综合内业评估、现场评估情况，讨论确定评估结论，总结矿山企业建设工作亮点，明确失分项及原因并提出改进建议，在线填写《绿色矿山建设评价指标体系评分表》，编制第三方评估报告，同时将评估组专家名单、评估会议签到表、会议记录、实地核查记录、实景会议及现场照片等作为报告附件。

（五）反馈结果。第三方评估机构将评估组承诺书（盖章）、第三方评估报告、专家名单签字表扫描件上传名录系统。各省级自然资源主管部门可根据实际需要，确定是否对评估报告再进行专家论证。

附件：

承诺书

本评估组承诺，此次绿色矿山遴选第三方评估工作中，我们将客观公正、实事求是，全过程严格按照绿色矿山评估依据的政策和标准要求开展评估，不以任何理由收取任何费用，确保评估结论真实、有效。如有违反规定或弄虚作假，愿承担相应责任。

第三方评估机构（盖章）：

评估组组长：

年月日

四、《绿色矿山评价指标》说明

《绿色矿山评价指标》包含先决条件和评分表两部分。先决条件属于否决项，有一项达不到要求，不能参与绿色矿山遴选工作，各省（区、市）可根据实际情况依法依规增加否决项。

一、计分办法

（一）评价指标评分表共100项，总分1000分，分别从矿区环境、资源开发方式、资源综合利用、节能减排、科技创新与智能矿山、企业管理与企业形象六个大类对绿色矿山建设水平进行评分。

（二）不涉及项处理。对于不涉及三级指标第33-36项矿山企业的得分计算，应依据《矿产资源综合勘查评价规范》（GB/T 25283—2010）和矿山开发利用方案等，判定第33-36项是否属于不涉及项，并在评分表中明确说明。如果属于不涉及项，大类最后得分采用折合法计分。如某矿不涉及第33-36项，假如第37-42项的得分和为64分，则“三、资源综合利用”大类最后得分为“64/80*120=96分”。

二、达标说明

（一）总得分原则上不低于800分，各省（区、市）自然资源管理部门可在综合要求不降低前提下，根据各地实际情况适当调整具体“达标线”。

（二）一级指标得分（折合后得分）原则上不能低于该级指标总分值的75%，如，“矿区环境”一级指标评价总分值为220分，该一级指标得分不得低于165分。

三、评分说明

（一）某一指标评分说明中属于扣分项，则扣完为止。某一指标评分说明里属于增分说明，增至该项指标总分为止。

（二）所有得分必须有依据并要保留证明材料，在“检查记录”栏里写明得到相关分值的原因，缺少支撑材料或证明不得分。如果需要填写内容较多，可以在评估报告中重点描述。

（三）对于集中建设的选矿加工等配套系统，应明确关联关系，可统一纳入评估考虑。

（四）对于调查问卷、现场考试、专家打分取平均值等评估方式需要在“检查记录”说明里进行详细描述。

（五）需要现场查看的内容在，“检查记录”里写明哪些工作人员到什么现场看了什么内容（设备、设施、厂地、环境、现场等）。

绿色矿山评价指标汇总表如表10.1所示。

表10.1　绿色矿山评价指标汇总表

一级指标		二级指标		
类别	分值	名称	分值	项数
一、矿区环境	220	矿容矿貌	170	12
		矿区绿化	50	5

续表

一级指标		二级指标		
类别	分值	名称	分值	项数
二、资源开发方式	240	资源开采	80	2
		选冶加工	60	1
		矿山环境恢复治理与土地复垦	60	4
		环境管理与监测	40	8
三、资源综合利用	120	伴生资源综合利用	40	4
		固废处置与综合利用	40	3
		废水处置与综合利用	40	3
		综合利用	40	1
		固废处置与综合利用	40	1
		废水处置与综合利用	40	2
四、节能减排	200	节能降耗	35	4
		废气排放	55	5
		废水排放	50	4
		固废排放	30	1
		噪声排放	30	3
五、科技创新与智能矿山	115	科技创新	65	8
		智能矿山	50	7
六、企业管理与企业形象	105	绿色矿山管理体系	28	5
		企业文化	13	4
		企业管理	44	8
		社区和谐	10	2
		企业诚信	10	3
小计	1000		1000	100

注：资源综合利用部分：二级指标前三项是针对非金属、化工、黄金、冶金、有色、石油、煤炭等行业，共120分，后三项是针对砂石、水泥灰岩、建筑材料等行业，共120分。不同矿种在评估时任选一类。

第二节 基础知识

一、《中华人民共和国固体废物污染环境防治法》

《中华人民共和国固体废物污染环境防治法》

（1995年10月30日第八届全国人民代表大会常务委员会第十六次会议通

过　2004年12月29日第十届全国人民代表大会常务委员会第十三次会议第一次修订　根据2013年6月29日第十二届全国人民代表大会常务委员会第三次会议《关于修改〈中华人民共和国文物保护法〉等十二部法律的决定》第一次修正　根据2015年4月24日第十二届全国人民代表大会常务委员会第十四次会议《关于修改〈中华人民共和国港口法〉等七部法律的决定》第二次修正　根据2016年11月7日第十二届全国人民代表大会常务委员会第二十四次会议《关于修改〈中华人民共和国对外贸易法〉等十二部法律的决定》第三次修正　2020年4月29日第十三届全国人民代表大会常务委员会第十七次会议第二次修订）

目　录

第一章　总则

第一条　为了保护和改善生态环境，防治固体废物污染环境，保障公众健康，维护生态安全，推进生态文明建设，促进经济社会可持续发展，制定本法。

第二条　固体废物污染环境的防治适用本法。

固体废物污染海洋环境的防治和放射性固体废物污染环境的防治不适用本法。

第三条　国家推行绿色发展方式，促进清洁生产和循环经济发展。

国家倡导简约适度、绿色低碳的生活方式，引导公众积极参与固体废物污染环境防治。

第四条　固体废物污染环境防治坚持减量化、资源化和无害化的原则。

任何单位和个人都应当采取措施，减少固体废物的产生量，促进固体废物的综合利用，降低固体废物的危害性。

第五条　固体废物污染环境防治坚持污染担责的原则。

产生、收集、贮存、运输、利用、处置固体废物的单位和个人，应当采取措施，防止或者减少固体废物对环境的污染，对所造成的环境污染依法承担责任。

第六条　国家推行生活垃圾分类制度。

生活垃圾分类坚持政府推动、全民参与、城乡统筹、因地制宜、简便易行的原则。

第七条 地方各级人民政府对本行政区域固体废物污染环境防治负责。

国家实行固体废物污染环境防治目标责任制和考核评价制度，将固体废物污染环境防治目标完成情况纳入考核评价的内容。

第八条 各级人民政府应当加强对固体废物污染环境防治工作的领导，组织、协调、督促有关部门依法履行固体废物污染环境防治监督管理职责。

省、自治区、直辖市之间可以协商建立跨行政区域固体废物污染环境的联防联控机制，统筹规划制定、设施建设、固体废物转移等工作。

第九条 国务院生态环境主管部门对全国固体废物污染环境防治工作实施统一监督管理。国务院发展改革、工业和信息化、自然资源、住房城乡建设、交通运输、农业农村、商务、卫生健康、海关等主管部门在各自职责范围内负责固体废物污染环境防治的监督管理工作。

地方人民政府生态环境主管部门对本行政区域固体废物污染环境防治工作实施统一监督管理。地方人民政府发展改革、工业和信息化、自然资源、住房城乡建设、交通运输、农业农村、商务、卫生健康等主管部门在各自职责范围内负责固体废物污染环境防治的监督管理工作。

第十条 国家鼓励、支持固体废物污染环境防治的科学研究、技术开发、先进技术推广和科学普及，加强固体废物污染环境防治科技支撑。

第十一条 国家机关、社会团体、企业事业单位、基层群众性自治组织和新闻媒体应当加强固体废物污染环境防治宣传教育和科学普及，增强公众固体废物污染环境防治意识。

学校应当开展生活垃圾分类以及其他固体废物污染环境防治知识普及和教育。

第十二条 各级人民政府对在固体废物污染环境防治工作以及相关的综合利用活动中做出显著成绩的单位和个人，按照国家有关规定给予表彰、奖励。

第二章 监督管理

第十三条 县级以上人民政府应当将固体废物污染环境防治工作纳入国民经济和社会发展规划、生态环境保护规划，并采取有效措施减少固体废物的产生量、促进固体废物的综合利用、降低固体废物的危害性，最大限度降低固体废物填埋量。

第十四条 国务院生态环境主管部门应当会同国务院有关部门根据国家环境质量标准和国家经济、技术条件，制定固体废物鉴别标准、鉴别程序和国家固体废物污染环境防治技术标准。

第十五条 国务院标准化主管部门应当会同国务院发展改革、工业和信息化、生态环境、农业农村等主管部门，制定固体废物综合利用标准。

综合利用固体废物应当遵守生态环境法律法规，符合固体废物污染环境防治技术标准。使用固体废物综合利用产物应当符合国家规定的用途、标准。

第十六条　国务院生态环境主管部门应当会同国务院有关部门建立全国危险废物等固体废物污染环境防治信息平台，推进固体废物收集、转移、处置等全过程监控和信息化追溯。

第十七条　建设产生、贮存、利用、处置固体废物的项目，应当依法进行环境影响评价，并遵守国家有关建设项目环境保护管理的规定。

第十八条　建设项目的环境影响评价文件确定需要配套建设的固体废物污染环境防治设施，应当与主体工程同时设计、同时施工、同时投入使用。建设项目的初步设计，应当按照环境保护设计规范的要求，将固体废物污染环境防治内容纳入环境影响评价文件，落实防治固体废物污染环境和破坏生态的措施以及固体废物污染环境防治设施投资概算。

建设单位应当依照有关法律法规的规定，对配套建设的固体废物污染环境防治设施进行验收，编制验收报告，并向社会公开。

第十九条　收集、贮存、运输、利用、处置固体废物的单位和其他生产经营者，应当加强对相关设施、设备和场所的管理和维护，保证其正常运行和使用。

第二十条　产生、收集、贮存、运输、利用、处置固体废物的单位和其他生产经营者，应当采取防扬散、防流失、防渗漏或者其他防止污染环境的措施，不得擅自倾倒、堆放、丢弃、遗撒固体废物。

禁止任何单位或者个人向江河、湖泊、运河、渠道、水库及其最高水位线以下的滩地和岸坡以及法律法规规定的其他地点倾倒、堆放、贮存固体废物。

第二十一条　在生态保护红线区域、永久基本农田集中区域和其他需要特别保护的区域内，禁止建设工业固体废物、危险废物集中贮存、利用、处置的设施、场所和生活垃圾填埋场。

第二十二条　转移固体废物出省、自治区、直辖市行政区域贮存、处置的，应当向固体废物移出地的省、自治区、直辖市人民政府生态环境主管部门提出申请。移出地的省、自治区、直辖市人民政府生态环境主管部门应当及时商经接受地的省、自治区、直辖市人民政府生态环境主管部门同意后，在规定期限内批准转移该固体废物出省、自治区、直辖市行政区域。未经批准的，不得转移。

转移固体废物出省、自治区、直辖市行政区域利用的，应当报固体废物移出地的省、自治区、直辖市人民政府生态环境主管部门备案。移出地的省、自治区、直辖市人民政府生态环境主管部门应当将备案信息通报接受地的省、自治区、直辖市人民政府生态环境主管部门。

第二十三条　禁止中华人民共和国境外的固体废物进境倾倒、堆放、处置。

第二十四条 国家逐步实现固体废物零进口，由国务院生态环境主管部门会同国务院商务、发展改革、海关等主管部门组织实施。

第二十五条 海关发现进口货物疑似固体废物的，可以委托专业机构开展属性鉴别，并根据鉴别结论依法管理。

第二十六条 生态环境主管部门及其环境执法机构和其他负有固体废物污染环境防治监督管理职责的部门，在各自职责范围内有权对从事产生、收集、贮存、运输、利用、处置固体废物等活动的单位和其他生产经营者进行现场检查。被检查者应当如实反映情况，并提供必要的资料。

实施现场检查，可以采取现场监测、采集样品、查阅或者复制与固体废物污染环境防治相关的资料等措施。检查人员进行现场检查，应当出示证件。对现场检查中知悉的商业秘密应当保密。

第二十七条 有下列情形之一，生态环境主管部门和其他负有固体废物污染环境防治监督管理职责的部门，可以对违法收集、贮存、运输、利用、处置的固体废物及设施、设备、场所、工具、物品予以查封、扣押：

（一）可能造成证据灭失、被隐匿或者非法转移的；

（二）造成或者可能造成严重环境污染的。

第二十八条 生态环境主管部门应当会同有关部门建立产生、收集、贮存、运输、利用、处置固体废物的单位和其他生产经营者信用记录制度，将相关信用记录纳入全国信用信息共享平台。

第二十九条 设区的市级人民政府生态环境主管部门应当会同住房城乡建设、农业农村、卫生健康等主管部门，定期向社会发布固体废物的种类、产生量、处置能力、利用处置状况等信息。

产生、收集、贮存、运输、利用、处置固体废物的单位，应当依法及时公开固体废物污染环境防治信息，主动接受社会监督。

利用、处置固体废物的单位，应当依法向公众开放设施、场所，提高公众环境保护意识和参与程度。

第三十条 县级以上人民政府应当将工业固体废物、生活垃圾、危险废物等固体废物污染环境防治情况纳入环境状况和环境保护目标完成情况年度报告，向本级人民代表大会或者人民代表大会常务委员会报告。

第三十一条 任何单位和个人都有权对造成固体废物污染环境的单位和个人进行举报。

生态环境主管部门和其他负有固体废物污染环境防治监督管理职责的部门应当将固体废物污染环境防治举报方式向社会公布，方便公众举报。

接到举报的部门应当及时处理并对举报人的相关信息予以保密；对实名举报并查证属实的，给予奖励。

举报人举报所在单位的，该单位不得以解除、变更劳动合同或者其他方式对举报人进行打击报复。

第三章　工业固体废物

第三十二条　国务院生态环境主管部门应当会同国务院发展改革、工业和信息化等主管部门对工业固体废物对公众健康、生态环境的危害和影响程度等作出界定，制定防治工业固体废物污染环境的技术政策，组织推广先进的防治工业固体废物污染环境的生产工艺和设备。

第三十三条　国务院工业和信息化主管部门应当会同国务院有关部门组织研究开发、推广减少工业固体废物产生量和降低工业固体废物危害性的生产工艺和设备，公布限期淘汰产生严重污染环境的工业固体废物的落后生产工艺、设备的名录。

生产者、销售者、进口者、使用者应当在国务院工业和信息化主管部门会同国务院有关部门规定的期限内分别停止生产、销售、进口或者使用列入前款规定名录中的设备。生产工艺的采用者应当在国务院工业和信息化主管部门会同国务院有关部门规定的期限内停止采用列入前款规定名录中的工艺。

列入限期淘汰名录被淘汰的设备，不得转让给他人使用。

第三十四条　国务院工业和信息化主管部门应当会同国务院发展改革、生态环境等主管部门，定期发布工业固体废物综合利用技术、工艺、设备和产品导向目录，组织开展工业固体废物资源综合利用评价，推动工业固体废物综合利用。

第三十五条　县级以上地方人民政府应当制定工业固体废物污染环境防治工作规划，组织建设工业固体废物集中处置等设施，推动工业固体废物污染环境防治工作。

第三十六条　产生工业固体废物的单位应当建立健全工业固体废物产生、收集、贮存、运输、利用、处置全过程的污染环境防治责任制度，建立工业固体废物管理台账，如实记录产生工业固体废物的种类、数量、流向、贮存、利用、处置等信息，实现工业固体废物可追溯、可查询，并采取防治工业固体废物污染环境的措施。

禁止向生活垃圾收集设施中投放工业固体废物。

第三十七条　产生工业固体废物的单位委托他人运输、利用、处置工业固体废物的，应当对受托方的主体资格和技术能力进行核实，依法签订书面合同，在合同中约定污染防治要求。

受托方运输、利用、处置工业固体废物，应当依照有关法律法规的规定和合同约定履行污染防治要求，并将运输、利用、处置情况告知产生工业固体废物的单位。

产生工业固体废物的单位违反本条第一款规定的，除依照有关法律法规的规定予以处罚外，还应当与造成环境污染和生态破坏的受托方承担连带责任。

第三十八条 产生工业固体废物的单位应当依法实施清洁生产审核，合理选择和利用原材料、能源和其他资源，采用先进的生产工艺和设备，减少工业固体废物的产生量，降低工业固体废物的危害性。

第三十九条 产生工业固体废物的单位应当取得排污许可证。排污许可的具体办法和实施步骤由国务院规定。

产生工业固体废物的单位应当向所在地生态环境主管部门提供工业固体废物的种类、数量、流向、贮存、利用、处置等有关资料，以及减少工业固体废物产生、促进综合利用的具体措施，并执行排污许可管理制度的相关规定。

第四十条 产生工业固体废物的单位应当根据经济、技术条件对工业固体废物加以利用；对暂时不利用或者不能利用的，应当按照国务院生态环境等主管部门的规定建设贮存设施、场所，安全分类存放，或者采取无害化处置措施。贮存工业固体废物应当采取符合国家环境保护标准的防护措施。

建设工业固体废物贮存、处置的设施、场所，应当符合国家环境保护标准。

第四十一条 产生工业固体废物的单位终止的，应当在终止前对工业固体废物的贮存、处置的设施、场所采取污染防治措施，并对未处置的工业固体废物作出妥善处置，防止污染环境。

产生工业固体废物的单位发生变更的，变更后的单位应当按照国家有关环境保护的规定对未处置的工业固体废物及其贮存、处置的设施、场所进行安全处置或者采取有效措施保证该设施、场所安全运行。变更前当事人对工业固体废物及其贮存、处置的设施、场所的污染防治责任另有约定的，从其约定；但是，不得免除当事人的污染防治义务。

对2005年4月1日前已经终止的单位未处置的工业固体废物及其贮存、处置的设施、场所进行安全处置的费用，由有关人民政府承担；但是，该单位享有的土地使用权依法转让的，应当由土地使用权受让人承担处置费用。当事人另有约定的，从其约定；但是，不得免除当事人的污染防治义务。

第四十二条 矿山企业应当采取科学的开采方法和选矿工艺，减少尾矿、煤矸石、废石等矿业固体废物的产生量和贮存量。

国家鼓励采取先进工艺对尾矿、煤矸石、废石等矿业固体废物进行综合利用。

尾矿、煤矸石、废石等矿业固体废物贮存设施停止使用后，矿山企业应当按照国家有关环境保护等规定进行封场，防止造成环境污染和生态破坏。

第四章 生活垃圾

第四十三条 县级以上地方人民政府应当加快建立分类投放、分类收集、分类运输、分类处理的生活垃圾管理系统，实现生活垃圾分类制度有效覆盖。

县级以上地方人民政府应当建立生活垃圾分类工作协调机制，加强和统筹生活垃圾分类管理能力建设。

各级人民政府及其有关部门应当组织开展生活垃圾分类宣传，教育引导公众养成生活垃圾分类习惯，督促和指导生活垃圾分类工作。

第四十四条　县级以上地方人民政府应当有计划地改进燃料结构，发展清洁能源，减少燃料废渣等固体废物的产生量。

县级以上地方人民政府有关部门应当加强产品生产和流通过程管理，避免过度包装，组织净菜上市，减少生活垃圾的产生量。

第四十五条　县级以上人民政府应当统筹安排建设城乡生活垃圾收集、运输、处理设施，确定设施厂址，提高生活垃圾的综合利用和无害化处置水平，促进生活垃圾收集、处理的产业化发展，逐步建立和完善生活垃圾污染环境防治的社会服务体系。

县级以上地方人民政府有关部门应当统筹规划，合理安排回收、分拣、打包网点，促进生活垃圾的回收利用工作。

第四十六条　地方各级人民政府应当加强农村生活垃圾污染环境的防治，保护和改善农村人居环境。

国家鼓励农村生活垃圾源头减量。城乡结合部、人口密集的农村地区和其他有条件的地方，应当建立城乡一体的生活垃圾管理系统；其他农村地区应当积极探索生活垃圾管理模式，因地制宜，就近就地利用或者妥善处理生活垃圾。

第四十七条　设区的市级以上人民政府环境卫生主管部门应当制定生活垃圾清扫、收集、贮存、运输和处理设施、场所建设运行规范，发布生活垃圾分类指导目录，加强监督管理。

第四十八条　县级以上地方人民政府环境卫生等主管部门应当组织对城乡生活垃圾进行清扫、收集、运输和处理，可以通过招标等方式选择具备条件的单位从事生活垃圾的清扫、收集、运输和处理。

第四十九条　产生生活垃圾的单位、家庭和个人应当依法履行生活垃圾源头减量和分类投放义务，承担生活垃圾产生者责任。

任何单位和个人都应当依法在指定的地点分类投放生活垃圾。禁止随意倾倒、抛撒、堆放或者焚烧生活垃圾。

机关、事业单位等应当在生活垃圾分类工作中起示范带头作用。

已经分类投放的生活垃圾，应当按照规定分类收集、分类运输、分类处理。

第五十条　清扫、收集、运输、处理城乡生活垃圾，应当遵守国家有关环境保护和环境卫生管理的规定，防止污染环境。

从生活垃圾中分类并集中收集的有害垃圾，属于危险废物的，应当按照危险废物管理。

第五十一条 从事公共交通运输的经营单位，应当及时清扫、收集运输过程中产生的生活垃圾。

第五十二条 农贸市场、农产品批发市场等应当加强环境卫生管理，保持环境卫生清洁，对所产生的垃圾及时清扫、分类收集、妥善处理。

第五十三条 从事城市新区开发、旧区改建和住宅小区开发建设、村镇建设的单位，以及机场、码头、车站、公园、商场、体育场馆等公共设施、场所的经营管理单位，应当按照国家有关环境卫生的规定，配套建设生活垃圾收集设施。

县级以上地方人民政府应当统筹生活垃圾公共转运、处理设施与前款规定的收集设施的有效衔接，并加强生活垃圾分类收运体系和再生资源回收体系在规划、建设、运营等方面的融合。

第五十四条 从生活垃圾中回收的物质应当按照国家规定的用途、标准使用，不得用于生产可能危害人体健康的产品。

第五十五条 建设生活垃圾处理设施、场所，应当符合国务院生态环境主管部门和国务院住房城乡建设主管部门规定的环境保护和环境卫生标准。

鼓励相邻地区统筹生活垃圾处理设施建设，促进生活垃圾处理设施跨行政区域共建共享。

禁止擅自关闭、闲置或者拆除生活垃圾处理设施、场所；确有必要关闭、闲置或者拆除的，应当经所在地的市、县级人民政府环境卫生主管部门商所在地生态环境主管部门同意后核准，并采取防止污染环境的措施。

第五十六条 生活垃圾处理单位应当按照国家有关规定，安装使用监测设备，实时监测污染物的排放情况，将污染排放数据实时公开。监测设备应当与所在地生态环境主管部门的监控设备联网。

第五十七条 县级以上地方人民政府环境卫生主管部门负责组织开展厨余垃圾资源化、无害化处理工作。

产生、收集厨余垃圾的单位和其他生产经营者，应当将厨余垃圾交由具备相应资质条件的单位进行无害化处理。

禁止畜禽养殖场、养殖小区利用未经无害化处理的厨余垃圾饲喂畜禽。

第五十八条 县级以上地方人民政府应当按照产生者付费原则，建立生活垃圾处理收费制度。

县级以上地方人民政府制定生活垃圾处理收费标准，应当根据本地实际，结合生活垃圾分类情况，体现分类计价、计量收费等差别化管理，并充分征求公众意见。生活垃圾处理收费标准应当向社会公布。

生活垃圾处理费应当专项用于生活垃圾的收集、运输和处理等，不得挪作他用。

第五十九条 省、自治区、直辖市和设区的市、自治州可以结合实际，制定本地方生活垃圾具体管理办法。

第五章 建筑垃圾、农业固体废物等

第六十条 县级以上地方人民政府应当加强建筑垃圾污染环境的防治，建立建筑垃圾分类处理制度。

县级以上地方人民政府应当制定包括源头减量、分类处理、消纳设施和场所布局及建设等在内的建筑垃圾污染环境防治工作规划。

第六十一条 国家鼓励采用先进技术、工艺、设备和管理措施，推进建筑垃圾源头减量，建立建筑垃圾回收利用体系。

县级以上地方人民政府应当推动建筑垃圾综合利用产品应用。

第六十二条 县级以上地方人民政府环境卫生主管部门负责建筑垃圾污染环境防治工作，建立建筑垃圾全过程管理制度，规范建筑垃圾产生、收集、贮存、运输、利用、处置行为，推进综合利用，加强建筑垃圾处置设施、场所建设，保障处置安全，防止污染环境。

第六十三条 工程施工单位应当编制建筑垃圾处理方案，采取污染防治措施，并报县级以上地方人民政府环境卫生主管部门备案。

工程施工单位应当及时清运工程施工过程中产生的建筑垃圾等固体废物，并按照环境卫生主管部门的规定进行利用或者处置。

工程施工单位不得擅自倾倒、抛撒或者堆放工程施工过程中产生的建筑垃圾。

第六十四条 县级以上人民政府农业农村主管部门负责指导农业固体废物回收利用体系建设，鼓励和引导有关单位和其他生产经营者依法收集、贮存、运输、利用、处置农业固体废物，加强监督管理，防止污染环境。

第六十五条 产生秸秆、废弃农用薄膜、农药包装废弃物等农业固体废物的单位和其他生产经营者，应当采取回收利用和其他防止污染环境的措施。

从事畜禽规模养殖应当及时收集、贮存、利用或者处置养殖过程中产生的畜禽粪污等固体废物，避免造成环境污染。

禁止在人口集中地区、机场周围、交通干线附近以及当地人民政府划定的其他区域露天焚烧秸秆。

国家鼓励研究开发、生产、销售、使用在环境中可降解且无害的农用薄膜。

第六十六条 国家建立电器电子、铅蓄电池、车用动力电池等产品的生产者责任延伸制度。

电器电子、铅蓄电池、车用动力电池等产品的生产者应当按照规定以自建或者委托等方式建立与产品销售量相匹配的废旧产品回收体系，并向社会公开，实现有效回收和利用。

国家鼓励产品的生产者开展生态设计，促进资源回收利用。

第六十七条 国家对废弃电器电子产品等实行多渠道回收和集中处理制度。

禁止将废弃机动车船等交由不符合规定条件的企业或者个人回收、拆解。

拆解、利用、处置废弃电器电子产品、废弃机动车船等，应当遵守有关法律法规的规定，采取防止污染环境的措施。

第六十八条 产品和包装物的设计、制造，应当遵守国家有关清洁生产的规定。国务院标准化主管部门应当根据国家经济和技术条件、固体废物污染环境防治状况以及产品的技术要求，组织制定有关标准，防止过度包装造成环境污染。

生产经营者应当遵守限制商品过度包装的强制性标准，避免过度包装。县级以上地方人民政府市场监督管理部门和有关部门应当按照各自职责，加强对过度包装的监督管理。

生产、销售、进口依法被列入强制回收目录的产品和包装物的企业，应当按照国家有关规定对该产品和包装物进行回收。

电子商务、快递、外卖等行业应当优先采用可重复使用、易回收利用的包装物，优化物品包装，减少包装物的使用，并积极回收利用包装物。县级以上地方人民政府商务、邮政等主管部门应当加强监督管理。

国家鼓励和引导消费者使用绿色包装和减量包装。

第六十九条 国家依法禁止、限制生产、销售和使用不可降解塑料袋等一次性塑料制品。

商品零售场所开办单位、电子商务平台企业和快递企业、外卖企业应当按照国家有关规定向商务、邮政等主管部门报告塑料袋等一次性塑料制品的使用、回收情况。

国家鼓励和引导减少使用、积极回收塑料袋等一次性塑料制品，推广应用可循环、易回收、可降解的替代产品。

第七十条 旅游、住宿等行业应当按照国家有关规定推行不主动提供一次性用品。

机关、企业事业单位等的办公场所应当使用有利于保护环境的产品、设备和设施，减少使用一次性办公用品。

第七十一条 城镇污水处理设施维护运营单位或者污泥处理单位应当安全处理污泥，保证处理后的污泥符合国家有关标准，对污泥的流向、用途、用量等进行跟踪、记录，并报告城镇排水主管部门、生态环境主管部门。

县级以上人民政府城镇排水主管部门应当将污泥处理设施纳入城镇排水与污水处理规划，推动同步建设污泥处理设施与污水处理设施，鼓励协同处理，污水处理费征收标准和补偿范围应当覆盖污泥处理成本和污水处理设施正常运营成本。

第七十二条 禁止擅自倾倒、堆放、丢弃、遗撒城镇污水处理设施产生的污泥和处理后的污泥。

禁止重金属或者其他有毒有害物质含量超标的污泥进入农用地。

从事水体清淤疏浚应当按照国家有关规定处理清淤疏浚过程中产生的底泥，防止污染环境。

第七十三条 各级各类实验室及其设立单位应当加强对实验室产生的固体废物的管理，依法收集、贮存、运输、利用、处置实验室固体废物。实验室固体废物属于危险废物的，应当按照危险废物管理。

第六章 危险废物

第七十四条 危险废物污染环境的防治，适用本章规定；本章未作规定的，适用本法其他有关规定。

第七十五条 国务院生态环境主管部门应当会同国务院有关部门制定国家危险废物名录，规定统一的危险废物鉴别标准、鉴别方法、识别标志和鉴别单位管理要求。国家危险废物名录应当动态调整。

国务院生态环境主管部门根据危险废物的危害特性和产生数量，科学评估其环境风险，实施分级分类管理，建立信息化监管体系，并通过信息化手段管理、共享危险废物转移数据和信息。

第七十六条 省、自治区、直辖市人民政府应当组织有关部门编制危险废物集中处置设施、场所的建设规划，科学评估危险废物处置需求，合理布局危险废物集中处置设施、场所，确保本行政区域的危险废物得到妥善处置。

编制危险废物集中处置设施、场所的建设规划，应当征求有关行业协会、企业事业单位、专家和公众等方面的意见。

相邻省、自治区、直辖市之间可以开展区域合作，统筹建设区域性危险废物集中处置设施、场所。

第七十七条 对危险废物的容器和包装物以及收集、贮存、运输、利用、处置危险废物的设施、场所，应当按照规定设置危险废物识别标志。

第七十八条 产生危险废物的单位，应当按照国家有关规定制定危险废物管理计划；建立危险废物管理台账，如实记录有关信息，并通过国家危险废物信息管理系统向所在地生态环境主管部门申报危险废物的种类、产生量、流向、贮存、处置等有关资料。

前款所称危险废物管理计划应当包括减少危险废物产生量和降低危险废物危害性的措施以及危险废物贮存、利用、处置措施。危险废物管理计划应当报产生危险废物的单位所在地生态环境主管部门备案。

产生危险废物的单位已经取得排污许可证的，执行排污许可管理制度的规定。

第七十九条 产生危险废物的单位，应当按照国家有关规定和环境保护标准要求贮存、利用、处置危险废物，不得擅自倾倒、堆放。

第八十条 从事收集、贮存、利用、处置危险废物经营活动的单位，应当按照国家有关规定申请取得许可证。许可证的具体管理办法由国务院制定。

禁止无许可证或者未按照许可证规定从事危险废物收集、贮存、利用、处置的经营活动。

禁止将危险废物提供或者委托给无许可证的单位或者其他生产经营者从事收集、贮存、利用、处置活动。

第八十一条 收集、贮存危险废物，应当按照危险废物特性分类进行。禁止混合收集、贮存、运输、处置性质不相容而未经安全性处置的危险废物。

贮存危险废物应当采取符合国家环境保护标准的防护措施。禁止将危险废物混入非危险废物中贮存。

从事收集、贮存、利用、处置危险废物经营活动的单位，贮存危险废物不得超过一年；确需延长期限的，应当报经颁发许可证的生态环境主管部门批准；法律、行政法规另有规定的除外。

第八十二条 转移危险废物的，应当按照国家有关规定填写、运行危险废物电子或者纸质转移联单。

跨省、自治区、直辖市转移危险废物的，应当向危险废物移出地省、自治区、直辖市人民政府生态环境主管部门申请。移出地省、自治区、直辖市人民政府生态环境主管部门应当及时商经接受地省、自治区、直辖市人民政府生态环境主管部门同意后，在规定期限内批准转移该危险废物，并将批准信息通报相关省、自治区、直辖市人民政府生态环境主管部门和交通运输主管部门。未经批准的，不得转移。

危险废物转移管理应当全程管控、提高效率，具体办法由国务院生态环境主管部门会同国务院交通运输主管部门和公安部门制定。

第八十三条 运输危险废物，应当采取防止污染环境的措施，并遵守国家有关危险货物运输管理的规定。

禁止将危险废物与旅客在同一运输工具上载运。

第八十四条 收集、贮存、运输、利用、处置危险废物的场所、设施、设备和容器、包装物及其他物品转作他用时，应当按照国家有关规定经过消除污染处理，方可使用。

第八十五条 产生、收集、贮存、运输、利用、处置危险废物的单位，应当依法制定意外事故的防范措施和应急预案，并向所在地生态环境主管部门和其他负有固体废物污染环境防治监督管理职责的部门备案；生态环境主管部门和其他负有固体废物污染环境防治监督管理职责的部门应当进行检查。

第八十六条　因发生事故或者其他突发性事件，造成危险废物严重污染环境的单位，应当立即采取有效措施消除或者减轻对环境的污染危害，及时通报可能受到污染危害的单位和居民，并向所在地生态环境主管部门和有关部门报告，接受调查处理。

第八十七条　在发生或者有证据证明可能发生危险废物严重污染环境、威胁居民生命财产安全时，生态环境主管部门或者其他负有固体废物污染环境防治监督管理职责的部门应当立即向本级人民政府和上一级人民政府有关部门报告，由人民政府采取防止或者减轻危害的有效措施。有关人民政府可以根据需要责令停止导致或者可能导致环境污染事故的作业。

第八十八条　重点危险废物集中处置设施、场所退役前，运营单位应当按照国家有关规定对设施、场所采取污染防治措施。退役的费用应当预提，列入投资概算或者生产成本，专门用于重点危险废物集中处置设施、场所的退役。具体提取和管理办法，由国务院财政部门、价格主管部门会同国务院生态环境主管部门规定。

第八十九条　禁止经中华人民共和国过境转移危险废物。

第九十条　医疗废物按照国家危险废物名录管理。县级以上地方人民政府应当加强医疗废物集中处置能力建设。

县级以上人民政府卫生健康、生态环境等主管部门应当在各自职责范围内加强对医疗废物收集、贮存、运输、处置的监督管理，防止危害公众健康、污染环境。

医疗卫生机构应当依法分类收集本单位产生的医疗废物，交由医疗废物集中处置单位处置。医疗废物集中处置单位应当及时收集、运输和处置医疗废物。

医疗卫生机构和医疗废物集中处置单位，应当采取有效措施，防止医疗废物流失、泄漏、渗漏、扩散。

第九十一条　重大传染病疫情等突发事件发生时，县级以上人民政府应当统筹协调医疗废物等危险废物收集、贮存、运输、处置等工作，保障所需的车辆、场地、处置设施和防护物资。卫生健康、生态环境、环境卫生、交通运输等主管部门应当协同配合，依法履行应急处置职责。

第七章　保障措施

第九十二条　国务院有关部门、县级以上地方人民政府及其有关部门在编制国土空间规划和相关专项规划时，应当统筹生活垃圾、建筑垃圾、危险废物等固体废物转运、集中处置等设施建设需求，保障转运、集中处置等设施用地。

第九十三条　国家采取有利于固体废物污染环境防治的经济、技术政策和措施，鼓励、支持有关方面采取有利于固体废物污染环境防治的措施，加强对从事固体废物污染环境防治工作人员的培训和指导，促进固体废物污染环境防治产业专业化、规模化发展。

第九十四条　国家鼓励和支持科研单位、固体废物产生单位、固体废物利用单位、固体废物处置单位等联合攻关，研究开发固体废物综合利用、集中处置等的新技术，推动固体废物污染环境防治技术进步。

第九十五条　各级人民政府应当加强固体废物污染环境的防治，按照事权划分的原则安排必要的资金用于下列事项：

（一）固体废物污染环境防治的科学研究、技术开发；

（二）生活垃圾分类；

（三）固体废物集中处置设施建设；

（四）重大传染病疫情等突发事件产生的医疗废物等危险废物应急处置；

（五）涉及固体废物污染环境防治的其他事项。

使用资金应当加强绩效管理和审计监督，确保资金使用效益。

第九十六条　国家鼓励和支持社会力量参与固体废物污染环境防治工作，并按照国家有关规定给予政策扶持。

第九十七条　国家发展绿色金融，鼓励金融机构加大对固体废物污染环境防治项目的信贷投放。

第九十八条　从事固体废物综合利用等固体废物污染环境防治工作的，依照法律、行政法规的规定，享受税收优惠。

国家鼓励并提倡社会各界为防治固体废物污染环境捐赠财产，并依照法律、行政法规的规定，给予税收优惠。

第九十九条　收集、贮存、运输、利用、处置危险废物的单位，应当按照国家有关规定，投保环境污染责任保险。

第一百条　国家鼓励单位和个人购买、使用综合利用产品和可重复使用产品。

县级以上人民政府及其有关部门在政府采购过程中，应当优先采购综合利用产品和可重复使用产品。

第八章　法律责任

第一百零一条　生态环境主管部门或者其他负有固体废物污染环境防治监督管理职责的部门违反本法规定，有下列行为之一，由本级人民政府或者上级人民政府有关部门责令改正，对直接负责的主管人员和其他直接责任人员依法给予处分：

（一）未依法作出行政许可或者办理批准文件的；

（二）对违法行为进行包庇的；

（三）未依法查封、扣押的；

（四）发现违法行为或者接到对违法行为的举报后未予查处的；

（五）有其他滥用职权、玩忽职守、徇私舞弊等违法行为的。

依照本法规定应当作出行政处罚决定而未作出的，上级主管部门可以直接作出行政处罚决定。

第一百零二条 违反本法规定，有下列行为之一，由生态环境主管部门责令改正，处以罚款，没收违法所得；情节严重的，报经有批准权的人民政府批准，可以责令停业或者关闭：

（一）产生、收集、贮存、运输、利用、处置固体废物的单位未依法及时公开固体废物污染环境防治信息的；

（二）生活垃圾处理单位未按照国家有关规定安装使用监测设备、实时监测污染物的排放情况并公开污染排放数据的；

（三）将列入限期淘汰名录被淘汰的设备转让给他人使用的；

（四）在生态保护红线区域、永久基本农田集中区域和其他需要特别保护的区域内，建设工业固体废物、危险废物集中贮存、利用、处置的设施、场所和生活垃圾填埋场的；

（五）转移固体废物出省、自治区、直辖市行政区域贮存、处置未经批准的；

（六）转移固体废物出省、自治区、直辖市行政区域利用未报备案的；

（七）擅自倾倒、堆放、丢弃、遗撒工业固体废物，或者未采取相应防范措施，造成工业固体废物扬散、流失、渗漏或者其他环境污染的；

（八）产生工业固体废物的单位未建立固体废物管理台账并如实记录的；

（九）产生工业固体废物的单位违反本法规定委托他人运输、利用、处置工业固体废物的；

（十）贮存工业固体废物未采取符合国家环境保护标准的防护措施的；

（十一）单位和其他生产经营者违反固体废物管理其他要求，污染环境、破坏生态的。

有前款第一项、第八项行为之一，处五万元以上二十万元以下的罚款；有前款第二项、第三项、第四项、第五项、第六项、第九项、第十项、第十一项行为之一，处十万元以上一百万元以下的罚款；有前款第七项行为，处所需处置费用一倍以上三倍以下的罚款，所需处置费用不足十万元的，按十万元计算。对前款第十一项行为的处罚，有关法律、行政法规另有规定的，适用其规定。

第一百零三条 违反本法规定，以拖延、围堵、滞留执法人员等方式拒绝、阻挠监督检查，或者在接受监督检查时弄虚作假的，由生态环境主管部门或者其他负有固体废物污染环境防治监督管理职责的部门责令改正，处五万元以上二十万元以下的罚款；对直接负责的主管人员和其他直接责任人员，处二万元以上十万元以下的罚款。

第一百零四条 违反本法规定，未依法取得排污许可证产生工业固体废物的，由生态环境主管部门责令改正或者限制生产、停产整治，处十万元以上一百万元以下的罚款；情节严重的，报经有批准权的人民政府批准，责令停业或者关闭。

第一百零五条 违反本法规定，生产经营者未遵守限制商品过度包装的强制性标准的，由县级以上地方人民政府市场监督管理部门或者有关部门责令改正；拒不改正的，处二千元以上二万元以下的罚款；情节严重的，处二万元以上十万元以下的罚款。

第一百零六条 违反本法规定，未遵守国家有关禁止、限制使用不可降解塑料袋等一次性塑料制品的规定，或者未按照国家有关规定报告塑料袋等一次性塑料制品的使用情况的，由县级以上地方人民政府商务、邮政等主管部门责令改正，处一万元以上十万元以下的罚款。

第一百零七条 从事畜禽规模养殖未及时收集、贮存、利用或者处置养殖过程中产生的畜禽粪污等固体废物的，由生态环境主管部门责令改正，可以处十万元以下的罚款；情节严重的，报经有批准权的人民政府批准，责令停业或者关闭。

第一百零八条 违反本法规定，城镇污水处理设施维护运营单位或者污泥处理单位对污泥流向、用途、用量等未进行跟踪、记录，或者处理后的污泥不符合国家有关标准的，由城镇排水主管部门责令改正，给予警告；造成严重后果的，处十万元以上二十万元以下的罚款；拒不改正的，城镇排水主管部门可以指定有治理能力的单位代为治理，所需费用由违法者承担。

违反本法规定，擅自倾倒、堆放、丢弃、遗撒城镇污水处理设施产生的污泥和处理后的污泥的，由城镇排水主管部门责令改正，处二十万元以上二百万元以下的罚款，对直接负责的主管人员和其他直接责任人员处二万元以上十万元以下的罚款；造成严重后果的，处二百万元以上五百万元以下的罚款，对直接负责的主管人员和其他直接责任人员处五万元以上五十万元以下的罚款；拒不改正的，城镇排水主管部门可以指定有治理能力的单位代为治理，所需费用由违法者承担。

第一百零九条 违反本法规定，生产、销售、进口或者使用淘汰的设备，或者采用淘汰的生产工艺的，由县级以上地方人民政府指定的部门责令改正，处十万元以上一百万元以下的罚款，没收违法所得；情节严重的，由县级以上地方人民政府指定的部门提出意见，报经有批准权的人民政府批准，责令停业或者关闭。

第一百一十条 尾矿、煤矸石、废石等矿业固体废物贮存设施停止使用后，未按照国家有关环境保护规定进行封场的，由生态环境主管部门责令改正，处二十万元以上一百万元以下的罚款。

第一百一十一条 违反本法规定，有下列行为之一，由县级以上地方人民政府环境卫生主管部门责令改正，处以罚款，没收违法所得：

（一）随意倾倒、抛撒、堆放或者焚烧生活垃圾的；

（二）擅自关闭、闲置或者拆除生活垃圾处理设施、场所的；

（三）工程施工单位未编制建筑垃圾处理方案报备案，或者未及时清运施工过程中产生的固体废物的；

（四）工程施工单位擅自倾倒、抛撒或者堆放工程施工过程中产生的建筑垃圾，或者未按照规定对施工过程中产生的固体废物进行利用或者处置的；

（五）产生、收集厨余垃圾的单位和其他生产经营者未将厨余垃圾交由具备相应资质条件的单位进行无害化处理的；

（六）畜禽养殖场、养殖小区利用未经无害化处理的厨余垃圾饲喂畜禽的；

（七）在运输过程中沿途丢弃、遗撒生活垃圾的。

单位有前款第一项、第七项行为之一，处五万元以上五十万元以下的罚款；单位有前款第二项、第三项、第四项、第五项、第六项行为之一，处十万元以上一百万元以下的罚款；个人有前款第一项、第五项、第七项行为之一，处一百元以上五百元以下的罚款。

违反本法规定，未在指定的地点分类投放生活垃圾的，由县级以上地方人民政府环境卫生主管部门责令改正；情节严重的，对单位处五万元以上五十万元以下的罚款，对个人依法处以罚款。

第一百一十二条 违反本法规定，有下列行为之一，由生态环境主管部门责令改正，处以罚款，没收违法所得；情节严重的，报经有批准权的人民政府批准，可以责令停业或者关闭：

（一）未按照规定设置危险废物识别标志的；

（二）未按照国家有关规定制定危险废物管理计划或者申报危险废物有关资料的；

（三）擅自倾倒、堆放危险废物的；

（四）将危险废物提供或者委托给无许可证的单位或者其他生产经营者从事经营活动的；

（五）未按照国家有关规定填写、运行危险废物转移联单或者未经批准擅自转移危险废物的；

（六）未按照国家环境保护标准贮存、利用、处置危险废物或者将危险废物混入非危险废物中贮存的；

（七）未经安全性处置，混合收集、贮存、运输、处置具有不相容性质的危险废物的；

（八）将危险废物与旅客在同一运输工具上载运的；

（九）未经消除污染处理，将收集、贮存、运输、处置危险废物的场所、设施、设备和容器、包装物及其他物品转作他用的；

（十）未采取相应防范措施，造成危险废物扬散、流失、渗漏或者其他环境污染的；

（十一）在运输过程中沿途丢弃、遗撒危险废物的；

（十二）未制定危险废物意外事故防范措施和应急预案的；

（十三）未按照国家有关规定建立危险废物管理台账并如实记录的。

有前款第一项、第二项、第五项、第六项、第七项、第八项、第九项、第十二项、第十三项行为之一，处十万元以上一百万元以下的罚款；有前款第三项、第四项、第十项、第十一项行为之一，处所需处置费用三倍以上五倍以下的罚款，所需处置费用不足二十万元的，按二十万元计算。

第一百一十三条 违反本法规定，危险废物产生者未按照规定处置其产生的危险废物被责令改正后拒不改正的，由生态环境主管部门组织代为处置，处置费用由危险废物产生者承担；拒不承担代为处置费用的，处代为处置费用一倍以上三倍以下的罚款。

第一百一十四条 无许可证从事收集、贮存、利用、处置危险废物经营活动的，由生态环境主管部门责令改正，处一百万元以上五百万元以下的罚款，并报经有批准权的人民政府批准，责令停业或者关闭；对法定代表人、主要负责人、直接负责的主管人员和其他责任人员，处十万元以上一百万元以下的罚款。

未按照许可证规定从事收集、贮存、利用、处置危险废物经营活动的，由生态环境主管部门责令改正，限制生产、停产整治，处五十万元以上二百万元以下的罚款；对法定代表人、主要负责人、直接负责的主管人员和其他责任人员，处五万元以上五十万元以下的罚款；情节严重的，报经有批准权的人民政府批准，责令停业或者关闭，还可以由发证机关吊销许可证。

第一百一十五条 违反本法规定，将中华人民共和国境外的固体废物输入境内的，由海关责令退运该固体废物，处五十万元以上五百万元以下的罚款。

承运人对前款规定的固体废物的退运、处置，与进口者承担连带责任。

第一百一十六条 违反本法规定，经中华人民共和国过境转移危险废物的，由海关责令退运该危险废物，处五十万元以上五百万元以下的罚款。

第一百一十七条 对已经非法入境的固体废物，由省级以上人民政府生态环境主管部门依法向海关提出处理意见，海关应当依照本法第一百一十五条的规定作出处罚决定；已经造成环境污染的，由省级以上人民政府生态环境主管部门责令进口者消除污染。

第一百一十八条 违反本法规定，造成固体废物污染环境事故的，除依法承担赔偿责任外，由生态环境主管部门依照本条第二款的规定处以罚款，责令限期采取治理措施；造成重大或者特大固体废物污染环境事故的，还可以报经有批准权的人民政府批准，责令关闭。

造成一般或者较大固体废物污染环境事故的，按照事故造成的直接经济损失的一倍以上三倍以下计算罚款；造成重大或者特大固体废物污染环境事故的，按照事故造成的直接经济损失的三倍以上五倍以下计算罚款，并对法定代表人、主要负责人、直接负责的主管人员和其他责任人员处上一年度从本单位取得的收入百分之五十以下的罚款。

第一百一十九条 单位和其他生产经营者违反本法规定排放固体废物，受到罚款处罚，被责令改正的，依法作出处罚决定的行政机关应当组织复查，发现其继续实施该违法行为的，依照《中华人民共和国环境保护法》的规定按日连续处罚。

第一百二十条 违反本法规定，有下列行为之一，尚不构成犯罪的，由公安机关对法定代表人、主要负责人、直接负责的主管人员和其他责任人员处十日以上十五日以下的拘留；情节较轻的，处五日以上十日以下的拘留：

（一）擅自倾倒、堆放、丢弃、遗撒固体废物，造成严重后果的；

（二）在生态保护红线区域、永久基本农田集中区域和其他需要特别保护的区域内，建设工业固体废物、危险废物集中贮存、利用、处置的设施、场所和生活垃圾填埋场的；

（三）将危险废物提供或者委托给无许可证的单位或者其他生产经营者堆放、利用、处置的；

（四）无许可证或者未按照许可证规定从事收集、贮存、利用、处置危险废物经营活动的；

（五）未经批准擅自转移危险废物的；

（六）未采取防范措施，造成危险废物扬散、流失、渗漏或者其他严重后果的。

第一百二十一条 固体废物污染环境、破坏生态，损害国家利益、社会公共利益的，有关机关和组织可以依照《中华人民共和国环境保护法》、《中华人民共和国民事诉讼法》、《中华人民共和国行政诉讼法》等法律的规定向人民法院提起诉讼。

第一百二十二条 固体废物污染环境、破坏生态给国家造成重大损失的，由设区的市级以上地方人民政府或者其指定的部门、机构组织与造成环境污染和生态破坏的单位和其他生产经营者进行磋商，要求其承担损害赔偿责任；磋商未达成一致的，可以向人民法院提起诉讼。

对于执法过程中查获的无法确定责任人或者无法退运的固体废物，由所在地县级以上地方人民政府组织处理。

第一百二十三条 违反本法规定，构成违反治安管理行为的，由公安机关依法给予治安管理处罚；构成犯罪的，依法追究刑事责任；造成人身、财产损害的，依法承担民事责任。

第九章 附则

第一百二十四条 本法下列用语的含义：

（一）固体废物，是指在生产、生活和其他活动中产生的丧失原有利用价值或者虽未丧失利用价值但被抛弃或者放弃的固态、半固态和置于容器中的气态的物品、物质以及法律、行政法规规定纳入固体废物管理的物品、物质。经无害化加工处理，并且符合强制性国家产品质量标准，不会危害公众健康和生态安全，或者根据固体废物鉴别标准和鉴别程序认定为不属于固体废物的除外。

（二）工业固体废物，是指在工业生产活动中产生的固体废物。

（三）生活垃圾，是指在日常生活中或者为日常生活提供服务的活动中产生的固体废物，以及法律、行政法规规定视为生活垃圾的固体废物。

（四）建筑垃圾，是指建设单位、施工单位新建、改建、扩建和拆除各类建筑物、构筑物、管网等，以及居民装饰装修房屋过程中产生的弃土、弃料和其他固体废物。

（五）农业固体废物，是指在农业生产活动中产生的固体废物。

（六）危险废物，是指列入国家危险废物名录或者根据国家规定的危险废物鉴别标准和鉴别方法认定的具有危险特性的固体废物。

（七）贮存，是指将固体废物临时置于特定设施或者场所中的活动。

（八）利用，是指从固体废物中提取物质作为原材料或者燃料的活动。

（九）处置，是指将固体废物焚烧和用其他改变固体废物的物理、化学、生物特性的方法，达到减少已产生的固体废物数量、缩小固体废物体积、减少或者消除其危险成分的活动，或者将固体废物最终置于符合环境保护规定要求的填埋场的活动。

第一百二十五条 液态废物的污染防治，适用本法；但是，排入水体的废水的污染防治适用有关法律，不适用本法。

第一百二十六条 本法自2020年9月1日起施行。

二、露天开采

露天开采矿山需实现生产全过程（穿孔、爆破、采装、运输、堆料和排渣等）无尘作业，三废的排放、震动及噪声污染达到国家标准，不形成难以进行地质环境治理和土地复垦的场地。全面实行统一爆破、专业爆破、中深孔爆破、台阶式开采、机械化铲装作业，禁止自行爆破、掏底爆破、扩壶爆破、一面墙开采作业。

露天矿山的开采工艺主要包括穿孔、爆破、采装与运输、排岩。

1. 露天开采工艺过程

1）穿孔工作

穿孔工作是露天矿山开采的首要工序，在整个露天开采过程中，穿孔费用占其生产总费用的 10%～15%。

A. 潜孔钻机

潜孔钻机钻孔角度变化范围大、机械化程度高，减少了辅助作业时间，提高了钻机的作业率，而且潜孔钻机机动灵活，设备重量轻，投资费用低，特别是可以通过钻凿各种斜孔来控制矿石品位，能消除根底、减少大块，提高爆破质量。因此，潜孔钻机目前在国内外中小型矿山广泛使用，适用于中硬矿岩穿孔。

B. 牙轮钻机

牙轮钻机是在旋转钻机的基础上发展起来的一种近代新型钻孔设备，具有穿孔效率高、作业成本低、机械化、自动化程度高等特点，适用于各种硬度的矿岩穿孔作业，目前，已成为世界各国露天矿普遍使用的穿孔设备。

C. 凿岩台车

凿岩台车是随着采矿工业的发展而出现的一种新型凿岩作业设备。它是将一台或几台凿岩机连同自动推进器一起安装在特制的钻臂或台架上，并且有行走机构，使凿岩机作业实现机械化。

2）爆破工作

爆破工作的目的是破碎坚硬的实体矿岩，为采装工作提供块度适宜的挖掘物。在露天开采的总费用中，爆破费占 15%～20%。爆破质量的好坏，不仅直接影响采装、运输、粗碎等过程的效率，而且影响矿山总成本。

A. 浅孔爆破

浅孔爆破采用的炮孔直径较小，一般为 30～75mm，炮孔深度一般在 5m 以下，有时可达 8m 左右，如用凿岩台车钻孔，炮孔深度还可增加。

浅孔爆破主要用于生产规模不大的露天砂石矿或采石场、硐室、隧道掘凿、二次爆破、新建露天矿山包处理、山坡露天单壁沟运输通路的形成及其他一些特殊爆破。

B. 深孔爆破

深孔爆破就是用钻孔设备钻凿较深的钻孔作为矿用炸药的装药空间的爆破方

法。露天矿的深孔爆破以台阶的生产爆破为主。

深孔爆破的钻孔设备主要应用潜孔钻和牙轮钻。其钻孔可钻垂直深孔，也可钻倾斜炮孔。倾斜炮孔的装药较均匀，矿岩的爆破质量较好，能为采装工作创造良好的条件。

为减少地震效应和提高爆破质量，在一定条件下可采取大区微差爆破，炮孔中间隔装药或底部空气间隔装药等措施，以便降低爆破成本，取得较好的经济效益。

C. 硐室爆破

硐室爆破是将比较多的或大量的炸药，装在爆破硐室巷道内进行爆破的方法。露天矿仅在基本建设时期和在特定条件下使用，采石场在有条件且在采矿需求量很大时采用。

D. 多排孔微差爆破

近年来，随着挖掘机斗容量和露天矿生产能力的急剧增加，露天矿的正常采掘爆破每次要求的爆破量也越来越多，为此，国内外的露天开采中广泛使用多排孔微差爆破、多排孔微差挤压爆破等大规模的爆破方法。

多排孔微差爆破的优点：

（1）一次爆破量大，减少爆破次数和避炮时间，提高采场设备的利用率。

（2）改善矿岩破碎质量，其大块率比单排孔爆破少 40%～50%。

（3）提高穿孔设备效率为 10%～15%，这是由于工作时间利用系数增加及穿孔设备和爆破后充区作业次数减少。

（4）提高采装、运输设备效率 10%～15%。

E. 多排孔微差挤压爆破

多排孔微差挤压爆破指工作面残留有爆堆情况下的多排孔微差爆破。碴堆的存在，为挤压创造了条件，一方面能延长爆破的有效作用时间，改善炸药能的利用和破碎效果；另一方面能控制爆堆宽度，避免矿岩飞散。多排孔微差挤压爆破微差间隔时间比普通微差爆破大 30%～50%为宜，我国露天矿常常用 50～100ms。

多排孔微差挤压爆破的优点是：

（1）矿岩破碎效果更好。这主要是由于前面有渣堆阻挡，包括第一排在内的各排钻孔都可以增大装药量，并在渣堆的挤压下充分破碎。

（2）爆堆更集中。对于采用铁路运输的矿山，爆破前可以不拆道，从而提高采装、运输设备效率。

多排孔微差挤压爆破的缺点是：

（1）炸药消耗量较大。

（2）工作平台要求更宽，以便容纳碴堆。

（3）爆堆高度较大，可能影响挖掘机作业的安全。

不管采用何种爆破方法，在进行爆破作业时必须严格执行《爆破安全规程》（GB 6722—2011），设置安全警示标志，做好警戒工作，确保人员和财产安全。

F. 临近边坡的爆破措施

随着露天矿向下延深，边坡稳定问题日益突出。为了保护边坡，临近边坡的爆破要严格控制。根据国内外的经验，主要措施是采用微差爆破、预裂爆破和光面爆破。

采用微差爆破减少震动。微差爆破的主要作用之一是可以减少爆破的地震效应。为了充分发挥微差爆破的减震作用，关键是设法增加爆破的段数和控制微差间隔时间。

采用预裂爆破隔离边坡。临近边坡的预裂爆破，就是沿边坡界线钻凿一排较密的平行钻孔，每孔装入少量炸药，在采掘带未爆破之前先行起爆，从而获得一条有一定宽度并贯穿各钻孔的裂缝。由于这条预裂缝将采掘带和边坡分离开来，随后采掘爆破的地震波在裂缝面上将产生较强的反射，使透过它的地震波大为减弱，从而保护了边坡。

采用光面爆破保护边坡。临近边坡的光面爆破，就是沿边界线钻凿一排较密的平行钻孔，孔内装入少量炸药，在采掘钻孔爆破之后再进行爆破，从而沿密集钻孔形成平行的岩壁。光面爆破不同于预裂爆破的地方主要在起爆时间上。光面炮孔的起爆要迟于前几排采掘钻孔，通常滞后 50～75ms。

除此之外，还有一种措施是控制最后几排钻孔的爆破。临近边坡的最后几排钻孔的药量、抵抗线都要减少，称为“缓冲爆破”，可以减少钻孔爆破对边坡的破坏。

3）采装与运输

A. 采装

采装作业是使用装载机械将矿岩直接从地下或爆堆中挖掘出来，并装入运输机械的车厢内或直接卸到指定的地点。它是露天开采过程的中心环节，其他生产工艺如穿爆、运输等都是为采装而服务的。

主要采装设备包括挖掘机、索斗铲、液压铲和轮胎式前装机。

B. 运输

在露天矿开采过程中，矿山运输的基本建设投资约占矿山基建总投资额的60%，运输成本和劳动量分别占矿石总成本和总劳动量的一半以上，由此可见运输在露天矿开采中的重要地位。

露天矿山运输方式包括自卸汽车运输、铁路机车运输、胶带运输机运输、斜坡箕斗提升运输及联合运输方式，其中自卸汽车运输最为普遍（表 10.2）。

表 10.2　露天矿山运输方式

运输方式	特点及应用
自卸汽车运输	机动灵活，调运方便，爬坡能力强，最大坡度可达 10%～15%
铁路机车运输	运输量大，运输成本低，但基础投资大，灵活性差，适用于储量大、面积大、远距离的露天矿山
胶带运输机运输	爬坡能力强，能实现连续和半连续作业，自动化水平高，在露天矿的使用日趋广泛

采装与运输密不可分，两者相互影响、相互制约。目前采装运输工艺的发展趋势主要体现在采运设备的大型化，采装与运输环节的一体化与连续化，以及计算机自动化。

4）排岩

排岩是运输终端的作业，将剥离下的表土和废石运输到废石场进行排弃。

排岩工艺包括铁路运输排岩、公路运输排岩、胶带运输排岩。

5）排土场

排土场（废石场）：堆放剥离物的场所，指矿山采矿排弃物集中排放的场所。

排土场根据堆置顺序可分为单台阶排土场、覆盖式多台阶排土场、压坡脚式多台阶排土场。不同堆放方式见图 10.1。

覆盖式多台阶排土场

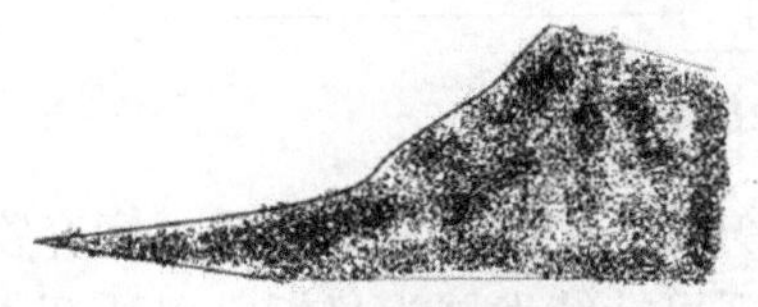

单台阶排土场

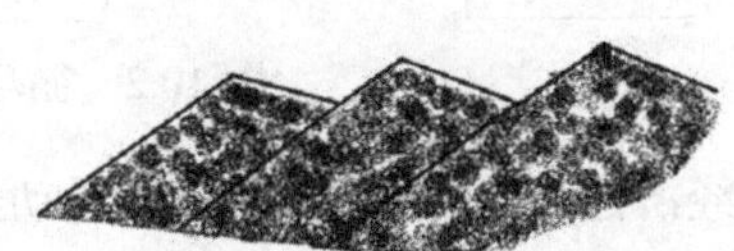

压坡脚式多台阶排土场

图 10.1　排土场的不同堆放方式

排土场根据排土工艺主要分为公路运输排土场、铁路运输排土场、胶带运输排土场和水力运输排土场。

2. 露天矿台阶高度确定

台阶高度是露天矿开采的重要技术经济指标，直接影响穿孔、采装等露天开采生产工艺的效率和矿山经济效益。台阶高度大，台阶数目减少，有利于降低成本，但露天边坡稳定性降低，因此，必须综合考虑经济、技术和安全因素，确定合理的台阶高度。

（1）平装车时的台阶高度。平装车即运输设备与挖掘机在同一水平工作。从保证安全的角度出发，挖掘不需要预先破碎松散软岩时，台阶高度不应大于挖掘机的最大挖掘高度；挖掘坚硬矿岩的爆堆时，台阶高度应能使爆破后的爆堆高度不大于挖掘机的最大挖掘高度；为提高挖掘机的满斗程度，松软矿岩的台阶高度和坚硬矿岩的爆堆高度不应低于挖掘机推压轴高度的 2/3。

（2）上装车时的台阶高度。上装车即运输设备位于挖掘机所在台阶的上部平盘。为使矿岩装入上部平盘的运输设备，台阶高度应根据挖掘机最大卸载高度和最大卸载半径来确定。

三、矿业循环经济

循环经济是物质循环流动性经济的简称，是一种新的经济形态和经济发展模式。以资源节约和循环利用为特征、与环境和谐的经济发展模式，循环经济运行模式见图 10.2。

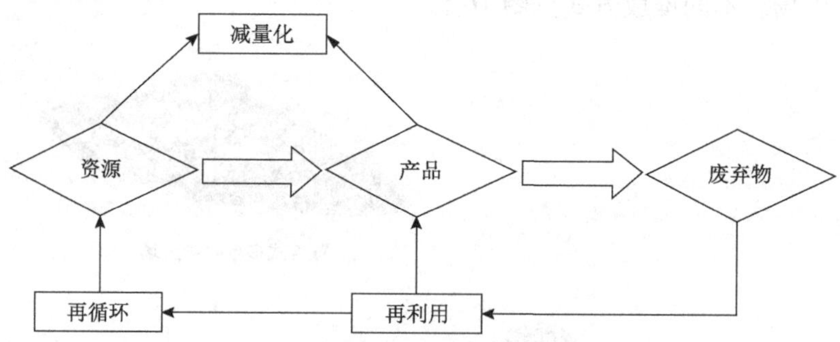

图 10.2　循环经济运行模式

循环经济运行模式强调把经济活动组织成一个“资源—产品—废弃物—再生资源”的物质反复循环流动过程，是以实现可持续发展为目标，以协调人与自然关系为准则，以资源的高效利用和循环利用为核心，以“减量化、再利用、资源化”为原则，以低消耗、低排放、高效率为基本特征的经济增长模式，这体现出其与传统经济相比的显著特点。循环经济与传统经济的比较见表 10.3。

表 10.3　循环经济与传统经济的比较

比较项目	传统经济	循环经济
运动方式	物质单向流动的开发式线性经济（资源消耗→产品工业→污染排放）	封闭型物质能量循环的网状经济（资源利用→绿色工业→资源再生）

续表

比较项目	传统经济	循环经济
对资源的利用情况	粗放型经营，一次性利用；高开采、低利用	资源循环利用，科学经营管理；低开采、高利用
废物排放及对环境的影响	废物高排放；成本外部化，环境不友好	废物零排放或低排放；环境友好
追求目标	经济利益（产品利润最大化）	经济利益、环境利益与社会持续发展
经济增长方式	数量型增长	内涵型发展
环境治理方式	末端治理	预防为主，全过程控制
支持理论	政治经济学、福利经济学等传统经济理论	生态系统理论、工业生态学理论等（边开发、边治理、边恢复）
评价指标	单一经济指标（GDP、人均消费等）	绿色核算体系（绿色 GDP 等）

1. 矿业循环经济的内涵与特征

矿业循环经济是指矿产品遵循矿产物质的自身特征和自然生态规律，按其勘查、采选冶生产、深加工、消费等过程构成闭环物质流动，与之依存的能量流、信息流内在叠加，达到与全球环境、社会进步等和谐发展的经济系统。

（1）矿业循环经济的核心是矿产资源的综合利用。

（2）矿业循环经济与传统的矿业经济有着本质的区别。

（3）矿业循环经济是一种“矿产勘查—矿产资源—产品—再生矿产资源—最终排放”的反馈式流程。

2. “减量化、再利用、再循环”理解

“减量化、再利用、再循环”可包括以下三个层次的内容。

（1）产品的绿色设计中贯穿“减量化、再利用、再循环”的理念。绿色设计包含了各种设计工作领域，凡是建立在对地球生态与人类生存环境高度关怀的认识基础上的，一切有利于社会可持续发展，有利于人类乃至生物生存环境健康发展的设计，都属于绿色设计的范畴。

（2）物质资源在其开发、利用的整个生命周期内贯穿“减量化、再利用、再循环”的理念，即在资源开发阶段考虑合理开发和资源的多级重复利用；在产品和生产工艺设计阶段考虑面向产品的再利用和再循环的设计思想；在生产工艺体系设计中考虑资源的多级利用、生产工艺的集成化标准化设计思想；生产过程、产品运输及销售阶段考虑过程集成化和废物的再利用；在流通和消费阶段考虑延长产品使用寿命和实现资源的多次利用；在生命周期末端阶段考虑资源的重复利

用和废物的再回收、再循环。

（3）生态环境资源的再开发利用和循环利用，即环境中可再生资源的再生产和再利用，空间、环境资源的再修复、再利用和循环利用。

3. 矿业发展循环经济的基本模式和实施方式

1）循环经济的企业层面——企业内部的循环经济模式

循环经济产业体系的企业层面，属于小循环的范畴，是以单个企业内部物质和能量的微循环作为主体的企业内部循环经济产业体系。

矿业企业发展循环经济，要求大力推行清洁生产，主要体现在以下五个方面：

（1）在生产环节上节能降耗。

（2）使用可再循环的原材料，提高物质使用效率。

（3）降低废弃物排放。

（4）不断提高资源综合利用、循环利用效率。

（5）倡导企业间物质循环（零排放）。

2）循环经济的区域层面——绿色矿业发展示范区

循环经济产业体系的区域层面属于中循环范畴，是面向共生企业的循环经济。在区域层面上，通过企业间的物质、能量和信息集成，形成企业间的工业代谢和共生关系，建立生态工业园区。

绿色矿业发展示范区（矿业生态园）是一种以矿业为骨架的产业共生组合，即将矿业企业内无法消解的一部分废料、能量、副产品变成另一些企业的原料或动力，两两结合，组成一个企业网络，在网络内实现物流、能量流和信息流的和谐流动。

3）循环型社会

循环型经济社会是近年来国际上循环经济发展的新势头，德国和日本比较典型。社会循环经济体系，主要表现在以下三方面：

（1）逐步完善循环经济立法。

（2）健全循环经济的经济政策。

（3）积极进行企业循环经济实践。

4. 矿业发展循环经济的微观操作规则

1）矿业活动中的 3R 原则

3R 原则指减量化、再利用、再循环，其在矿业循环经济中的表现形式主要是贫富矿兼收、综合回收、一矿变多矿、清洁生产、保护生态等。

3R 原则在矿业生产过程中的总体要求集中体现在对矿产资源的利用方式和对环境的保护形式上。

矿业循环经济3R原则见表10.4。

表10.4　矿业循环经济3R原则

矿业生产过程 3R原则	减量化原则	再利用原则	再循环原则
勘查	减少勘查量、勘查程度、勘查深度	使用先进理论、仪器，提高勘查质量、准确性	勘查资料的公开性，多次开发
矿山开采	少采、贫富兼采、减少植被破坏	使用先进开采技术，降低剥采比、贫化率，提高开采率；适当规模开采	随着加工技术提高，降低矿产品的边界品位
选矿	减少应选矿石	采用先进流程，注意综合利用，适度选矿规模，提高选矿回收率	提高技术，综合回收有用元素；尾矿的利用，如回填、建筑用等；废水利用等
冶炼	尽量减少冶炼量	采用先进工艺，提高主元素回收率，提高产品质量，节能降耗，保持适度规模	对难熔、难回收的有用元素进行回收，废气、废水、废渣的综合利用
深加工	开发新产品、新用途；废物回收再利用	提高适应性，达到标准化，综合回收有用元素	废弃物的无害化处理

2）减量化原则下的矿产资源开发

（1）减少废石产出率。

从源头减少废石产出率，主要措施有：

强化生产勘探工作、提高勘探精度，避免无效开拓、采准、切割造成不必要的废石超掘。

精心设计开拓、采准、切割工程，尽量将工程布置在矿脉内；露天矿山要通过研究，尽量降低剥采比。

选择高回收率、低贫化率的采矿方法。

优化爆破参数与工艺，尤其是炮孔超深，避免超采和欠采，降低大块产出率和粉矿产出率。

每个采场回采完毕后，要进行采空区实测，为相邻采场的设计提供准确的回采边界。

（2）减少尾砂产出率。

（3）减少废水排放量。

（4）减少废气排放量。

3）再循环原则下的矿产资源开发

A. 固废再循环

矿山固废循环利用途径有以下4种：

（1）回收有用金属。

（2）回收有用矿物。

（3）回收能源。

（4）制备材料。

矿山固废再循环利用模式如图 10.3 所示。

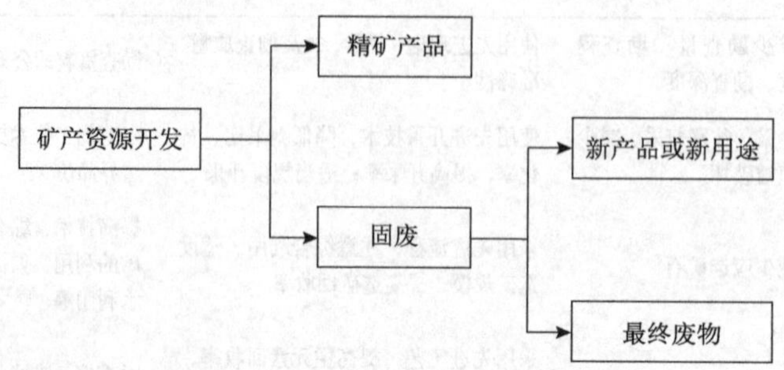

图 10.3　矿山固废再循环利用模式

矿山固废再循环利用主要技术路线如图 10.4 所示。

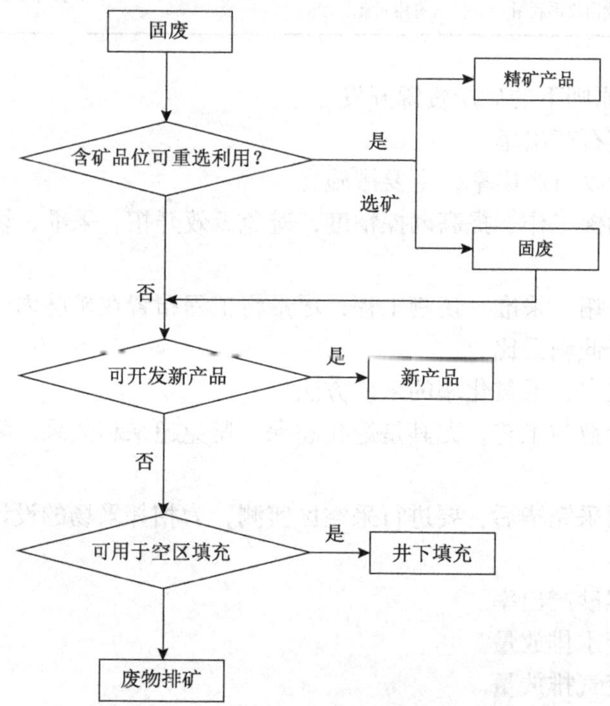

图 10.4　矿山固废再循环利用主要技术路线

B. 废水再循环利用

发展水循环经济，建立矿区水资源循环经济模式（图 10.5），即可解决废水污染问题，又能回收和利用水资源。

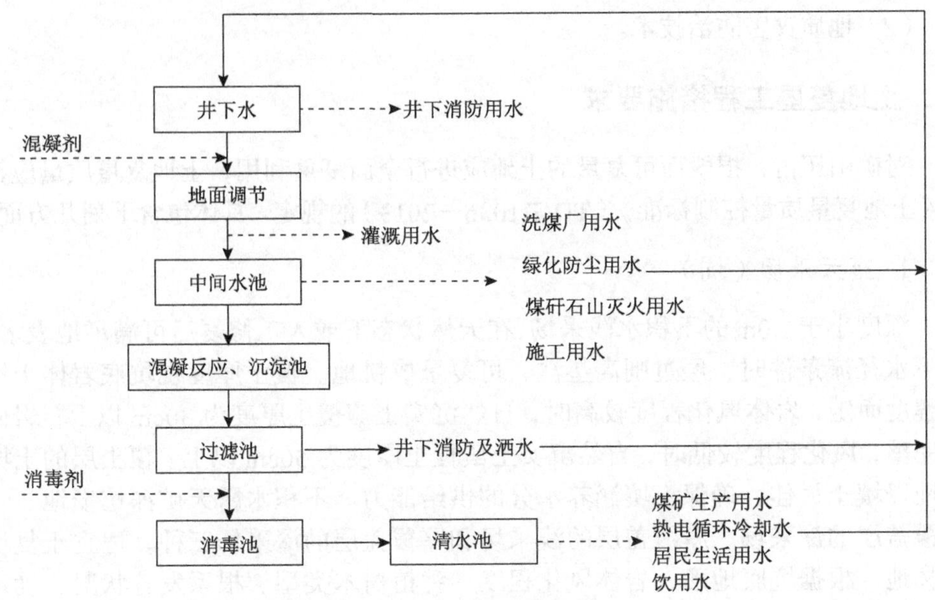

图 10.5 矿区水资源循环经济模式

C. 废气的再循环使用

D. 余热、余压再回收和循环利用

长远看来，要达到矿产资源最优使用，需要遵循以下两个原则：

（1）持久使用。

（2）适度规模、集约使用。

5. 技术支撑体系

发展循环型矿业经济，主要是运用生态学规律指导矿业开发，形成“低开采、高利用、低排放”的技术体系。

循环经济的矿业开发技术载体就是环境无害化技术，其特征是污染和废弃物排放量少，合理利用资源和能源，综合利用矿石中的多种有用组分，更多地回收废物中的有用成分，并以环境可接受的方式处置残余的、暂难利用的废物。

（1）清洁生产技术。

（2）废物利用技术。

（3）矿产资源综合利用技术。

（4）矿产品增值技术。

（5）矿山周边找矿技术。

（6）替代产品研究。

（7）污染防治技术。

（8）地质灾害防治技术。

四、土地复垦工程措施要求

对矿山压占、损毁而可复垦的土地应进行全面复垦利用，土地复垦质量应符合《土地复垦质量控制标准》（TD/T 1036—2013）的规定。具体包含下列几方面。

1. 露天采场（坑）

深度小于1.0m的不积水浅采场，在天然状态下或人工修复后可满足地表水、地下水径流条件时，经过削高垫洼，可复垦成耕地。覆土厚度视坑底岩体土风化程度而定，岩体风化程度较高时，自然沉实土壤覆土厚度为30cm以上；岩体较完整，风化程度较低时，自然沉实土壤覆土厚度为50cm以上。覆土层的土壤质地以壤土最佳，确保土壤涵养水分的供给能力。不积水露天矿深挖损地，含薄覆盖层的深采场、厚覆盖层的浅采场和厚覆盖层的深采场三种，适宜于复垦为林地。根据坑底地形、岩体风化程度、种植树木类型、根系发育状况，确定覆土厚度和配置模式及种植方式。当坑底地势较平坦、岩体风化严重时，易采用整体覆土，自然沉实土壤覆土厚度为30cm以上；当坑底地势起伏较大，岩体较完整时，应采用客土穴植方式，减少上覆土方量，降低治理成本。土壤环境质量应符合《土壤环境质量 农用地土壤污染风险管控标准（试行）》（GB 15618—2018）的有关要求。

浅积水露天采场也可进一步深挖、筑塘坝复垦为渔业（含水产养殖业）用地；浅积水露天采场若位于城镇附近，可复垦为人工水域和公园；积水在3m以上，复垦为渔业（含水产养殖业）或人工水域和公园。渔业（含水产养殖业）水质应符合《渔业水质标准》（GB 11607—1989）。

露天采场用于建设用地时，应进行场地地质环境调查，查明场地内崩塌、滑坡、断层、岩溶等不良地质条件的发育程度，确定地基承载力、变形及稳定性指标。

2. 塌陷地

积水性塌陷地，依据当地条件，因地制宜，保留水面，集中开挖水库、蓄水池、鱼塘或人工湖等，采用挖深垫浅和充填等工艺综合实施塌陷土地复垦与生态环境治理。复垦水域水质应符合《地表水环境质量标准》（GB 3838—2002）中Ⅳ、Ⅴ类水域标准。

季节性积水塌陷地，局部积水或季节性积水地带，应依据当地条件，因地制宜，适当整形后复垦为耕地、林地、草地等。

非积水性塌陷地，基本不积水或干旱地带形成丘陵地貌，可对局部沉陷地填平补齐，进行土地平整。沉陷后形成坡地时，根据坡度情况，坡度小于25°的可修整为水平梯田，局部小面积积水可改造为水田等。

用矿山废弃物充填时，应参照国家有关环境标准，进行卫生安全土地填筑处置，充填后场地稳定。有防止填充物中有害成分污染地下水和土壤的防治措施。视其填充物性质、种类，除采取压实等加固措施外，应作不同程度的防渗、防污染处置，必要时，设衬垫隔离层。

3. 排土场

排土场最终坡度应与土地利用方式相适应，应为26°～28°，机械作业区的坡度小于20°，生态利用的坡度小于岩土的自然安息角36°。

合理安排岩土排弃次序，尽量将含不良成分的岩土堆放在深部，品质适宜的土层，包括易风化性岩层可安排在浅部，富含养分的土层宜安排在排土场顶部或表层。充分利用工程前收集的表土覆盖于表层。在无适宜表土覆盖时，可采用经过试验确证，不致造成污染的其他物料覆盖。覆盖土层厚度应根据场地用途确定。

在采矿剥离物含有毒有害成分时，必须用碎石深度覆盖，不得出露，并应有防渗措施。然后再覆盖土层后，方可复垦为农用地。

排土场的配套设施应有合理的道路布置，排水设施应满足场地要求，设计和施工中有控制水土流失的措施，特别是控制边坡水土流失的措施。

4. 废石场

新排弃废石应立即进行压实整治，形成面积大、边坡稳定的复垦场地。

已有风化层，层厚在10cm以上，颗粒细，pH适中，可进行无覆土复垦，直接种植植被。风化层薄，含盐量高或具有酸性污染时，应经调节pH至适中后，覆土30cm以上。不易风化废石的覆土厚度应在50cm以上。

具有重金属等污染时，如果复垦为农用地，应铺设隔离层，再覆土50cm以上。

废石场的配套设施应有合理的道路布置，排水设施应满足场地要求，设计和施工中有控制水土流失的措施，特别是控制边坡水土流失的措施。

5. 尾矿库、赤泥堆

无相应工程设施或工程设施不能满足防渗、防洪等要求的，应采取适当的工程技术措施，使其满足当地要求。

依据各类废弃物性状，确定覆土的必要性、覆土层厚度等。一般覆土厚度应在 50cm 以上。覆土区有控制水土流失的措施。

具有酸性、碱性或有毒有害物质污染时，应视其含量水平，确定隔离层设置的必要性、层厚、材质等，尽可能深度覆盖。

赤泥堆边坡复垦应充分考虑边坡的坡度大、碱性高、植被困难等特点，选择适宜的植被基质、施工工艺及植物品种等。

参考文献

陈国山. 2008. 露天采矿技术[M]. 北京: 冶金工业出版社.

侯华丽. 2019-06-14. 谋求矿业可持续发展[N]. 中国自然资源报, 006.

侯华丽, 强海洋, 陈丽新. 2018. 新时代矿业绿色发展与高质量发展思路研究[J]. 中国国土资源经济, 1(8): 4-10.

侯华丽, 吴尚昆, 蒋芳, 等. 2019. 新时代我国绿色矿山建设规划的思考[J]. 中国矿业, 28(7): 81-85, 93.

鞠建华. 2014. 中国矿业发展的绿色未来[J]. 地球, (11): 32-33.

鞠建华. 2020. 构建中国绿色矿山建设的支撑体系[J]. 中国矿业, 29(1): 1-4.

鞠建华, 黄学雄, 薛亚洲. 2018. 新时代我国矿产资源节约与综合利用的几点思考[J]. 中国矿业, 27(1): 1-5.

鞠建华, 强海洋. 2017. 中国矿业绿色发展的趋势和方向[J]. 中国矿业, 26(2): 7-12.

鞠建华, 王嫱, 陈甲斌. 2019. 新时代中国矿业高质量发展研究[J]. 中国矿业, 28(1): 1-7.

刘建兴. 2014. 绿色矿山的概念内涵及其系统构成研究[J]. 中国矿业, (2): 51-54.

柳晓娟, 侯华丽, 郭冬艳. 2020-03-04. 新时期我国绿色矿山建设的内涵与成效[N]. 中国矿业报, 002.

孟旭光, 侯华丽, 吴尚昆. 2018. 矿业发展的“绿色”思维探讨[J]. 中国矿业, 27(8): 85-87.

王琼杰. 2018. 自然资源部: 国家绿色矿山标准呈现六大亮点——访《煤炭行业绿色矿山建设规范》起草人、中关村绿色矿山联盟秘书长王亮[OL]. 中国政府网[2018-08-01]. http://www.gov.cn:8080/xinwen/2018-08/01/content_5310980.htm.

吴尚昆, 侯华丽. 2017-11-02. 让绿色成为矿业发展的主基调[N]. 中国国土资源报, 005.

吴尚昆, 侯华丽, 董煜. 2019. 对政府编制绿色矿业发展规划的思考[J]. 中国国土资源经济, 32(4): 16-19.

张复明. 2009. 矿产开发负效应与资源生态环境补偿机制研究[J]. 中国工业经济, (12): 30-33.

张玉韩, 侯华丽, 聂宾汗. 2016. 大力发展绿色矿业助推矿业可持续发展[J]. 中国国土资源经济, 29(11): 15, 27-29.

周进生, 鞠建华, 姚钰莹. 2013. 以铜陵为中心构建国家级矿业经济试验区问题初探[J]. 中国矿业, (8): 8-11.